超大变幅水头水轮机
稳定运行关键技术研究及应用

李　洪　宋文武

由丽华　马跃利　吕文娟　著

科学出版社

北　京

内 容 简 介

本书开展了紫坪铺高水头电站机组在电调基于水调运行原则的水轮机安全可靠运行关键技术研究,密切关注紫坪铺高水头大变幅水轮机的安全运行,对电站水轮机的水力特性、结构特性及运行可靠性等关键技术进行了联合研究(特别是紫坪铺水电站机组超大变幅运行水头全流道多工况空化数值模拟研究),探索了机组安全可靠运行区域,提出了机组安全运行的对策措施,为电站的安全可靠运行及确保成都市及都江堰灌区用水安全奠定了坚实的理论基础。

本书可作为水电站设计,机组制造、安装与运行管理,以及水资源利用等专业研究生、本科生及广大设计、制造、安装、运行和管理人员的学习参考用书。

图书在版编目(CIP)数据

超大变幅水头水轮机稳定运行关键技术研究及应用 /李洪等著. —北京:科学出版社,2022.6

ISBN 978-7-03-071983-6

Ⅰ.①超… Ⅱ.①李… Ⅲ.①高水头–水轮机运行 Ⅳ.①TK730.7

中国版本图书馆 CIP 数据核字 (2022) 第 054146 号

责任编辑:刘 琳 / 责任校对:彭 映
责任印制:罗 科 / 封面设计:墨创文化

科学出版社出版

北京东黄城根北街16号
邮政编码:100717
http://www.sciencep.com

成都锦瑞印刷有限责任公司印刷

科学出版社发行 各地新华书店经销

*

2022年6月第 一 版 开本:787×1092 1/16
2022年6月第一次印刷 印张:17 3/4
字数:410 000

定价:168.00 元
(如有印装质量问题,我社负责调换)

前　　言

紫坪铺水利枢纽工程是岷江上游最重要的控制性水利骨干工程,担负着都江堰灌区范围内成都、德阳和绵阳等 7 市 38 县(区)的综合供水和成都平原的防洪任务,兼有发电和生态环境保护等综合作用。紫坪铺水库位于四川省都江堰市麻溪乡,岷江上游干流处。紫坪铺坝址以上控制流域面积为 $2.26 \times 10^4 \text{km}^2$,多年平均径流量为 $148 \times 10^8 \text{m}^3$,占岷江上游总流量的 97%,控制上游暴雨区面积的 90%,上游泥沙来量的 98%。根据多年泥沙资料统计分析,紫坪铺水库多年平均悬移质沙量为 $792 \times 10^4 \text{t}$,多年平均含沙量为 0.572kg/m^3,正常蓄水位为 877.00m,死水位为 817.00m,总库容为 $11.12 \times 10^8 \text{m}^3$,正常水位库容为 $9.98 \times 10^8 \text{m}^3$,总装机容量为 $76 \times 10^4 \text{kW}$,具有不完全年调节功能,可为都江堰灌区 1400 万亩(1 亩 $\approx 666.67 \text{m}^2$)农田的灌溉提供水源保证;同时是成都、德阳、眉山和资阳等市饮用水的总源头,其水质关系到 2000 多万人的饮水安全,对其进行水源保护极为重要。

紫坪铺水电站最大水头为 132.76m,最小水头为 68.40m,水轮机选用立轴混流式水轮机,型号为 HLPO140-LJ-485。水轮机额定出力为 193.9MW,最大出力为 244.4MW,额定水头为 100m,额定转速为 150r/min,额定流量为 $209.6 \text{m}^3/\text{s}$,额定点效率为 94.29%,最高效率为 95.76%,额定点临界空化系数 σ_c=0.068,装置空化系数 σ_p=0.142,吸出高度 H_s=-5.03m,压力脉动值大部分工况为 6%～8%,部分工况超过 10%。

转轮直径 D_1=4.85m,转轮叶片和下环采用 06Cr15Ni4CuMo 型高强度钢板,上冠采用 08Cr15Ni4CuMo 型铸钢。叶片采用模压成型,转轮在工厂组焊退火,并被整体运到工地。

调速器型号为 HGS-H21-150-4.0,PID(proportional integral derivative)调节,主配压阀直径为 150mm。油压装置型号为 YZ-10-4.0,工作油压为 4.0MPa。调速器为双 PCC(programmable computer controller)双比例阀冗余系统,采用交、直流双供电源,以及齿盘和残压测频。设有事故配压阀和两段关闭阀,以及图拉博纯机械液压过速保护装置。

电站采用单机单管引水方式,管道长度约为 500m。本书对最大水头、最小水头和额定水头下不同甩负荷的多种工况进行了计算,最大压力水头为 180m,最大转速上升率为 45%。

技术供水以蜗壳取水为主,取水装置经自动滤水器和减压阀连接到公用技术供水总管上,4 台机组之间相互备用,另在 735.00m 高程廊道内的 3 号机组段设有 2 台供水泵,供水泵连接到公用技术供水总管上,作为全厂机组供水备用装置。机组冷却水量为 800～1200 m^3/h,主变压器冷却水量为 120 m^3/h。公用技术供水总管的压力预设为 0.45MPa。

公用技术供水总管也是消防供水和库区生活用水的供水管,发生火灾时由火灾探测器启动消防加压水泵,将水压提升至 0.7MPa,以供消防用水。

厂内设有检修排水系统和渗漏排水系统。检修排水泵为 2 台 450RJC900-30X2ZD 型和 1 台 350RJC400-18X3ZD 型深井水泵,可以在 4～6h 排干 1 台机组的积水。渗漏排水系统设有 3 台 300RJC220-13.5X4ZD 型深井泵,渗漏集水井有效容积按 0.5h 渗漏水量设计。另设 1 台 100QSY-50 型潜水排污泵,用于排除渗漏集水井和检修集水井的淤泥。

中压压缩空气系统的工作压力为 4.5MPa,由 2 台排气量为 1m³/min 的空气压缩机和 2 个容积为 3m³ 的储气罐组成。空气压缩机型号为 SVI100/40。每台空气压缩机的出口设有 1 台冷冻干燥机,干燥机的型号为 ADL-10F。低压压缩空气系统的工作压力为 0.8MPa,由 2 台排气量为 9m³/min 的空气压缩机和 3 个容积为 5m³ 的储气罐组成,可为机组制动、围带、风动工具及吹扫、封闭母线供气。空气压缩机型号为 L55。每台空气压缩机的出口设有 1 台冷冻干燥机,干燥机型号为 ADH-75F。3 个储气罐中有 1 个为机组制动专用,其与另外 2 个储气罐之间设有逆止阀,只允许向制动储气罐单向供气。

透平油系统设有 4 个容积为 20m³ 的室内储油罐和相应的油净化设备,其主要设备是 2 台 2CY-18/3.6-1 型油泵、1 台 LY-150 型压力滤油机、1 台 ZJCQ-9 型透平油机和 1 台 DX-1.2 型烘箱。该系统可 6h 滤完 1 台机组所需的透平油装置。绝缘油系统设有 4 个容积为 30m³ 的室内储油罐和相应的油净化设备,其主要设备是 2 台 2CY-18/3.6-1 型油泵、1 台 LY-150 型压力滤油机、1 台 ZJA9BY 型真空净油机和 1 台 DX-1.2 型烘箱。该系统能满足主变压器在检修时对油的处理要求,可 8h 滤完 1 台主变压器所需的储油装置。

电站公用量测系统设有水库水位、拦污栅压差、闸门平压及集水井水位等监视和量测设施。

机组段的量测系统设有蜗壳压力、顶盖压力、尾水管真空和出口压力、机组工作水头、顶盖液位、油槽液位、各部位的温度、冷却水压力和流量、各部位的振动和摆度,以及机组流量、转速、出力和导叶开度等监视和量测设施。

主厂房采用自然进风和机械排风的通风模式。全厂设有排风机 30 台、除湿机 3 台,分别布置于排风机室、发电机层上游侧电气廊道、透平油室、空气压缩机室、GIS(gas insulated substation)开关室、厂用变压器室、蜗壳层及卫生间等处。副厂房也设有相应的排风设施,约 60 台。厂内通风设施与事故排烟装置相结合,在不同的防火区域共设有 32 个防火阀。

紫坪铺水电站水轮发电机组由东方电机股份有限公司供货,其中水轮机水力设计和转轮制造由俄罗斯 LMZ 公司分包供货。调速器由东方电机控制设备有限公司供货。桥式起重机由太原重工股份有限公司供货。这些设备均由具有设计和制造资质的供货商供货,其主要技术参数符合设计要求,同时在制造厂内由设备建造工程师监造,出厂有检验合格证,到达现场后开箱检查并由监理工程师进行验收。

水力机械设备由中国水利水电第五工程局有限公司机电制造安装分局安装,由四川二滩建设咨询有限公司监理,设备安装质量满足设计、制造及安装技术规范的要求,经安装单位自检和监理单位复检后,除极少数项目为合格外,绝大多数被评定为优良。

紫坪铺水利枢纽工程中水力机械设备的设计和制造满足电站设计要求,安装质量符合设计及安装规范要求,经多年运行及"5·12"汶川特大地震考验,未出现设计、制造及安装等较大质量问题,是安全可靠的。

紫坪铺水电站是国内唯一遵从电调基于水调运行基本原则的水电站,可保障成都市及都江堰灌区用水;同时,该水电站也是世界上唯一一座经受住 8 级地震考验且距离震中最近的水电站，水库库容大，水轮机设计水头较高，但运行水头变幅大，机组往往运行在非最优工况区域，水轮机及导叶过流部件空化空蚀现象较为严重，转轮叶片甚至出现裂纹，严重危及机组和水电站的运行安全。

本书是作者团队在长期跟踪紫坪铺水电站水轮机安全可靠运行，以及进行科学研究并得到一系列成果的基础上编著而成的，汇集了历年来多位专家和学者对紫坪铺水电站水轮机的研究成果以及水电站运行以来团队对其安全可靠运行的一系列研究成果，对于研究紫坪铺高水头电站机组电调基于水调运行原则的水轮机安全可靠运行，以及确保成都市及都江堰灌区用水安全具有重要的指导意义。同时，本书对于类似的大变幅水头运行的水轮机的水力特性、结构特性及全流道多工况空化数值模拟研究也具有重要的参考价值。

本书由四川省紫坪铺开发有限公司和西华大学流体及动力机械教育部重点实验室共同资助出版。由李洪、宋文武、由丽华、马跃利、吕文娟等共同编著。其中，第1、2、4、5章由李洪、由丽华共同编写；第3、6、7章由吕文娟、马跃利共同编写；第8、9、10、11章由宋文武、吕文娟共同编写。全书由宋文武和吕文娟统稿。

西华大学能源与动力工程学院符杰副教授、石建伟讲师以及研究生宿科、马晓堂、杜聪、陈洪阳、舒乙宸等做了大量的计算与分析工作，在此表示衷心的感谢。

书中引用了紫坪铺开发有限公司、四川省水利勘测设计研究院以及各研究、设计单位有关作者的文献，在此表示感谢，同时对未在书中参考文献中列出的文献及作者在此也一并致谢！

由于作者水平所限，书中难免存在疏漏之处，敬请广大读者批评指正。

作者
2022 年 3 月

目　　录

第1章 电调基于水调的紫坪铺 水电站水轮机运行研究

1.1 电调基于水调的机组运行原则

1.1.1 紫坪铺水电站在电网中的地位及作用

紫坪铺水利枢纽工程的主要任务是灌溉和供水，担负着成都平原工农业供水的任务，是四川电网内唯一一座以电调基于水调方式运行的电站。

紫坪铺水库运行分为 3 个阶段：汛期为 6～9 月，水库在满足下游综合用水的条件下保证出力发电，并尽快蓄水至 850.00m 汛限水位，水库蓄满水后基本维持在 850.00m 水位运行；蓄水期为 10～11 月，水库由 850.00m 汛限水位逐渐蓄水至 877.00m 正常蓄水位，在蓄水过程中其同样需要满足下游综合用水和水电站出力不低于保证出力的要求；供水期为 12 月至次年 5 月，水库将根据综合用水需要按调度图供水，水位逐渐降低。紫坪铺水电站水轮机既要适应蓄水位的大幅度变化，又必须在供水期满足下游综合用水的条件下低负荷长期运行，这两点对于水轮机的设计而言难度极大。

从近几年国内大型水轮发电机组的事故统计结果看，转轮等主要部件的材料选用和制造工艺缺陷所造成的事故占比极大。紫坪铺水电站转轮叶片采用 06Cr15Ni4CuMo 型高强度钢板，上冠采用 08Cr15Ni4CuMo 型铸钢，下环采用 06Cr15Ni4CuMo 型高强度钢板作为毛坯，从而杜绝了采用铸造毛坯而引起的材质缺陷问题，并且采用模压工艺，同时在工厂组焊退火并整体运到工地。模压使叶片材质质量更高，抗晶间腐蚀和抗水下疲劳性能更好。由于采用了工厂组焊，应力集中问题也可以得到更好的解决。

岷江流域来水充沛、稳定，在科学调度下，水库全年可长时间在高水位运行，机组出力能得到可靠保证，这对于电站参与系统调峰和调频是得天独厚的条件；而且电厂设备先进，机组调节性能好，可充分满足系统需要，大大缓解四川电网枯水期的调峰困难问题。电站地处负荷中心，送电距离短，有利于提高电网的供电可靠性，保证负荷中心的电能质量。

都江堰灌区对电站下泄流量有着严格的要求：丰水期，都江堰内江最大过水流量不能超过 450m³/s；枯水期，灌区岁修为每年 11 月到次年 4 月上旬，内江流量必须严格控制(一般要求在 260～450m³/s)，当流量超过要求(全厂机组满发时流量将达到 840m³/s 左右)时，需提外江闸门排水，而水从电站到达都江堰灌区渠首大约需要 25min。为保证下游安全，负荷调整要在下泄流量允许的范围内匀速进行。因此，负荷调整有滞后，且调节较慢，难以满足电力系统快速大负荷调整的要求，从而使机组优良的调节能力无法体现。丰水期外江过水时，也因下游行洪安全等原因，流量不能出现大的波动，从而使电站的调节能力被严重削弱。

电站距离负荷中心很近，电站电能质量对系统的稳定运行有很大影响。电站出线仅有一回 500kV 线路，丰水期电站满负荷运行时，其占成都电网近 1/3 的负荷，一旦线路跳闸，势必造成全电站甩负荷，对成都电网甚至四川电网的稳定运行产生极大的影响。

紫坪铺水利枢纽水调与电调的工作模式是"以水调电，电调基于水调，水调支持电调"。该模式使电站灵活的运行方式受到一定限制，但电站地理位置优越，具有不完全年调节水库和大容量的混流式机组，因此，只要合理安排运行方式，在优化机组运行和优化水库调度等方面做好基础工作，就能充分发挥电站优势，充分利用水资源，争取到最优的经济效益和发挥最大的社会效益。

电网除实行"丰水期/枯水期"电价差外，还有每日的峰、平、谷段电价差，枯水期高峰时段电价较丰水期低谷时段电价高 2～3 倍，同等电量可产生数倍经济效益。四川电网枯水期电力缺口大，有水库且调节能力强的电厂在枯水期可获得更大的经济效益。可利用水库将丰水期的低谷电量转化为枯水期高价电，以及枯水期夜间利用水库在低谷时段全停蓄水，将有限的水量尽可能转化为高峰电量，以获取最大的经济效益。而紫坪铺水电站因供水原因，在运行方式上机组必须常年带一定基荷，低谷时段电量占相当大的比例，从而严重影响电站的经济效益。因此，要保证机组的稳定运行、安全供水和争取到最大的经济效益，就必须从设备运行管理、机组检修和水库调度等多方面规范管理，加强协同。

电站最大水头为 132.76m，最小水头为 68.40m，加权平均水头为 107.00m，额定水头为 100.00m。最大与最小水头之比达 1.94，在国内中水头水电站中属最大。机组运行最显著的特点是水头变幅大，关键问题即为机组运行的稳定性。

由于电站机组在系统内要担任调峰和调频任务，负荷调整频繁、变化幅度大，这对于水轮机是一个严峻的挑战。机组运行既要适应水位的大幅度变化，又必须经受供水期高水头、低负荷的长期安全运行考验，且混流式水轮机叶片不可调，在偏离最优工况时，易在叶片头部产生一定的冲击和脱流；而在高水头部分负荷区，由于转轮有较大的出口负环量和更大的进口边背面脱流，水轮机在该区域将产生较强的涡带以及严重的叶道涡，三者(较大的出口负环量、较强的涡带和严重的叶道涡)共同作用将使水轮机的振动加剧，从而严重影响水轮机的安全运行。由于电站特殊的运行模式(电调基于水调)，机组带部分负荷运行时间较长，机组运行的稳定性比较差，故对机组寿命极为不利。因此，在运行中应注意几个问题。

(1)由于紫坪铺水电站特定的运行条件限制，在下游反调节水库形成以前，机组将长时间带部分负荷运行。由于混流式水轮机的固有特性，在部分负荷下机组运行的稳定性比较差，长期在这种工况下运行对机组的寿命极为不利。

从 PO140 转轮特性看，紫坪铺水电站在运行时应尽量注意以下问题：①水轮机在低水头 35%～45%预想出力范围内、在高水头 40%～70%预想出力范围内的压力脉动较大，应尽可能避免在该区域运行；②水轮机具有较大的出力余量，在额定水头下可超发约 8000kW；③在高水头区域，应尽可能运行在大负荷工况下，为适应这一工况，建设下游反调节水库对水轮机安全运行极其有利。

(2)枯水期应充分利用水库的调节能力，根据岷江来水、供水需求和水库运行图安排发电量和机组检修。岷江流域 1～3 月来水在 100m³/s 左右，此阶段电厂运行模式除根据供水要求保持一定基荷外,余下容量用于系统调峰调频。而枯水期高峰时段电力缺口大,电厂可利用自身的有利条件争取多发高峰电。每日负荷平谷段,在满足下游供水的前提下,应尽量减少机组空载或低负荷运行。日发电量按水库运行曲线和来水情况制定,可安排电量$(360\sim400)\times10^4$kW·h,以避免水位下降过快,同时延长水库在高水位运行的时间,这样既可降低发电耗水率,又可充分利用来水发高峰电。4 月以后,来水逐渐加大,水库水位在月底时最好拉至最低,将水量尽可能转换为电量,同时该月电量计划应适当增加,每日可安排电量$(600\sim700)\times10^4$kW·h。5~9 月,库区进入汛期,来水达 500m³/s 以上,而该时段因防汛要求,水库水位必须保持在 850.00m 高程汛限水位以下,电厂运行模式也以带基荷为主,应尽量利用来水发电,减少弃水,每日可安排电量1400×10^4kW·h 以上。10 月至次年 1 月,水库水位由 850.00m 高程汛限水位逐渐升至 877.00m 高程正常蓄水位,在蓄水过程中,每日可安排电量$(600\sim700)\times10^4$kW·h。进入枯水期后,水库可根据综合用水需要供水,发电应根据来水发电,每日可安排电量$(360\sim400)\times10^4$kW·h,水库保持在最高水位运行。这样,全年电量可达到30×10^8kW·h 左右,机组利用时间可达到 4000h左右。

紫坪铺水电站在投运时即实行了“无人值班(少人值守)”,电站设备自动化水平起点高,先天性能好,机组振动摆度监测装置等先进仪器在投产时即投入实际应用。一方面,电站在投产时就开展了可靠性管理工作,对发电机、水轮机和主变压器(简称主变)等主设备的运行情况进行了跟踪记录和可靠性评价,使开展状态检修有了先天有利条件;另一方面,电站现有的在线监测手段尚不健全,时机还不成熟,可以考虑在计划性检修的基础上安排状态检修。例如,在小修安排上,若机组运行情况良好、性能稳定,则可视情况或缩短检修时间,或减少小修次数(如将年末的小修和次年前的小修合并安排,或根据当时机组的缺陷情况和需要进行的主要工作决定小修工期)。可采取如下形式进行检修:冬季消缺性检修主要是设备消缺和到期的预防性试验,工期为 3~5 天;春季整顿性小修主要是常规标准项目检修和有针对性的易损件更换,以提高机组的可靠性,确保汛期多发电,工期为 7~10 天。按上述方式可逐步形成集预防性检修和以可靠性为中心的状态检修于一体的优化检修方式,进而提高机组可用时间和等效可用系数。

紫坪铺水电站要确保安全供水和机组安全稳定运行,除需加强设备运行和维护外,还要在水库优化调度和检修管理等方面深入进行研究,强化设备和人员管理。只有这样,才能真正做到机组的安全稳定运行,获取最大的经济效益和社会效益。

1.1.2　安全供水及调度

紫坪铺水库兴利调度的供水对象为都江堰供水区,包括都江堰已成灌区、毗河供水灌区和天府新区。

都江堰已成灌区调整后的设计灌溉面积为 1134.41 万亩,全灌区分内江平原直灌区、外江灌区、人民渠 1~4 期、东风渠 1~4 期、人民渠 6 期、人民渠 5 期及 7 期、东风渠 5期和东风渠 6 期共 8 个区域。

毗河供水灌区设计灌溉面积为 333.23 万亩,其中,毗河一期供水灌区设计灌溉面积为 125.49 万亩,毗河二期供水灌区设计灌溉面积为 207.74 万亩。

都江堰供水区供水范围为 8 市 41 县(区),其供水包括灌区内城市生活和工业用水,灌区内乡镇生活用水和乡镇企业生产用水,灌区乡村居民和牲畜的饮水,灌区农田灌溉用水,以及灌区内的生态环境用水,并对通济堰供水区补水。

2016 年都江堰供水区(不含毗河供水灌区)鱼嘴断面需供水量为 $91 \times 10^8 m^3$,设计 2030 年都江堰供水区鱼嘴断面多年平均需供水量为 $119 \times 10^8 m^3$。

农业灌溉设计保证率:都江堰平原直灌区为 90%,都江堰丘陵扩灌区为 80%,毗河供水灌区为 70%。成都市工业、生活供水设计保证率为 97%,其他城镇工业、生活供水设计保证率为 95%。全灌区综合设计保证率为 90%。

都江堰水利工程为无坝引水,分别通过内江宝瓶口和外江沙黑总河进口向供水区供水,其中内江宝瓶口设计引水流量为 $480 m^3/s$,外江沙黑总河进口设计引水流量为 $120 m^3/s$。

1.2　电站水库运行方式

1.2.1　水库容量

紫坪铺水利枢纽工程位于四川省都江堰市境内岷江上游的龙池镇,距成都市六十余公里,是一座以灌溉和供水为主,兼有发电、防洪、环境保护和旅游等综合功能的大型水利枢纽工程,也是都江堰供水区和成都市的水源调节工程。

工程坝址以上控制流域面积为 $22662 km^2$,占岷江上游面积的 98%;多年平均流量为 $469 m^3/s$,年径流总量为 $148 \times 10^8 m^3$,占岷江上游径流总量的 97%;控制岷江上游暴雨区洪水的 90%,上游泥沙来量的 98%,能有效调节上游水量以及控制洪水和泥沙。

水库正常蓄水位为 877.00m,汛限水位为 850.00m,死水位为 817.00m,防洪高水位为 861.60m,设计洪水位为 871.20m,校核洪水位为 883.10m,总库容为 $11.12 \times 10^8 m^3$,正常水位以下库容为 $9.98 \times 10^8 m^3$,水库防洪库容为 $1.67 \times 10^8 m^3$,电站装机容量为 4×190MW。本工程等级为 I 等,主要建筑物为 1 级。

枢纽主要建筑物包括混凝土面板堆石坝、溢洪道、引水发电系统、冲沙放空洞、1#泄洪排沙洞、2#泄洪排沙洞和左岸堆积体处理工程。混凝土面板堆石坝坝高 156m,坝顶高程为 884.00m。

紫坪铺水利枢纽工程的主体工程于 2001 年 3 月 29 日正式开工,2005 年 9 月 30 日下闸进入初期蓄水阶段,2005 年 11 月首批两台机组投产发电,2006 年 5 月最后一台机组提前半年投产发电,2006 年 6 月大坝、溢洪道和 2#泄洪排沙洞 3 个单位工程通过投入使用验收。2006 年底,枢纽工程全部建成,投入运行。

紫坪铺水利枢纽工程 2006 年底全面建成,至 2008 年 5 月正常运行,其灌溉、供水、发电和防洪等综合作用得到很好的发挥。2006 年和 2007 年汛后,水库水位基本达到正常蓄水位,监测资料表明,各建筑物运行状态良好。

紫坪铺水利枢纽水库特征指标见表 1-1。

表 1-1　紫坪铺水利枢纽水库特征指标

名称	水位/m	相应库容/($\times 10^8 m^3$)	备注
正常蓄水位	877.00	9.98	调节库容为 $7.74 \times 10^8 m^3$
死水位	817.00	2.24	—
汛期限制水位	850.00	5.733	—
防洪高水位	861.60	7.397	防洪库容为 $1.664 \times 10^8 m^3$
设计洪水位	871.20	8.958	—
校核洪水位	883.10	11.12	调洪库容为 $5.387 \times 10^8 m^3$

紫坪铺水利枢纽水库水位、面积与库容的关系见表 1-2，为初步设计阶段成果。

表 1-2　紫坪铺水利枢纽水库水位、面积与库容的关系

水位/m	面积/($\times 10^4 m^2$)	库容/($\times 10^8 m^3$)	水位/m	面积/($\times 10^4 m^2$)	库容/($\times 10^8 m^3$)	水位/m	面积/($\times 10^4 m^2$)	库容/($\times 10^8 m^3$)
750.00	16.30	0.00245	820.00	767.00	2.48	864.00	1580.00	7.80
760.00	82.40	0.0518	822.00	812.00	2.63	870.00	1688.00	8.76
770.00	183.00	0.845	825.00	857.00	2.88	875.00	1782.00	9.62
780.00	299.00	0.43	830.00	999.00	3.34	877.00	1816.00	9.98
790.00	413.00	0.782	840.00	1218.00	4.45	878.00	1833.00	10.17
800.00	537.00	1.257	850.00	1345.00	5.73	880.00	1868.00	10.54
810.00	633.00	1.78	855.00	1424.00	6.42	883.10	1921.00	11.12
817.00	720.00	2.24	860.00	1508.00	7.16	—	—	—

紫坪铺水利枢纽水库水位、面积与库容的关系曲线图如图 1-1 所示。

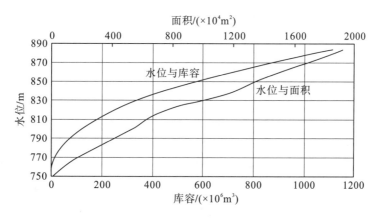

图 1-1　紫坪铺水利枢纽水库水位、面积与库容的关系曲线图

紫坪铺水电站多年平均悬移质年输沙量为 $738 \times 10^4 t$，多年平均含沙量为 $0.55 kg/m^3$，推移质年输移量为 $70 \times 10^4 t$。

紫坪铺水利枢纽厂房尾水水位-流量关系见表 1-3，采用初步设计成果。运行管理单位

应继续加强观测，根据观测资料复核水位-流量关系曲线。实时调度运用时，可采用复核后的厂房尾水水位-流量关系。

表1-3 紫坪铺水利枢纽厂房尾水水位-流量关系曲线流率表

水位/m	水头/m									
	0	0.1	0.2	0.3	0.4	0.5	0.6	0.7	0.8	0.9
743.00	—	—	—	—	—	88.5	104	125	147	170
744.00	195	221	249	278	308	340	373	408	444	481
745.00	520	560	600	642	686	730	774	820	866	912
746.00	960	1010	1060	1110	1170	1220	1280	1330	1390	1450
747.00	1510	1570	1630	1700	1760	1830	1900	1970	2040	2110
748.00	2180	2250	2320	2390	2470	2540	2610	2690	2770	2840
749.00	2920	3000	3080	3160	3250	3330	3410	3500	3580	3670
750.00	3750	3840	3930	4010	4110	4200	4290	4380	4480	4570
751.00	4670	4760	4860	4950	5040	5130	5230	5320	5410	5510
752.00	5600	5700	5790	5890	5990	6080	6180	6280	6380	6480
753.00	6580	6680	6780	6890	6990	7090	7200	7300	7410	7510
754.00	7620	7730	7830	7940	8040	8150	8260	8370	8470	8580
755.00	8690	—	—	—	—	—	—	—	—	—

充分利用紫坪铺水利枢纽上、下游已建的水文气象站网，收集降水量、蒸发量、水位、流量和沙量等信息，建立水情自动测报系统。

1.2.2 水库调度运行方式

紫坪铺水利枢纽水库调度运行的主要目标和任务是，在保证枢纽工程安全运行的前提下，发挥灌溉和供水、发电、防洪、环境保护、旅游等综合作用。

紫坪铺水利枢纽综合利用调度原则：坚持安全第一，统筹兼顾；兴利调度服从防洪调度；发电调度服从灌溉和供水调度；协调兴利调度与水环境、水生态保护和水库长期利用关系，提高紫坪铺水利枢纽综合效益。

水库最低运行水位为死水位(817.00m)，最高运行水位为校核洪水位(883.10m)。根据大坝蓄水特点和坝体稳定性要求，水库应按分级蓄水原则逐步提高蓄水位。

水库水位非连续下降时，日最大下降幅度一般不得大于3m；水库水位连续下降时，一周内最大下降幅度一般不得大于15m，且日最大下降幅度不得大于4m。

1. 泄水建筑物的安全运行管理和具体调度运用方式

泄水建筑物的安全运行管理和具体调度运用方式，应根据防洪调度要求，遵照泄水设施金结(金属结构)及机电设备的操作规程执行。

首先由电站机组过流，超过机组引用流量后，逐步开启冲沙放空洞、泄洪排沙洞及溢洪道泄流，关闭次序与开启次序相反。

当库水位低于 817m 高程时,冲沙放空洞弧形工作闸门允许按局部开启方式运用,运行时避开闸门振动区。

1#和 2#泄洪排沙洞互为备用,两洞应该尽量交替使用。若发生异常情况需要同时泄流,应报上级主管部门批准。

泄洪排沙洞工作闸门在满足水工隧洞运行条件下,可以避开振动区局部开启使用。溢洪道为非常溢洪道,当发生千年一遇(及以上规模)洪水且坝前库水位达到 870m 高程时,则全开溢洪道工作闸门进行泄洪,洪峰过坝后,所有泄洪建筑物保持敞泄,直到坝前水位回落到 870m 高程,此时关闭溢洪道。一般不允许在坝前库水位低于 870m 高程时利用溢洪道泄洪,以免其下泄水流不能挑过下游河床的 F3 断层,造成工程危害。溢洪道弧形工作闸门应该按全开全关方式运用,不允许局部开启使用,以确保建筑物安全。

应对厂房进行安全监测,并预测电站厂房工作状态,确保电站厂房安全运行。

当遭遇超标准洪水时,应采取临时封堵措施,防止水淹厂房。应加强对机组的监测,定期安排机组检修。

金属结构及启闭设备的安全运行及操作维护,应遵循国家和行业相关规程规范、设备安装使用和维护说明书的规定要求,以及运行管理单位制定的设备运行管理规程。水库运行管理单位应按批准的泄洪、供水要求确定闸门开启数量和开度,按规定的程序操作闸门。动水操作的平面闸门不允许在局部开启条件下运行。需平压开启的平面闸门不允许在未平压的情况下开启。1#和 2#泄洪排沙洞工作弧门局部开启运行时,如遇振动,应及时调整闸门开度,避免在振动区域运行。紫坪铺水利枢纽工程采用的高程系统为 1956 年黄海高程系,调度依据的水库水位为坝前专用水尺测量的水位,大坝、溢洪道、泄洪排沙洞、冲沙放空洞和引水系统进水口的设计洪水标准为千年一遇洪水,校核洪水标准为可能最大洪水(probable maximum flood, PMF),电站厂房设计洪水标准为百年一遇洪水,校核洪水标准为五百年一遇洪水。

2. 防洪调度任务与原则

(1)紫坪铺水库防洪调度的主要任务:在确保枢纽自身防洪安全的前提下,当上游发生百年一遇及以下规模(流量 $Q<6030\text{m}^3/\text{s}$)洪水时,将金马河青城大桥断面洪峰流量削减为十年一遇及以下规模;保证成都平原特别是成都市和金马河沿岸防洪度汛安全;必要时,适度分担川渝河段防洪任务和配合三峡水库分担长江中下游地区防洪任务。

(2)紫坪铺水利枢纽防洪调度原则:枢纽安全第一,电调服从水调,水调服从洪调,在确保枢纽安全的前提下,充分发挥枢纽的综合利用效率;当紫坪铺水库发生不超过百年一遇标准洪水时,通过水库拦洪削峰,保证下游成都市和金马河防洪安全;当紫坪铺水库发生超过百年一遇标准洪水时,确保紫坪铺大坝的安全,减轻岷江上游洪水对成都平原的威胁;当遇超标准洪水或其他重大突发事件时,启动防洪抢险应急预案。

(3)紫坪铺水库总体防洪调度方式:一般情况下,水库按水位不高于汛限水位运行,当遭遇洪水且水位超过汛限水位时,退水段在不影响上、下游防洪安全的前提下,应尽快使水位消落至汛限水位以下。承担下游金马河防洪任务时,当水库水位低于防洪高水位(861.60m)时,应考虑区间白沙河来水情况,采取固定泄量与补偿调度相结合的措施。当水库水位为861.60～870.00m时，视上、下游防洪情势尽量实施补偿调度措施。当需分担川渝河段防洪任务和配合三峡水库分担长江中下游地区防洪任务时，应实施防洪应急调度措施。

3. 灌溉和供水调度任务与原则

(1)紫坪铺水库灌溉和供水调度的任务：在保障工程安全的前提下，执行都江堰供水区取水口的取水要求，按批准的用水计划供水。

(2)紫坪铺水库灌溉和供水调度的原则：应首先满足生活和基本生态用水要求，灌溉按满足设计保证率要求供水，统筹下游生产用水和生态与环境用水等需要。

灌溉和供水调度应与其他调度任务相协调，并与岷江流域水资源统一调度相协调。

(3)紫坪铺水库灌溉和供水调度方式：按来水和库水位，结合供水区需供水量进行调度。根据库水位高低，按水库调度图分区调度。毗河二期供水灌区工程建成后，水库调度图应进行修订。

4. 发电调度任务与原则

(1)紫坪铺水库发电调度的任务：在保证紫坪铺水电站安全稳定运行、防洪运用和供水安全的前提下，高效利用水能资源，合理承担四川电力系统调峰、调频和事故备用任务。

(2)紫坪铺水库发电调度的原则：发电调度应服从防洪调度、灌溉任务和供水调度，并与其他调度相协调。应结合电力系统要求，以电站安全运行为前提，合理发挥电力电量效益。

(3)紫坪铺水利枢纽电站总体发电调度方式：按紫坪铺水库综合利用调度图进行发电调度。结合水文预报结果，当可能发生弃水时，应及时加大出力，以充分利用水能资源。当遭遇特枯水年时，应降低出力。

根据上游来水，结合紫坪铺水库的特点，将紫坪铺水库调度图划分为加大出力区、保证出力区和降低出力区，各运行区调度方式如下：①加大出力区——在丰水期或丰水年，水电站按加大出力至预想出力工作，以减少弃水，获得更多的电量；②保证出力区——水电站可按保证出力工作，向系统提供保证的容量和电量；③降低出力区——在遭遇特枯水年时，水电站适当降低出力工作。水轮机运转特性曲线如图1-2所示。

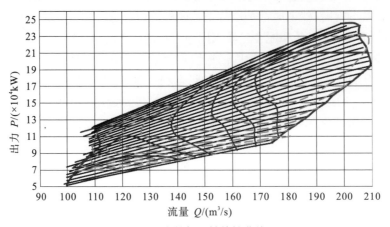

图1-2　水轮机运转特性曲线

发电运行按四川省电力调度中心下达的日运行计划执行。电站承担的最低负荷应不低于下游最少用水需求对应的发电出力。

5. 电站运行方式

(1) 蓄水初期(6月)，在满足供水要求的前提下，电站以出力不低于保证出力的方式发电，水库尽快蓄水至汛期汛限水位。

(2) 主汛期(6～8月)，水库正常发电运行高水位一般按汛限水位(850.00m)控制，发电服从防洪任务。根据水情预报，利用洪水退水段多发电。

(3) 蓄水期(9～11月)，在满足供水后水库尽快蓄水至正常蓄水位，尽量维持高水位运行。

(4) 供水期(12月至次年5月)，电站根据下游需水要求发电，在无特殊要求的情况下，水库尽量维持较高水位运行，以获得更好的发电效益。紫坪铺水电站送出回路进行维修期间，由泄洪设施承担向下游供水的任务。

由于下游无反调节水库，经与都江堰调度中心充分协调，可适当进行日内调节，在电力系统中承担一定调峰任务。

1.2.3　水调管理

紫坪铺水利枢纽的兴利调度管理：灌溉和供水调度由四川省水利厅负责；发电调度由四川省电力调度控制中心负责(以下简称"省电力调度中心")。

灌溉和供水调度应依据灌区管理单位按照有关协议提出的用水需求，运行管理单位根据水文气象预报信息及发电等综合用水要求，按照总量控制的原则，制定年、月、旬灌溉供水计划。

1.2.4　水调与电调的协同关系

发电调度应依据经批准的发电计划执行，服从电网统一调度；同时，应由运行管理单位根据长期气象预报和相应保证率来水情况编制年发电计划，并报四川省经济和信息化厅以及省电力调度中心批复。

第 2 章　大变幅水头机组在紫坪铺
水电站的应用

近年来，随着水轮机单机容量及转轮直径的不断增大，水轮机的稳定性显得越来越重要，稳定性指标连同能量指标和空化指标一起成为水轮机的 3 项考核指标。水轮机压力脉动是影响机组稳定性的主要因素之一，压力脉动会引起机组的振动和出力摆动，以及叶片裂纹和尾水管壁撕裂等，当压力脉动剧烈时，甚至会引起厂房或相邻建筑物共振，直接威胁整个电站的安全运行。

与水轮机的能量特性和协联特性相比，水轮机的空化特性和水轮机转轮的脉动特性呈现出较强的非线性特征，给解析和表达带来一定的困难。本章采用一种改进过的径向基函数神经网络及支持向量机回归分别对水轮机空化特性和水轮机转轮脉动特性双输出模型进行建模，并将其应用于四川紫坪铺水电站的水轮机空化特性和水轮机转轮脉动特性双输出模型建模，随后对两种建模结果进行了比较，发现支持向量机回归的建模效果更好。在水轮机运行中应注意避免恶劣工况，保持水轮机良好运行。

2.1　大变幅水头机组的水力稳定性及对紫坪铺水电站的影响

由于混流式水轮机叶片不可调，因此决定了混流式水轮机在偏离最优工况时，易在叶片头部产生一定的冲击和脱流。具体表现如下：在低水头部分负荷区，由于转轮有较大的出口正环量和进口边背面脱流，水轮机在该区域将产生较强的涡带，对水轮机的运行产生一定的影响，严重时将影响水轮机的安全运行；而在高水头部分负荷区，因转轮有较大的出口负环量和更大的进口边背面脱流，水轮机在该区域将产生较强的涡带及严重的叶道涡，三者(较大的出口负环量、较强的涡带和严重的叶道涡)共同作用将使水轮机的振动加剧，严重影响水轮机的安全运行，这是大多数电站转轮叶片产生裂纹的主要诱因。即使在超发工况下，水轮机也有较好的空化性能。但是，如果较长时间运行在部分负荷工况下，则水轮机叶片进水边背面和叶片出水边靠上冠部分及上冠部分也将产生较严重的空蚀破坏。

一般通过水轮机的空化系数描述水轮机的空化特性。通过模型试验，可以得到水轮机临界空化系数 σ 在不同工况点的变化特性，其常常被表示为单位转速 n_{11} 和单位流量 Q_{11} 的函数，即 $\sigma=f(n_{11}, Q_{11})$。

空蚀对水轮机的影响有：破坏水轮机的过流部件；降低水轮机的出力和效率；水轮机在空蚀区运行时，机组可能产生强烈振动及负荷波动，机组运行不稳定。有些机组由于振动过分强烈而迫使水轮机避开空蚀区运行。此外，空蚀还会引起强烈的噪声，增加机组的检修周期和检修的复杂性。在相同水头和流量的情况下，研究水轮机的空化特性和脉动特性具有重要的意义。

效率、空化和稳定性是现代水轮机的 3 个重要性能指标。效率关系到水能的利用程度，空化关系到水轮机的寿命，而稳定性则关系到水轮机能否安全正常运转，由此可见水轮机稳定性的重要程度。但由于对水轮机稳定性的研究尚不深入，加上问题本身复杂、难点多，以及涉及多个学科和需要先进的测试仪器等，我们对水轮机稳定性的认识远不及对其空化和效率的认识深刻。随着机组容量的提高，机组尺寸的增大，相对刚度降低，稳定性问题日益突出。

运行工况和空化是水轮机最基本和最重要的参数。因此，水轮机稳定性应包括水压脉动与运行工况和空化的关系。

(1)运行工况与水轮机稳定性。对于真机而言，运行工况主要涉及水轮机的水头(H)和流量(Q)(或功率 P)。真机的不稳定性一般表现为在一定的水头和流量(或功率)范围内出现较大的水压脉动。运行工况一般用单位转速 n_{11} 和单位流量 Q_{11} 表示。

混流式水轮机只在一定的范围内能够稳定运行是其固有的特征之一。图 2-1 所示为混流式水轮机运行特性曲线。对应于某一恒定转速，本书在能量-流量坐标系上绘出了等效率圈和导叶等的开度线。水轮机工况由其最优效率下单位水能 a 和单位流量 b 确定，某一工况下的额定单位水能 c 可能不同于最优工况下的单位水能。机组持续运行范围受下列因素限制：导叶最小开度 d、导叶最大开度 e、最大水头 f、最小水头 g 和发电机最大功率 h。

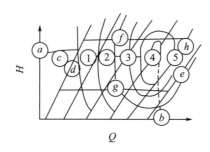

图 2-1　混流式水轮机运行特性曲线

由图 2-1 可以看出，在最优水头 H 附近，随着流量 Q(或负荷)的增加，混流式水轮机将依次经过极小负荷区①、部分负荷脉动区②、高负荷脉动区③、稳定运行区④和超负荷不稳定运行区⑤。

(2)空化与水轮机稳定性。混流式水轮机运行时，空化与稳定性有着密切关系。20 世纪 80 年代初，在哈尔滨大电机研究所高水头试验台上曾做过空化与压力水脉的关系试验。试验中，先测量能量工况的压力水脉，然后逐步减小空化系数，当空化系数减小到某一数值时，压力水脉上升到能量工况的 3 倍左右，之后随着空化系数的进一步减小，压力水脉反而降低。在 20 世纪 90 年代后期进行的三峡水轮机稳定性试验研究也证明了上述情况。

空化系数对涡带最明显的影响是随着空化系数的不断减小，涡带由实心向空心发展，涡核不断增大，噪声及脉动幅值不断增加。通常认为，空化系数对压力脉动的影响主要是改变了涡核的直径。实际上，随着空化系数的降低，不仅涡核的直径增大，偏心矩也进一步扩大，从而使压力脉动幅值增大。偏心涡核的转动惯量基本保持恒定，涡核扩大后，其中心部分质量降低，力臂加长，造成偏心矩增大。

涡核和偏心矩的增大是有限的，其受固体边壁(尾水管)的限制，无法一直增大。最早受到限制的是偏心矩，当空化系数降低到某一值后，空腔涡核虽在增大，但偏心矩却在减小，从而使压力脉动幅值降低。

由上述分析可知，混流式水轮机稳定性与工况和空化系数有着密切关系，这种关系可表述如下：压力脉动是 n_{11}、Q_{11} 和 σ 的三维函数，即 $a_0=f(n_{11},Q_{11},\sigma)$。在何种工况下运行，才能使水力脉动和空化系数达到最优？下面分别介绍传统的逼近水轮机特性方法、人工神经网络方法和支持向量机方法。

2.1.1 传统的逼近水轮机特性的方法

1. 表格插值法

在工程技术与科学研究中，有时对于一条曲线或一个函数，只知道它在某些点上的数值，为了进一步研究其性质，需要找出曲线上的点并应用其他函数去近似模拟它，这时就可以用插值法。有时候，虽然函数有解析表达式，但是形式复杂，为了便于处理，先在某些点上取值作表格函数，再通过插值建立易于处理的新函数，这也是插值理论的一个应用。

先介绍一般的插值概念。

设 $f(x)$，$x \in [a,b]$。已知它在 $n+1$ 个互异点 $x_i, a \leqslant x_0 \leqslant x_1 \leqslant x_2 \leqslant \cdots \leqslant x_n \leqslant b$ 上的函数值 $f(x_i) = y_i, i = 0,1,\cdots,n$。求解插值问题就是从函数类 Φ 中求 φ，使

$$\varphi(x_i) = y_i, \quad i = 0,1,\cdots,n \tag{2-1}$$

这里 $f(x)$ 为被插值函数；$[a,b]$ 为插值区间；$x_i(i=0,1,\cdots,n)$ 为插值节点；$\varphi(x)$ 为插值函数；Φ 为插值函数类。

常用的插值函数类有多项式函数类、分段多项式函数类、有理函数类和三角函数类等。通常选定的插值函数类 Φ 是有限维空间，这时它可被看成是某个基的线性张成：

$$\Phi = \mathrm{span}\{\varphi_i(x)\}_0^n \tag{2-2}$$

对于任意 $\varphi \in \Phi$，有 $\{a_i\}_0^n$ 使

$$\varphi(x) = \sum_{i=0}^n a_i\varphi_i(x) \tag{2-3}$$

于是，确定函数 $\varphi(x)$ 归结为确定数列 $\{a_i\}_0^n$。从理论上看，解决插值问题包含下列内容。

(1)确定基。一般来说，基不唯一，选择合适的基可以简化问题。

(2)讨论满足式(2-1)的 $\varphi \in \Phi$ 的存在性、求法与唯一性。

(3)寻找插值问题的截断误差，即余项 $Rx=f(x)-\varphi(x)$ 的表达与估计。

2. 数据拟合法

在实际中遇到的一些函数关系，有许多是通过各种试验得到的一组数据，设为

$$s = \{(x_1,y_1),\cdots,(x_i,y_i)\} \in (x \cdot Y)^i, \quad X = \mathbf{R}^n, \quad Y = \mathbf{R} \tag{2-4}$$

数据拟合就是找一种函数的解析式或近似表达式来描述这组数据间的函数关系。由于

实际数据的复杂性且实际数据常常含有一定的误差，要想给出数据间的确切表达式一般很困难，因此给出一种近似表达式通常是非常现实的做法。

传统的数据拟合方法中最常用的就是建立回归模型，然后采用最小二乘法对参数进行估计。

1)线性回归模型

设随机变量 y 的取值依赖于自变量 $x_1, x_2, \cdots, x_p$，且有

$$y = \beta_0 + \beta_1 x_1 + \cdots \beta_p x_p + \varepsilon \tag{2-5}$$

式中，$\beta_1, \beta_2, \cdots, \beta_p$ 为回归系数；ε 为随机误差，假设 $\varepsilon \sim N(0, \sigma^2)$。

针对一个实际问题，设获得的 n 组观测数据为 $(x_{i1}, x_{i2}, \cdots, x_{ip}, y_i)$，$i = 1, 2, \cdots, n$，则线性回归模型可表示为

$$y_i = \beta_0 + \beta_1 x_{i1} + \cdots + \beta_p x_{ip} + \varepsilon_i, \quad i = 1, 2, \cdots, n \tag{2-6}$$

式中，$\varepsilon_i \sim N(0, \sigma^2)$，$i = 1, 2, \cdots, n$；对未知参数 $\beta_0, \beta_1, \cdots, \beta_p$ 相互独立的估计可以采用最小二乘法，也就是寻找参数 $\beta_0, \beta_1, \cdots, \beta_p$ 的估计值，使得离差平方和达到最小：

$$Q(\beta_0, \beta_1, \cdots, \beta_p) = \sum_{i=1}^{n} (y_i - \beta_0 - \beta_1 x_{ip})^2 \tag{2-7}$$

这是一个非负的二次函数求极值问题，因此它的最小值总是存在的。根据求极值的原理，分别对 $Q(\beta_0, \beta_1, \cdots, \beta_p)$ 关于 $\beta_0, \beta_1, \cdots, \beta_p$ 求偏导数，并令其等于 0，根据线性方程组可解得 $\beta_0, \beta_1, \cdots, \beta_p$ 的最小二乘估计为

$$\boldsymbol{\beta} = (\boldsymbol{X'X})^{-1} \boldsymbol{XY} \tag{2-8}$$

其中

$$\boldsymbol{X} = \begin{bmatrix} 1 & x_{11} & \cdots & x_{1p} \\ \vdots & \vdots & \ddots & \vdots \\ 1 & x_{n1} & \cdots & x_{np} \end{bmatrix}, \quad \boldsymbol{Y} = \begin{bmatrix} y_1 \\ \vdots \\ y_p \end{bmatrix}, \quad \boldsymbol{\beta} = \begin{bmatrix} \beta_0 \\ \vdots \\ \beta_p \end{bmatrix}$$

此时，假设 $(\boldsymbol{X'X})^{-1}$ 存在。

(2)非线性回归模型。在许多实际问题中，变量之间的关系并不都是线性的，也就是说变量之间存在非线性关系，此时只有建立非线性回归模型，才能对实际问题给出合理的解释。对于非线性回归模型，一般有两种处理方法：一种是进行一些变换，将非线性问题转化成线性问题来求解；另一种直接使用非线性回归。例如：

$$y = \beta_0 + \beta_1 e^x + \varepsilon \tag{2-9}$$

这是一个非线性模型，但令 $x' = e^x$，即可将其转化为 y 对 x' 的线性模型：

$$y = \beta_0 + \beta_1 x' + \varepsilon \tag{2-10}$$

同样对于多项式回归模型：

$$y = \beta_0 + \beta_1 x + \beta_2 x^2 + \cdots + \beta_p x^p + \varepsilon \tag{2-11}$$

只要令 $x_1 = x, x_2 = x^2, \cdots, x_p = x^p$ 就可以得到线性模型：

$$y = \beta_0 + \beta_1 x_1 + \cdots + \beta_p x^p + \varepsilon \tag{2-12}$$

再如，非线性模型：

$$y = ae^{bx}e^{\varepsilon} \tag{2-13}$$

两边取自然对数，得

$$\ln y = \ln a + bx + \varepsilon \tag{2-14}$$

令 $y' = \ln y$ ， $\beta_0 = \ln a$ ， $\beta_1 = b$ ，就可以得到线性回归模型：

$$y' = \beta_0 + \beta_1 x + \varepsilon \tag{2-15}$$

以上几个非线性模型通过一个简单的变换就可以转化成线性模型来求解。但有些非线性模型是不能转化成线性模型的，如模型 $y = ae^{bx} + \varepsilon$ ，当 b 未知时，我们不能通过对两边取对数来将其转化成线性模型，只能采用非线性最小二乘法求解。非线性回归模型一般可记为

$$y_i = f(x_i, \boldsymbol{\theta}) + \varepsilon_i, \quad i = 1, 2, \cdots, n \tag{2-16}$$

式中， y_i 为因变量； $x_i = (x_{i1}, x_{i2}, \cdots, x_{ik})'$ 为自变量； $\boldsymbol{\theta} = (\theta_0, \theta_1, \cdots, \theta_p)'$ 为未知参数向量； $\varepsilon_i \sim N(0, \sigma^2)$, $i = 1, 2, \cdots, n$ ，且相互独立。

仍采用最小二乘法估计参数 θ ，即求使

$$Q(\boldsymbol{\theta}) = \sum_{i=1}^{n} [y_i - f(x_i, \boldsymbol{\theta})]^2 \tag{2-17}$$

达到最小的 θ ，称为 θ 的非线性最小二乘估计。若函数 f 对参数 θ 连续可微，则可以利用微分法建立正规方程组，求解使 $Q(\theta)$ 达到最小的 θ 。将 $Q(\theta)$ 函数分别对参数 θ_j 求偏导数，并令其为 0，得 $p+1$ 个方程：

$$\frac{\partial Q}{\partial \theta_j}\bigg|_{\theta_j=\theta} = -2\sum_{i=1}^{n} [y_i - f(x_i, \boldsymbol{\theta})]\frac{\partial f}{\partial \theta_j}\bigg|_{\theta_j=\theta} = 0, \quad j = 1, 2, \cdots, p \tag{2-18}$$

非线性最小二乘估计 θ 就是式(2-18)的解。一般采用牛顿迭代法求解方程组。

非线性回归模型需要事先给出具体的非线性函数 f ，这在实际中不易实现，因为给出的函数若过于简单，则往往并不能真实反映实际问题，而过于复杂的函数又很难处理。因此，采用以上非线性回归模型处理一般非线性问题显得很困难。下面将介绍能够很好地处理非线性问题的神经网络(neural network)方法和支持向量机(support vector machine，SVM)方法。

2.1.2　基于人工神经网络的逼近水轮机特性的方法

1. 多层前向神经网络的函数逼近能力

人工神经网络具有非线性适应性信息处理能力、鲁棒性和容错能力，在许多领域都得到广泛应用，其中应用较多的是多层反馈神经网络。

即使计算单元采用比阈值函数复杂的非线性函数，单层感知器模型也只能解决线性可分类问题，要想增加分类能力，只有采用多层网络，即在输入层与输出层之间加上隐层，构成多层反馈网络。当神经元的输出函数为 sigmoid 函数时，三层前馈网络可以逼近任意的多元非线性函数。具体来说，设网络有 p 个输入和 q 个输出，则该网络可看作是由 p 维欧氏空间到 q 维欧氏空间的一个非线性映射。许多研究者证明了这种映射可以逼近任何连续函数，此结论可以表述如下：令 φ 为有界且非常量的单调增连续函数， I_p 代表 p 维单

位超立方体$[0,1]_p$，$C(I_p)$ 表示定义在 I_p 上的连续函数构成的集合，则给定任何函数 $f \in C(I_p)$ 和 $\varepsilon > 0$，存在整数 M 和一组实常数 a_i、θ_i 和 $\omega_{ij}(i=1,2,\cdots,M,\ j=1,2,\cdots,p)$，使得网络输出为

$$F(x_1,x_2,\cdots,x_p) = \sum_{i=1}^{M} a_i \varphi\left(\sum_{i=1}^{p} \omega_{ij}x_j - \theta_i\right) \tag{2-19}$$

可以任意逼近 $f(x)$，即

$$\left| F(x_1,x_2,\cdots,x_p) - f(x_1,x_2,\cdots,x_p) \right| < \varepsilon, \quad \forall (x_1,x_2,\cdots,x_p) \in I_p \tag{2-20}$$

上述结果说明，只含有一个隐层的前向网络是一种通用的函数逼近器。

2. 误差反向传播算法

多层前向神经网络需要解决的关键问题是学习算法。学习算法的主要困难是中间隐层不直接与外界连接，无法直接计算其误差。为了解决这一问题，以 Rumelhart 和 McCelland 为首的科研小组于 1982 年提出了误差反向传播(back propagation，BP)算法，为多层前向神经网络的研究奠定了基础。

在反向传播算法中通常采用梯度法修正权值，为此，要求输出函数可微，一般采用 sigmoid 函数作为输出函数。以某一层的第 j 个计算单元为例，设脚标 i 代表其前一层第 i 个单元，脚标 k 代表后一层第 k 个单元，o_j 代表本层输出，ω_{ij} 是前一层到本层的权值，如图 2-2 所示。

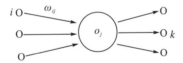

图 2-2　单元 j 的信号流图

当输入某个样本时，从前到后对每层各单元做如下计算：

$$\text{net}_j = \sum_i \omega_{ij}o_i \tag{2-21}$$
$$o_j = f(\text{net}_j)$$

对于输出层而言，$y_j = o_j$ 是实际输出值，设 y_j 是理想输出值，此样本的误差为

$$E = \frac{1}{2}\sum_j (y_j - \hat{y}_j)^2 \tag{2-22}$$

求 E 对 ω_{ij} 的梯度：

$$\frac{\partial E}{\partial \omega_{ij}} = \frac{\partial E}{\partial \text{net}_j}\frac{\partial \text{net}_j}{\partial \omega_{ij}} \tag{2-23}$$

定义局部梯度为

$$\delta_j = \frac{\partial E}{\partial \text{net}_j} \tag{2-24}$$

$$\frac{\partial E}{\partial \omega_{ij}} = \delta_j o_i \tag{2-25}$$

则权值修正应使误差最快地减小，修正量为

$$\Delta \omega_{ij} = \eta \delta_j o_i$$
$$\omega_{ij}(n+1) = \omega_{ij}(n) + \Delta \omega_{ij}(n)$$

$$(2\text{-}26)$$

如果节点顶是输出单元，则

$$o_j = \hat{y}_j$$

$$\delta_j = \frac{\partial E}{\partial \text{net}_j} = \sum_k \frac{\partial E}{\partial \text{net}_k} \frac{\partial \text{net}_k}{\partial o_j} \frac{\partial o_j}{\partial \text{net}_j} = \sum_k \delta_k \omega_{jk} f'(\text{net}_j)$$

$$(2\text{-}27)$$

在实际应用中，为了加快收敛速度，往往在本次的权值修正量中加上前一次的权值修正量，一般称为惯性项，即

$$\Delta \omega_{ij}(n) = -\eta \delta_j o_i + a \Delta \omega_{ij}(n-1)$$

$$(2\text{-}28)$$

3. 计算实例

2003 年对四川紫坪铺水电站 PO140 转轮进行了全面性能试验。根据试验结果，得到水轮机的模型综合特性曲线和压力脉动特性图，从模型综合特性曲线和压力脉动特性图中分别查取，得到水轮机一些工况点的空化特性及转轮压力脉动特性数值，并分别列在表 2-1 和表 2-2 中。

表 2-1　水轮机空化特性

编号	$Q_{11}/(\text{L/s})$	$n_{11}/(\text{r/min})$					
		90	85	80	75	70	65
1	350	0.040	0.026	0.018	0.013	0.013	0.029
2	400	0.060	0.035	0.033	0.024	0.017	0.038
3	450	0.075	0.066	0.054	0.036	0.022	0.040
4	500	0.086	0.082	0.070	0.050	0.028	0.035
5	550	0.094	0.089	0.075	0.056	0.033	0.030
6	600	0.098	0.087	0.071	0.054	0.037	0.025
7	650	0.093	0.081	0.064	0.049	0.041	0.030
8	700	0.090	0.075	0.058	0.046	0.047	0.037
9	750	0.090	0.070	0.057	0.050	0.052	0.047
10	800	0.100	0.073	0.058	0.055	0.056	0.057
11	850	0.114	0.082	0.063	0.059	0.063	0.065
12	900	0.135	0.100	0.074	0.069	0.071	0.074

表 2-2　水轮机转轮压力脉动特性

编号	Q_{11}/(L/s)	n_{11}/(r/min)					
		90	85	80	75	70	65
1	350	3.0	0.9	0.4	0.6	1.9	4.5
2	400	4.5	3.5	1.0	1.5	2.8	4.5
3	450	5.7	4.2	2.6	2.7	3.5	4.2
4	500	6.5	6.0	4.2	3.9	4.2	3.3
5	550	7.0	7.0	5.0	4.5	4.0	2.0
6	600	6.0	7.0	5.0	4.3	2.8	1.0
7	650	5.0	6.3	4.3	3.5	2.0	0.4
8	700	4.0	5.0	3.0	2.0	1.0	0.3
9	750	2.0	3.4	1.5	0.9	0.5	0.3
10	800	1.0	1.8	0.4	0.4	0.3	0.4
11	850	0.5	0.7	0.2	0.2	0.2	0.7
12	900	0.4	0.3	0.2	0.3	0.4	1.3

表 2-1 中数据所反映的 PO140 转轮临界空化特性 $\sigma=f(n_{11},Q_{11})$ 相对应的空间曲面如图 2-3 所示。

表 2-2 中数据所反映的 PO140 转轮压力脉动特性 $a_0=f(n_{11},Q_{11})$ 相对应的空间曲面如图 2-4 所示。

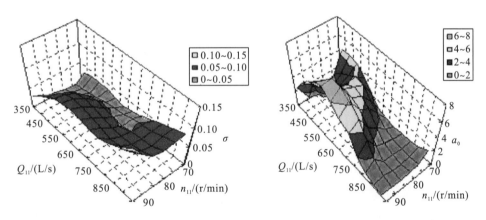

图 2-3　PO140 转轮临界空化特性 σ 曲面　　图 2-4　PO140 转轮压力脉动特性 a_0 曲面

水轮机的空化特性和水轮机转轮的脉动特性均呈现出较强的非线性特征，给解析带来一定的困难。在逼近水轮机的空化特性时，采用的是径向基函数三层前向网络，网络由输入层、隐层和输出层组成，具体结构如图 2-5 所示。

设网络的输入向量为 $\boldsymbol{p}$，网络中隐层神经元的输入为加权输入与相应阈值 b^1 的乘积，通过径向基函数 radbas() 的作用，产生相应的输出 $\boldsymbol{a}^1$，即 $\boldsymbol{a}_i^1 = \mathrm{radbas}(\|_i\boldsymbol{IW}^{1,1}-\boldsymbol{p}\|b_i^1)$。这里，$\boldsymbol{IW}^{1,1}$ 为连接权值向量，$\boldsymbol{a}_i^1$ 为向量 $\boldsymbol{a}^1$ 的第 i 行向量，$_i\boldsymbol{IW}^{1,1}$ 为连接权值向量 $\boldsymbol{IW}^{1,1}$ 的第 i 行向量。

输入层   隐层(径向基神经元层)   输出层

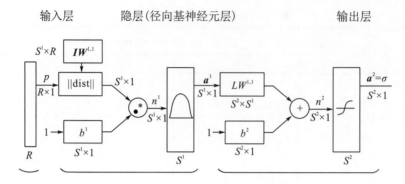

图 2-5 径向基函数三层前向神经网络的结构

注：R 为输入项重元素的数目，s^1 为第一层神经元的数目，s^2 为第二层神经元的数目。

输出层神经元的输出，也就是网络的输出为 $\boldsymbol{a}^2 = f(LW^{2,1}\boldsymbol{a}^1 + b^2)$。其中，$LW^{2,1}$ 为输出层神经元与隐层神经元的连接权，b^2 为输出层神经元的阈值，$f()$ 为输出层神经元的激发函数，这里选用 tan-sigmoid 函数。径向基函数和 tan-sigmoid 函数的图形分别如图 2-6 和图 2-7 所示。

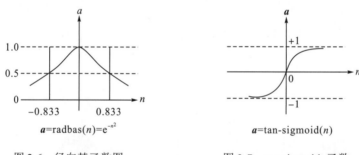

图 2-6 径向基函数图   图 2-7 tan-sigmoid 函数

输入层的节点个数为 $S_1=2$，隐层的节点个数为 $S_2=2$，输出层的节点个数为 2。从表 2-1 和表 2-2 中随机选取 7 个数据，转换的神经网络的测试样本见表 2-3，其余样本为神经网络的学习样本。

表 2-3 神经网络的测试样本

样本输入		样本期望输出	
Q_{11}/(L/s)	n_{11}/(r/min)	水轮机转轮压力脉动特性数值	水轮机空化特性数值
550	75	4.5	0.056
450	65	4.2	0.040
800	65	0.4	0.057
450	90	5.7	0.075
650	80	4.3	0.064
600	70	2.8	0.037
700	75	2.0	0.046

学习样本经过图 2-5 所示的网络训练后，可以得到神经网络中连接权的具体数值，输出层神经元的阈值分别为-1.16880 和-0.16251，其余的数值见表 2-4。

表 2-4　神经网络连接权及阈值

编号	$_1IW^{1,1}$	$_2IW^{b,1}$	$_xLW^{2,1}$	$_2LW^{2,1}$
1	3.17890	-1.76540	-0.66248	-1.71350	2.56030
2	4.46310	-0.16260	5.44360	2.58400	0.81637
3	2.40740	-1.53800	2.19480	-2.46320	-0.36449
4	-1.52790	1.87730	2.5560	0.61669	0.13801
5	1.06050	-2.15860	2.47880	-0.50112	-0.31808
6	-0.50800	-0.40135	7.07490	-1.14270	-0.10198
7	-0.29229	-1.31330	-0.04601	2.02910	0.12229
8	2.14970	2.46870	-2.37550	-0.14201	0.09506
9	-1.64620	-2.45560	-2.76540	-0.45092	-0.29661
10	3.09970	2.77960	0.08923	-0.11342	-1.04420
11	3.26150	2.30940	2.85720	-0.50768	-0.93982
12	4.82030	0.10530	-4.38850	-0.02183	0.23867

这样，当任意给定水轮机的工况点 (n_{11}, Q_{11}) 时，就可以求出相应空化系数的神经网络模型计算值及相应转轮叶片振动情况的神经网络模型计算值，最后得到的水轮机空化特性和水轮机转轮压力脉动特性的神经网络模型相对应的曲面分别如图 2-8 和图 2-9 所示。

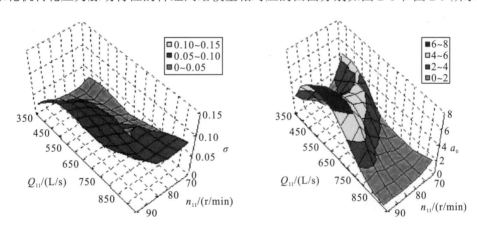

图 2-8　水轮机空化特性神经网络模型曲面　　　图 2-9　水轮机转轮压力脉动特性神经网络模型曲面

比较图 2-3 和图 2-8 以及图 2-4 和图 2-9 可以看出，所建立的水轮机空化特性和水轮机转轮压力脉动特性人工神经网络模型能较好地反映水轮机的真实空化特性和水轮机转轮的压力脉动特性，水轮机空化特性和水轮机转轮压力脉动特性的平均相对误差分别为 5.932% 和 8.055%，能够应用于紫坪铺水力发电厂水轮机的运行控制中。这里建立的水轮机空化特性的人工神经网络模型，其相关论文刊登在 2006 年 7 月的《水利学报》上，论文题目为"水轮机空蚀特性的人工神经网络建模"。鉴于采用的径向基函数的人工神经网络结构复杂,建模过程中网络结构选择困难,研究采用支持向量机回归逼近水轮机的特性。

2.1.3　基于支持向量机的逼近水轮机特性方法及计算实例

最小化期望风险的上界问题,存在两种解决方案:一种方案是固定 VC 置信度,使经验风险最小;另一种方案是固定经验风险,使 VC 置信度最小。神经网络采用的是第一种方案,而支持向量机(SVM)采用的是第二种方案。本节对应用 ε-支持向量机回归方法拟合水轮机空化特性和水轮机转轮压力脉动特性进行了研究。

考虑线性回归函数集 $F=\{f(x)=(\omega\cdot x)+b,\omega\in\boldsymbol{R}^m,b\in\boldsymbol{R}\}$,给定 $\gamma\leqslant\theta\in\boldsymbol{R}^+$。存在一个常数 c,使得对于任意 t 个从某个固定但未知的概率分布 $p(x,y)$ 中抽取的训练点 $\{(x_1,y_1),\cdots,(x_t,y_t)\}\in(\boldsymbol{R}^n\times\boldsymbol{R})^t$,以及任意的 $\delta\in(0,1]$,F 中的任意假设 f 都可以使得下列不等式至少以 $1-\delta$ 的概率成立。

$$R[f]\leqslant\frac{c}{t}\left(\frac{\|\omega\|_2^2 R^2+\|\varepsilon\|_2^2}{\gamma^2}\log^2 t+\log\frac{1}{\delta}\right) \tag{2-29}$$

式中,R 为包含训练点的圆心在原点的最小球半径;ε 为间隔松弛变量。

这里给出了期望风险 $R[f]$ 至少以 $1-\delta$ 的概率成立的一个上界。我们在选择决策函数时,应使得该上界尽可能小。可见,若极小化下面的表达式:

$$R^2\|\omega\|^2+\sum_{i=1}^t c_2(x_i,y_i f(x_i)) \tag{2-30}$$

就能大体上达到这个目的。若引进一个参数 C,作为调节 $\|\omega\|^2$ (表达能力)和 $\sum_{i=1}^t\varepsilon_i^2$ (经验风险)两个因素的因子,就能得到以下的原始最优化问题:

$$\min_{\omega\in R^n,\xi^{(*)},b\in R}\frac{1}{2}\|\omega\|^2+\frac{c}{2}\sum(\xi_i^2+\xi_i^{*2}),\ i=1,2,\cdots,l \tag{2-31}$$

$$(\omega\cdot x_i+b)\leqslant\varepsilon+\xi_i,\ i=1,2,\cdots,t$$
$$\text{s.t. } y_i-(\omega\cdot x_i+b)\leqslant\varepsilon+\xi_i^*,\ \xi_i^{(*)}\geqslant 0,\ i=1,2,\cdots,t$$

式中,$(*)$ 为向量有*号和无*号两种情况的简单记号,如 $\xi_i^{(*)}\geqslant 0$ 意味着 $\xi_i\geqslant 0$ 和 $\xi_i^{(*)}\geqslant 0$,而 $\xi^{(*)}$ 则表示向量 $(\xi_1,\xi_1^*,\cdots,\xi_t,\xi_t^*)^{\mathrm{T}}$。

根据沃尔夫对偶可知,上述优化问题的对偶形式为

$$\min_{a^{(*)}\in R^n}\frac{1}{2}\sum_{i,j=1}^t(a_i^*-a_i)(a_j^*-a_j)[(x_i\cdot x_j)+\frac{1}{C}\delta_{ij}]+\varepsilon\sum_{i=1}^t(a_i^*+a_i)-\sum_{i=1}^t y_i(a_i^*-a_i) \tag{2-32}$$

其中

$$\text{s.t.}\quad\sum_{i=1}^t(a_i-a_i^*)=0,\ a_i,a_i^*\geqslant 0,\ i=1,2,\cdots,t \tag{2-33}$$

$$\delta_{ij}=\begin{cases}1,\ i=j\\0,\ i\neq j\end{cases}$$

通过求解该对偶问题得到原始问题的解，从而构造决策函数。若引入核函数 $K(x,x)$ 代替目标函数式 (2-32) 中的内积 $(x_i \cdot x_j)$，则得到基于二次 ε- 不敏感损失函数的支持向量机算法。

设已知训练集 $T = \{(x_1,y_1),\cdots,(x_t,y_t)\} \in (x_i \times y_i)^t$，其中 $x_i \in X = R^n, y_i \in Y = R, i = 1,\cdots,\iota$，选择适当的正数 ε 和 c，以及适当的核 $K(x,x)$。

构造并求解最优化问题：

$$\min_{a^{(*)} \in R^n} \frac{1}{2} \sum_{i,j=1}^{t} (a_i^* - a_i)(a_j^* - a_j)\left[K(x_i \cdot x_j) + \frac{1}{C}\delta_{ij}\right] + \varepsilon \sum_{i=1}^{t}(a_i^* + a_i) - \sum_{i=1}^{t} y_i(a_i^* - a_i) \quad (2\text{-}34)$$

$$\text{s.t.} \quad \sum_{i=1}^{t}(a_i - a_i^*) = 0, \ a_i, a_i^* \geqslant 0, \ i = 1,2,\cdots,\iota$$

得到最优解 $\bar{a} = (\bar{a}_1, \bar{a}_1^*, \cdots, \bar{a}_t, \bar{a}_t^*)^{\mathrm{T}}$。

接下来，构造决策函数：

$$f(x) = \sum_{i=1}^{t}(\bar{a}_i^* - \bar{a}_i)\left[k(x_i, x_j) + \frac{1}{C}\delta_{ij}\right] + \bar{b} \quad (2\text{-}35)$$

其中，$\bar{b}$ 按下列方式计算：选择不为 0 的 $\bar{a}_j$ 或 $\bar{a}_k^*$，若选择的是 $\bar{a}_j$，则

$$\bar{b} = y_j - \sum_{i=1}^{t}(\bar{a}_i^* - \bar{a}_i)\left[k(x_i, y_j) + \frac{1}{C}\delta_{ij}\right] + \varepsilon \quad (2\text{-}36)$$

若选择的是 $\bar{a}_k^*$，则

$$\bar{b} = y_k - \sum_{i=1}^{t}(\bar{a}_i^* - \bar{a}_i)\left[k(x_i, x_j) + \frac{1}{C}\delta_{ij}\right] - \varepsilon \quad (2\text{-}37)$$

可以看出，对应 $(\bar{a}_i^* - \bar{a}_i) \neq 0$ 的样本 (x_i, y_i) 都是支持向量。本书选取最常用的高斯径向基函数 (RBF) $K(x,x_i) = \exp\left(-\|x-y\|^2 / 2\sigma^2\right)$ 作为核函数。

选定 RBF 核函数后，SVM 回归方法中的参数主要有不灵敏参数 ε、惩罚常数 C 和 RBF 核参数 σ。

不灵敏参数 ε 反映回归模型对输入变量所含噪声的敏感程度，可用于控制模型拟合精度。一般情况下，ε 越大，支持向量数目就越小，解就越稀疏。

惩罚常数 C 决定了对误差超出要求的样本的惩罚程度。通常，惩罚常数 C 越大，对误差的惩罚越严，对拟合精度要求越高，从而使训练变得困难且费时间。因此，随着 C 的增大，拟合误差和预测误差都将减小，当 C 增大到一定程度后，拟合误差渐趋于稳定，当 C 过大时，容易出现过拟合现象，此时泛化能力反而降低。

RBF 核参数 σ 代表高斯函数的均方差，即函数在自变量方向上的宽度，σ 值越大，高斯函数的宽度越宽。与径向基神经网络相同，当宽度系数 σ 较小时，径向基函数的拟合性能较好，但 σ 过小会造成泛化能力变差。

参数的选择对支持向量机方法的性能影响很大。根据不同参数调整过程对拟合和检验精度的影响规律，采用网格搜索的方法找到一组合适的参数，可使模型得到较好的实际效果。

　　支持向量机回归中学习样本和测试样本的选取同人工神经网络模型。通过网格搜索法,最终确定高斯径向基函数的核参数 σ 为 0.3,惩罚常数 C 为 100,不灵敏参数 ε 为 0.342。由于振动曲面和空化特性曲面都比较复杂,经过训练后,支持向量的比例为 100%。振动特性和空化特性相应的偏置力分别为-0.067976 和-0.018182。这样,当任意给定水轮机的工况点(31,01)时,就可以求出相应空化系数及相应转轮叶片振动情况的神经网络模型计算值,最后得到的水轮机空化特性和水轮机转轮压力脉动特性神经网络模型相对应的曲面分别如图 2-10 和图 2-11 所示。

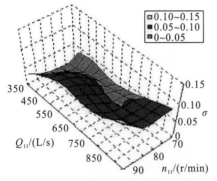

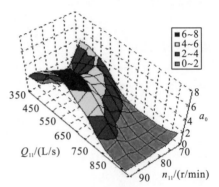

图 2-10　支持向量机相对应的水轮机空化　　　　图 2-11　支持向量机相对应的水轮机转轮
　　　　　特性神经网络模型曲面　　　　　　　　　　　　　压力脉动特性神经网络模型曲面

　　比较图 2-3、图 2-8 和图 2-10 以及图 2-4、图 2-9 和图 2-11 可以看出,所建立的水轮机空化特性和水轮机转轮压力脉动特性支持向量机模型比人工神经网络模型更能精确地反映水轮机真实的空化特性和转轮压力脉动特性,水轮机空化特性和水轮机转轮压力脉动特性的平均相对误差分别为 1.475% 和 3.593%。支持向量机建立在结构风险最小化(structural risk minimization,SRM)原则的基础之上,是统计学习理论中最年轻的内容,具有很强的学习能力和泛化性能,能够较好地解决小样本、高维数、非线性和局部极小点等问题,可以有效地进行分类、回归和密度估计等。

　　四川紫坪铺水电站的水轮机空化特性和水轮机转轮压力脉动特性双输出模型建模过程表明,水轮机空化特性和水轮机转轮压力脉动特性双输出的支持向量机模型能够真实地表达水轮机的空化特性和转轮压力脉动特性,可以在水轮机的计算机辅助选型设计和水轮发电机组的运行控制分析等方面得到应用。其结果的精确度比人工神经网络模型的拟合精确度高,且结构简单。需要说明的是,在支持向量机核参数的选择过程中要用到交叉验证(cross-validation)方法,该过程比较烦琐,核参数的确定是支持向量机的一个有意义的研究方向,有待于进一步改进。

　　对于压力水头变幅较大的水轮机而言,其运行时的首要问题是稳定性问题。除能量特性之外,空化特性也是水轮机的重要特性之一。针对水轮机空化特性和水轮机转轮压力脉动特性对应空间曲面比较复杂的特点,本书采用支持向量机回归对水轮机空化特性和水轮机转轮压力脉动特性进行建模,并应用于四川紫坪铺水电站的水轮机空化特性和水轮机转轮压力脉动特性建模中。建模结果表明,水轮机空化特性和水轮机转轮压力脉动特性的双输出模型,能真实地表达水轮机的空化特性和转轮压力脉动特性,其泛化能力强,可以应用在水轮机的计算机辅助选型设计和水轮发电机组的优化运行分析等方面。

支持向量机是数据挖掘中的新方法,它是建立在统计学习理论的基础之上,借助最优化方法解决问题的通用学习方法。支持向量机已表现出很多优于现有方法的性能。它能非常成功地处理回归(时间序列分析)和模式识别(分类问题和判别分析)等诸多问题,关于支持向量机分类的理论和应用研究已比较深入和广泛,而对于支持向量机回归,这两个方面仍然有着广阔的研究空间。

中长期水文预报研究仍处在发展阶段,相对于短期水文预报研究来说,其滞后于生产实际的要求。人工神经网络能够较好地解决水文预测预报方面的问题,然而神经网络仍存在局部极小点和过学习等问题。本书建立了月径流量的元胞自动机模型,并应用支持向量机回归进行径流预报,得到了满足要求的预测结果。

由于常规统计学习方法是基于训练样本趋于无穷大的渐进理论,将其用于小样本故障诊断是一个不适定问题。本书在振动模式数据难以被大量获取的情况下,研究了具有较强推广能力的学习机,这对于智能故障诊断具有重要意义,同时,本书提出采用支持向量机这一最新机器学习方法解决有限样本情况下的振动分析问题。

与神经网络相比较,支持向量机建立在统计学习理论中的 VC 维(Vapnik-Chervonenkis dimension)理论和结构风险最小化原理的基础上,有效地避免了过学习问题;在算法上,其采用了一次规划和拉格朗日理论,其解是全局最优的;同时,它引入了核函数,大大简化了非线性问题的求解过程。

不论是支持向量机理论研究,还是元胞自动机理论研究,其在水利水电工程方面都是一个崭新的研究领域,都是运用当今最新的科技成果解决水力发电及水文预报方面的问题。国内外在相关领域的研究刚刚开始,我们的研究工作也仅仅是探索的开始。许多更深入和更具体的工作有待于进一步研究探讨,这些工作主要包括以下几个方面。

(1)月径流量的元胞自动机模型有待于进一步改进。

(2)解决支持向量机回归中最优化问题的方法和解决支持向量机分类中最优化问题的方法类似,而如何针对这些优化问题建立有效和简洁的算法是迫切需要解决的问题。

(3)在支持向量机的应用中,如何针对不同问题选择合适的核函数一直是一个悬而未决的问题,只有解决这个问题,才可以达到最优的学习效果。支持向量机在训练过程中虽然可调的参数很少,但对于这些很少的可调参数却没有一个确定的选择方法,很多训练都是采用试探的方法。

(4)支持向量机的思想是在高维空间找一个最优分类超平面,而落在这个最优超平面上的点称为支持向量,当这个支持向量受到噪声污染之后,相应的支持向量就会发生变化。因此,标准的支持向量机对噪声不具有鲁棒性,如何使支持向量机对噪声具有一定的鲁棒性是一个迫切需要解决的问题。

2.2 紫坪铺水电站水轮机压力脉动特性

最近的许多统计资料表明，水头变幅大的水轮机容易出现高水头的稳定性问题。这可能有两个原因：一是由于高水头与额定水头的比值 $\Delta H/H$ 较大，高水头的单位流量 Q_{11} 偏小，水轮机进入大脉动区运行，从而导致水轮机出现不稳定；二是高水头时叶片吸力面出现叶道涡，当叶道涡变得湍急时，涡核剧烈空化，涡流时隐时现，压力脉动加剧，并产生不规则的水力冲击，致使水轮机不稳定。高水头区的负荷稳定运行范围要小于额定水头时的范围，这是混流式水轮机的固有特性。

水轮机尾水管中涡带引起的压力脉动，对水轮机的稳定运行有重要的影响。

结合实例，在对尾水管压力脉动检测信号进行小波分析的基础上，采用支持向量机，对尾水管压力脉动状态进行聚类分析。实例分析结果表明，采用支持向量机的聚类分析方法，在样本数目比较少的情况下，能够获得满意的结果，可以在控制水轮机稳定运行的过程中使用。

混流式水轮机最常见的水力振动是尾水管涡带引起的压力脉动。在部分负荷工况(在开度的 40%～70%范围)下，进入尾水管的水流的流动比较复杂，水流夹带着空蚀气泡在离心力的作用下形成与水流共进的螺旋状涡带，并在尾水管内摆动回旋，进而引起涡带压力脉动。脉动传至各过流部件时，可能导致机组振动、大轴周期性摆动、出力波动以及管道中水流压力脉动，严重时甚至使机组被迫停机，给水电站造成巨大损失。因此，研究尾水管压力脉动特征，探求识别尾水管涡带情况的方法以提高机组运行的稳定性和安全性，就变得非常重要和具有现实意义。

2.2.1 水轮机尾水管水力振动信号的处理

1. 尾水管紊流场及其压力脉动基本理论

尾水管可以将部分真空全部变为有效的能量，并由转轮将这些能量转换成机械能，其作用可归纳为如下几个方面。

(1)汇集转轮出口的水流，并将其引向下游。

(2)转轮被安装在下游水位之上，从而可在转轮出口形成静力真空，利用转轮高出下游面的吸出高度。

(3)减少水轮机出口动能损失，使转轮出口处动能恢复为动力真空，从而提高水轮机机械效率。

由于转轮出口动能必须靠尾水管来回收，因此，从出口动能所占水轮机工作水头的比例可以看出尾水管的重要性。随着转轮速比的提高和单位流量的加大，转轮出口动能所占水头的比例也逐渐加大。因此，从提高水轮机效率的观点看，尾水管对于高比转速水轮机十分重要。在低水头、大流量的水电站，从最优工况区至限制工况区，尾水管中的水力损失占水轮机总水力损失占比很大，可见尾水管的重要性。

2. 尾水管涡带的形成及其特点

混流式水轮机尾水管涡带引起的水力振动，是混流式水轮机在部分负荷工况下尾水管中出现的一种不稳定流动现象。它所产生的压力脉动是造成这类机组振动的主要原因。涡带的运动特点有以下几个方面。

(1) 在一定的运转条件下，形成涡带的螺旋，保持相同螺距定常。

(2) 将一个和流动相垂直的平面切开看，根据切面的不同，涡带以其不同的直径做回转运动，即自转；同时，以尾水管轴线为中心做圆周运动，即公转，在不同的管断面，公转周期基本上保持不变。

2.2.2　涡带所引起的压力脉动分析

究竟在什么情况下涡带才能引起压力脉动？模型试验结果表明，当开度(a)小于32%时，尾水管中心部分是一个回流和气体空腔组成的死水区，死水区绕尾水管中心旋转，此时不产生有规律的低频脉动。但是，当开度在［32%～82%］时，死水区中心的空腔变成偏心的螺旋状涡带。随着开度的逐渐增大，空腔涡带直径逐渐减小，螺旋半径也发生变化，此时由于涡带以某一频率在尾水管内做螺旋运动，致使尾水管内的速度场发生周期性变化，当涡带轴线位于尾水管某一侧时，该侧的速度增大、压力降低，而相对的另一侧，速度减小、压力升高，这样便在尾水管内形成周期性的低频压力脉动，显然，大涡带旋转频率和尾水管水流的低频压力脉动频率一致。当开度大于82%时，螺旋式空腔涡带重新又变成与尾水管同轴且直径很小的涡带，此时，因涡带轴线无偏心，所以压力脉动也消失了。压力脉动的强烈程度，与空腔涡带的大小和形状有关(图2-12)。当然，影响这些变化的因素除机组运行工况外，装置空蚀系数的影响同样也是不可忽视的。

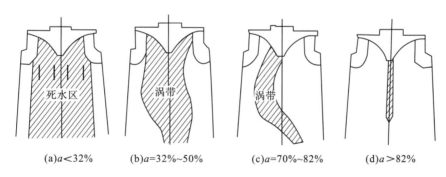

图 2-12　尾水管涡带形态变化

(a)$a<32\%$　　　(b)$a=32\%\sim50\%$　　　(c)$a=70\%\sim82\%$　　　(d)$a>82\%$

2.2.3　尾水管水流低频脉动特性

尾水管中的低频压力脉动是造成机组振动的重要原因之一，搞清楚压力脉动规律，尤其是形成大涡带后的脉动特征(如频率、振幅和压力等)，对于研究机组的消振和防振措施相当重要。

对于大型机组的尾水管涡带压力脉动频率，通过模型试验可以得到较好的结果。对于

几何相似的水轮机，在相似的工况下，其涡带压力脉动也是相似的。而涡带压力脉动频率和机组转速近似的比例 μ 为

$$\mu = \frac{f}{f_n} = \frac{60f}{n} \approx \text{const} \tag{2-38}$$

式中，f 为涡带压力脉动频率；f_n 为机组转动频率；n 为机组转速，r/min。

估算低负荷下水轮机尾水管的低频压力脉动频率也可以选用下列公式计算。

莱茵根式经验公式：

$$\mu = \frac{n}{3.6} = \frac{1}{60}(\text{Hz}) \tag{2-39}$$

细井丰试验公式：

$$\mu = \frac{n}{3} = \frac{1}{60}(\text{Hz}) \tag{2-40}$$

存上光清近似公式：

$$\mu = \frac{n}{4} = \frac{1}{60}(\text{Hz}) \tag{2-41}$$

细井丰在模型试验中所测得的尾水管压力脉动频率随转速的变化与 Rheingans 经验公式比较接近，但是与电站运行中实测的结果有一定差别。例如，上述几个公式中，$\mu = f/f_n = 1/3 \sim 1/4$，而我国几座水电站尾水管低频压力脉动频率的原型实测值 $\mu = f/f_n = 1/3.2 \sim 1/5.7$，其差别在于这些计算公式没有反映出水轮机特性和运行工况对低频压力脉动的影响，因此，计算结果不可能在所有情况下与实测值相符合。

随着水轮机设计制造水平的提高，其单机容量及比转速和最大允许使用水头及变动幅度等都在不断地突破原有的水平，效率和气蚀系数已不再是决定性因素，而对其稳定性方面的要求越来越重要。改善水轮机稳定性的措施主要从以下几个方面来考虑。

(1) 水轮机设计制造水平是改善水轮机稳定性的关键

水轮机过流部分的各种压力脉动是引起水力振动的一个主要原因，所以在进行水轮机转轮设计试验时，尽可能消除或减少各种压力脉动是改善水轮机稳定性的重要措施。

在转轮水力设计及试验阶段，应尽可能将涡带运动控制在较小的范围与较小的幅值内，以消除或减轻由此产生的水力振动。另外，应在转轮的综合特性曲线上标出压力脉动双振幅等高线，同时按涡带形状、运动规律、尺寸及其对尾水管压力脉动的作用等分类并建立涡带图谱等。

在消除转频压力脉动方面，混流式水轮机应尽量采用单数叶片，从而错开叶片-导叶流道间的压力脉动；同时，应适当加大导叶中心圆 D_0，并且转轮叶片采用倾斜进水边结构等。由于转频压力脉动与钢管水体自振有可能会发生水力共振，因此应加入钢管系统进行耦合分析计算。

针对机组轴系，应对各种运行工况(超负荷、低负荷、正常运行、甩负荷、起动等过渡过程)下的水力激振力进行计算分析，并在设计中考虑减少轴振动的措施。

水轮机过流部件及流道应用模型试验装置进行全模拟；应对密封结构间隙引起的压力脉动及自激振动进行全模拟，并改进密封结构形式；应加强对水轮机顶盖结构强度及刚度的分析。从振动系数原理分析，由水压脉动引起的机组周期性垂直振幅可用式 (2-42) 表示：

$$y_{动} = \frac{y_{静}}{\sqrt{(1-r)^2 + \left(2 - \dfrac{C}{C_0} - r\right)^2}}$$　　　　　　(2-42)

式中，$y_{动}$ 为周期性的垂直振动振幅；$y_{静}$ 为承重机架在转动部件重力作用下的下挠值(即静挠度)；r 为某干扰频率/机架自振频率，在承重机架自振频率较高时，$r \approx 0$；C/C_0 为阻尼作用对振动的影响系数，当无阻尼时，$C/C_0 \approx 0$。

从式(2-42)可以看出，$y_{动}$ 与 $y_{静}$ 成正比，$y_{静}$ 有所改善必将使 $y_{动}$ 得到改善(这里 $y_{静}$ 为厂家给的计算值，可在安装机组设备时进行实际测量)。提高 r 值有利于减小 $y_{动}$ 值，而提高 r 值则意味着降低及减少各种干扰频率(尤其是高频干扰)，以及提高自振频率。

提高水轮机制造精度是整个环节的关键：叶型的不规则会引起脱流压力脉动甚至卡门涡列，叶片开口不均匀会造成水力不平衡，密封结构的椭圆度过大会形成较大的压力脉动甚至自激振动，转动部件的制造质量则会影响是否会产生动不平衡和弓状回旋等问题。

(2)提高水轮机安装、运行和检修水平

(3)建立水轮机稳定性标准

我国目前尚没有一个完整的水轮机稳定性方面的标准，仅有一个《电力建设施工及验收技术规范》，其水轮发电机组篇(SDJ 81—1979)规定了机组的允许摆动和振动值。但此规定尚未得到机械部有关部门的认同，还不是国家标准(GB)。该规定与国外的有关标准也不尽相同，尚需完善。

压力脉动标准(国际电工委员会)也没有统一规定。最近，日立公司对长江三峡水轮机 $\Delta H/H$ 值的建议为 7%～8%，而东芝公司对天生桥水轮机的建议为 3%。中国水利水电科学研究院对龙羊峡水轮机的建议为 4%。有关 $\Delta H/H$ 值的一些标准见表 2-5。

表 2-5　国外机组压力脉动标准

厂家/机组	$\Delta H/H$ 值标准	备注
日立公司	10%	出力变动允许至机组出力的 8%
三菱公司	5%	负荷应不小于 30%开度，并有补气和尾水管加金属隔板等措施
东芝公司		在机组额定负荷的 10%～50%范围内保证运行稳定，低水头运行时，负荷大于 70%保证运行稳定
富士公司	2%～3%(设计点附近)，运行中可能达到 5%	在 60%负荷以上运行有问题，可以考虑 40%负荷以上无问题
古里机组(日立公司)	7%	须加稳流片及补气
萨扬-舒申斯克(苏联)	主要工况为 2%(设计水头)，部分负荷为 7%(起动水头)	—
依太泰机组	7%	—

而国内一些水轮机实测的 $\Delta H/H$ 值约为 8%。当然，压力脉动并不一定与振动成正比，它还与机组本身的结构有关，而且由于压力脉动测点的位置不一样，其测量结果也不一样。另外，原型与模型的测试结果也不一样。表 2-6 中列出了同一个转轮(D06a)在不同测点、同一工况(n_{11}=71r/min，Q_{11}=460L/s)下测得的 $\Delta H/H$ 值。

表 2-6　同一个转轮(D06a)不同测点的 $\Delta H/H$ 值

测点方位	距尾水管进口距离	$\Delta H/H$/%	备注
$-x$	$0.4D_1$	7.50	模型试验〔13〕
$-y$	$0.2D_1$	4.70	模型试验〔14〕
$+y$	$0.4D_1$	3.50	模型试验〔3〕
$+y$	$0.35D_1$	7.15	原型试验〔5〕

至于 $\Delta H/H$ 值的标准如何定？以测点在尾水管进口 $0.4D_1$ 以下，在+y 方向处，$\Delta H/H$ 值不超过 7 %为宜。

第3章 紫坪铺水电站水轮机及水轮发电机设计特点

3.1 紫坪铺水电站水轮机结构设计的主要特点

3.1.1 蜗壳

蜗壳是反击式水轮机的过流部件之一，主要形成转轮进口需要的水流环量。根据机型的不同，水轮机蜗壳可分为主要应用于高水头的金属蜗壳和主要应用于低水头的混凝土蜗壳两种。金属蜗壳的受力情况较复杂，除由内水压力所引起的薄壁应力外，还有蜗壳与座环连接处及同一轴截面内不同厚度钢板连接处因刚度不同而引起的局部应力。蜗壳必须根据内水压力进行强度计算，并假定蜗壳内部的水压力全部由蜗壳本身承受，以决定蜗壳钢板的厚度，从而保证蜗壳正常工作。

蜗壳式引水室的外形很像蜗牛壳，故通常被称为蜗壳。为保证向导水机构均匀供水，蜗壳的断面逐渐减小，同时它可在导水机构前形成必要的环量以减轻导水机构的工作强度。蜗壳应采用适当的尺寸以保证水力损失较小，同时应减小厂房的尺寸及降低土建投资。它是用钢筋混凝土或金属制造的闭式装置，可以适应各种水头和容量的要求。蜗壳是反击式水轮机中应用最普遍的一种引水室。

蜗壳自鼻端至进口断面所包围的角度称为蜗壳的包角 φ_0。混凝土蜗壳一般用于水头在 40m 以下的情况，其包角 $\varphi_0=180°\sim270°$。高水头水轮机多采用金属蜗壳，其包角 $\varphi_0=340°\sim350°$。

1. 金属蜗壳的结构型式

金属蜗壳的断面是圆形断面，但在接近鼻端的地方，由于结构上的要求，断面应做成椭圆形。其包角 $\varphi_0=300°\sim345°$，轮廓形状及尺寸的变化规律都必须由水力计算确定，一般采用蜗壳中的水流符合等速度矩定律来进行设计，即 $v_{ur}=$const。

金属蜗壳按其制造型式可分为钢板焊接蜗壳和铸造蜗壳，前者一般应用于中水头的大中型水电站，后者一般应用于高水头的大中型水电站或者低水头的小型机组。究竟采用哪种型式合适，必须根据不同水电站的具体条件做具体分析。

图 3-1 所示为钢板焊接蜗壳的结构型式，它由 28 节焊成，每节由几块钢板拼成，蜗壳与座环之间有铆焊、搭接焊和对接焊 3 种连接方式。钢板焊接蜗壳的节数不应太少，否则将影响蜗壳的水力性能。但若为使蜗壳线型尽量光滑及改善其水力性能而采用过多的节数则又会给制造和安装带来困难。

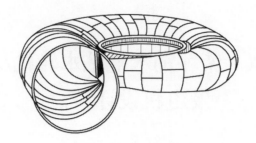

图 3-1 钢板焊接蜗壳

金属蜗壳的制造方法有焊接、铸焊和铸造 3 种类型。金属蜗壳的结构类型与水轮机的水头及尺寸关系密切。铸焊和铸造蜗壳一般用于直径 D_1 小于 3m 的高水头混流式水轮机，尺寸较大的中、低水头混流式水轮机一般都应用钢板焊接结构。图 3-2 所示为某水电站钢板焊接的蜗壳。它由 28 节焊成，每节由几块钢板拼成。蜗壳和座环之间也靠焊接连接。焊接蜗壳的节数不应太少，否则将影响蜗壳的水力性能。但若为使蜗壳线型尽量光滑及改善其水力性能而采用过多的节数，则又会给制造和安装带来困难，而且也不经济。为节约钢材，金属蜗壳的断面采用圆形，钢板厚度应根据蜗壳断面受力不同而异，通常蜗壳进口断面厚度较大，越接近鼻端厚度越小。在图 3-2 所示的钢板焊接蜗壳中，进口断面的最大厚度为 35mm，而接近鼻端处厚度为 25mm。此外，即使在同一断面上钢板的厚度也不应相同，如接近座环上、下两端的钢板应较断面中间的厚些，其具体数值由强度计算决定。

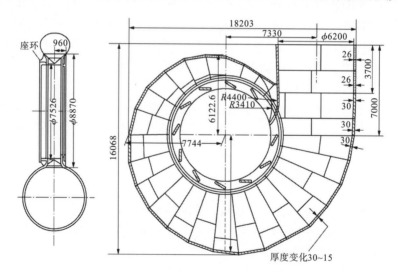

图 3-2 钢板焊接蜗壳(单位：mm)

除薄壁应力外，由于座环碟形边(座环上、下环的外缘)的刚度很大、变形很小，蜗壳可被认为是被刚性地连接到座环上的，这种连接在蜗壳钢板中会产生附加的局部应力。此外，在同一轴截面不同厚度钢板连接处，由于钢板的厚度不同，其刚度也不同，因此在连接处也将产生附加的局部应力，此情况与蜗壳和座环连接处的情况相类似。

关于蜗壳的应力分布问题，国内一些运行机组和模型机组曾用电测法进行了测试。

图 3-3 和图 3-4 所示为实测的应力分布图。根据试验资料分析，可得到以下初步结果：①同一个圆形断面上应力最高点发生在接近座环的边缘处，离开此点应力下降，整个蜗壳应力较高点则发生在进口断面附近座环边缘处(图 3-3)；②椭圆形断面的应力最高点不一定发生在靠近座环的边缘处，有时发生在蜗壳最外边缘处(图 3-4)；③靠近座环侧的蜗壳应力和座环的刚性关系很大，其应力值随着固定导叶的位置沿圆周做周期性的变化(蜗壳各节钢板厚度是按等强度设计的)，与固定导叶进口端相对应的部位应力较高，而固定导叶间的应力较低。

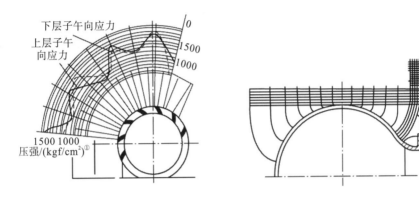

图 3-3　蜗壳应力分布

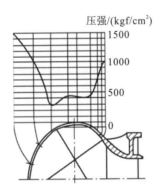

图 3-4　椭圆形断面应力分布

　　铸造蜗壳刚度较大，能承受一定的外压力，常作为水轮机的支承点并在它上面直接布置导水机构及其传动装置，一般不全部埋入混凝土。根据应用水头不同，铸造蜗壳可采用不同的材料，水头小于 120m 的小型机组一般用铸铁；当水头大于 120m 时，则多用铸钢；当水头很高而水中含有较多的固体颗粒时，也可用不锈钢铸造蜗壳。图 3-5 所示为铸造蜗壳的基本结构。

　　铸焊蜗壳与铸造蜗壳都适用于尺寸不大的高水头混流式水轮机。铸焊蜗壳的外壳用钢板压制而成，固定导叶和座环一般是铸造而成，然后用焊接的方法把它们联成整体。焊接后需进行必要的热处理，以消除焊接应力。

---

① 1kgf/cm^2=98100Pa。

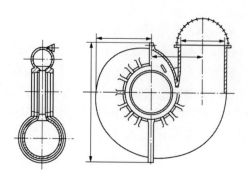

图 3-5　铸造蜗壳

根据蜗壳不同的断面受力情况不同，可以采用不同的钢板厚度，一般进口断面的厚度较大，由此至鼻端的断面厚度逐渐减小。在同一断面中应力大小也是不一样的，因此钢板的厚度也不一定相同。在接近座环的位置应力较大，采用较厚的钢板，其他位置应力较小，采用较薄的钢板。这样采用不同厚度的钢板焊接，可以节省大量的钢材。钢板的具体厚度由强度计算决定。

焊接蜗壳一般在制造厂都不焊成整体，而是在水轮机安装现场才进行焊接，以便于运输。考虑到安装时可能出现误差，在制造时焊接蜗壳中有一节做得比较长，以便在焊接时用它来凑合，该节称为凑合节，它一般是蜗壳中间的一节。蜗壳鼻端的结构形状比较复杂，它是在制造厂焊接好以后才运至水轮机安装现场的。

随着水轮机单机容量的增加，蜗壳的尺寸增大。相应地，焊接蜗壳的钢板也增厚，这样就给卷板工作带来困难。因此，对大型水轮机又采用了以下两种结构型式，以减小钢板的厚度。

(1) 在普通焊接蜗壳的外面，加上若干加强筋(图 3-6)。这时，钢板的厚度就可以适当减小。采用这种结构时，金属和焊条的消耗都有所增加，但因钢板厚度减小而减少了卷板工作量，使焊接蜗壳能够应用到更大的机组上。

(2) 采用双引水口蜗壳(图 3-7)，这种蜗壳的每一个进水口包括一半的座环，双引水口蜗壳的水力半径可以相应减小 $\sqrt{2}$ 的比例系数，钢板的厚度必然相应减小。此外，通过模型试验得知，这种结构型式的蜗壳，其作用在水轮机转轮上的轴向内力要比常规蜗壳小些，但是在同等过水断面情况下，这种蜗壳的水力损失要大些，为了不增大其水力损失，必须要增加过水断面面积(10%左右)。

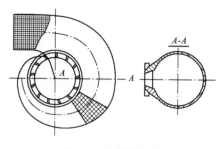

图 3-6　加强筋蜗壳

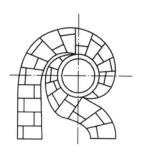

图 3-7　双引水口蜗壳

焊接蜗壳在设计时按薄壳理论进行计算。这种结构仅能承受内压力而不能承受来自蜗壳外部的压力,所以焊接蜗壳埋入混凝土时,蜗壳外面的钢板应做成一个拱形结构的配筋,使蜗壳上部的混凝土重量及其他重量经这个拱直接传至基础环上。同时,应在蜗壳外表面与混凝土之间加一层弹性层,弹性层的厚度一般是 50mm 左右,由油毛毡、沥青和石棉等组成。

铸造蜗壳应用于高水头混流式水轮机,因为高水头水轮机的流量一般比较小,所以它所要求的蜗壳尺寸也比较小。同时,在高水头时,要求蜗壳的厚度比较大,如果采用焊接蜗壳,常常无法解决卷板技术问题,这时必须采用铸造结构。

铸造蜗壳刚度比较大,能承受一定的外压力,常作为水轮机的支承点,其上直接布置导水机构、接力器、导轴承和其他零件。铸造蜗壳一般都不全部埋入混凝土,它或者支承在水轮机的基础环上,或者部分埋入混凝土。

在设计水头很高的铸造蜗壳时,应特别注意各节之间法兰连接的刚度。刚度太小会使连接不紧密,影响蜗壳的正常工作。同时,为了防止水轮机突然停止时出现水锤现象,在高水头蜗壳上常装有空放阀。

铸造蜗壳除应用于高水头的中大型电站外,还常用于水头不高的小型机组上,因为这从经济上和铸造上看都是有利的。根据应用水头的不同,铸造蜗壳可以采用不同的材料:当水头小于 120m 时,一般采用铸铁材料;当水头大于 120m 时,多采用铸钢;当水头很高且水中含沙量较大时,也可采用不锈钢。

对于埋入混凝土的蜗壳,为了便于检修,在蜗壳上应留有检修用的进入孔和排水孔,其他装置按电站的具体布置而定。

紫坪铺水电站的金属蜗壳采用焊接蜗壳。

2. 金属蜗壳的三维结构

金属蜗壳的三维结构设计是在蜗壳水力设计中得到水力单线图之后,利用三维造型软件 UG 建立蜗壳的实体模型,并以 parasolid 格式导出,然后将其导入有限元分析软件 ANSYS,其三维模型图如图 3-8 所示。

图 3-8　三维模型图

3.1.2　座环

水轮机座环是用于承受水轮发电机组转动部分重量、蜗壳上部部分混凝土重量和水轮机的轴向水推力，并将其传递到水电站基础上去的部件，它以最小的水力损失将水流引入导水机构；同时，在水轮机主要零部件中，它又是一个主要的基准件，是最早被安装的零件之一。所以，座环既是承重件，又是过流件，还是基准件。在设计和制造座环时，必须保证它具有足够的强度、刚度和良好的水力性能。

　　座环通常由上环、下环和支柱(即固定导叶)3部分组成，水轮机的座环如图3-9所示。根据水轮机大小的不同，座环可以做成一个整体，若机组尺寸过大，则可以分成两瓣或四瓣制造，这主要是根据运输条件来决定的。分块制造的座环，需要在工地进行组合，组合面依靠法兰和螺栓连接。在铸造蜗壳中，座环与蜗壳铸成一个整体。座环的分块数目与蜗壳的块数相同。在焊接结构的蜗壳中，座环单独制造，其与蜗壳在安装现场被焊接成一个整体。

图 3-9　水轮机座环

　　为了节省金属材料和减轻重量，座环支柱一般都做成空心的。而且对于某些混流式水轮机来讲，水轮机顶盖的水也从支柱空心中排出。

　　座环不仅是承受传递重量的部件，而且也是过流部件，为了保证水轮机具有较高的效率，必须合理地选择座环的过流形状，其中主要是支柱的布置和断面形状。为了满足以上要求，设计时必须对座环进行水力计算和强度计算。

　　目前，常用的座环结构型式有：①与混凝土蜗壳联结的座环；②与金属蜗壳联结的座环。紫坪铺水电站采用的是第二种座环结构。

　　与金属蜗壳联结的座环大致可分为两种。一种是带碟形边的座环，这是一种常用的型式，如图3-10所示。它可以是铸造结构、铸焊结构或全焊结构。另一种是不带碟形边的座环，如图3-11所示。它适合于钢板焊接结构，其特点是上、下环为箱形结构，刚度很好，与蜗壳的联结点远离支柱中心，改善了受力情况，在上、下环外圆焊有圆形导流板，以改善流动条件。试验表明，不带碟形边的座环的水力性能与带碟形边的没有明显差别。紫坪铺水电站采用的是不带碟形边的座环结构。

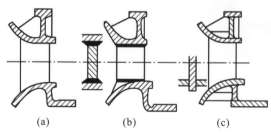 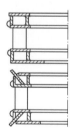

　　(a)　　　　　(b)　　　　　(c)

　　图 3-10　带碟形边的座环　　　　　　　　图 3-11　不带碟形边的座环

座环的尺寸与转轮的型号、直径和结构型式等有关。支柱的断面形状取决于水力和强度计算。所以座环尺寸不能完全统一，但是初步设计时应选择用厂家推荐的混凝土蜗壳座环和金属蜗壳座环两种型式，这在有关手册中可以找到。座环三维模型图如图 3-12 所示。

图 3-12　座环三维模型

3.1.3　导水机构

1. 基本要求

反击式水轮机导水机构的作用主要有 3 个：其一，根据电力系统负荷的变化，调节水轮机流量，以适应系统对机组出力的要求；其二，形成和改变进入转轮的水流环量，以满足不同比转速水轮机对进入转轮前的水流环量的要求；其三，导叶在关闭位置处可以使水轮机停止转动，还可以防止机组产生飞逸。

在工作中水轮发电机组的状态会随着参数的改变[如水头或负荷（出力）变化]而变化，而其转速是固定不变的，这就必须调节通过水轮机的流量。调节流量的方法较多，如使用筒形阀或闸阀等，但大多数是以失去水头为代价。理想的调节机构是在运行工况变化时，只改变流量，而水头损失很小。在水轮机转轮前布置多个导水叶片的导水机构就能满足这种要求，它们在流量调节时做同步的绕轴线转动，犹如百叶窗一样，只改变水流流经导水机构后的液流出口角，水头损失极小。在轴流转桨式水轮机中，通过同时转动导叶及转轮叶片的角度来调节流量。

反击式水轮机的导水机构在机组的开、停及负荷变化过程中和机组飞逸时运行。导叶传动机构是水轮机所有结构中零部件最多的一个机构，为给机组的安全、稳定及按照要求运行提供保障，其结构设计就显得特别重要。

2. 导水机构的结构型式

在不同型式的水轮机中，导水机构的结构型式大致可分为径向式、斜向式和轴向式 3 种类型。紫坪铺水电站采用的是径向式导水机构。

径向式导水机构导叶旋转轴线与水轮机轴线相平行，导叶呈圆柱形布置。由于这种导水机构的结构简单，因而在混流式和轴流式水轮机中得到了广泛的应用。

这种结构型式的导水机构应满足以下几个基本要求。

(1) 导水机构的最大开度要可控，并留有 3% 的裕量，以保证水轮机有足够的过水能力。

(2) 导水机构中应有安全保护装置，以防止导叶被硬物卡住，引起零件（剪断销）损坏。

(3) 结构上应便于安装和拆卸，能满足导叶端面和立面间隙的调整。

（4）在停机时，应有良好的封水性能。

（5）导叶的轴承、连杆和拐臂等转动的活接头以及有关的摩擦面，应润滑良好且结构简单。

（6）结构应力要求简单、可靠和具有良好的工艺性。

导水机构装配图如图 3-13 所示。在径向式导水机构中，导叶 12 的旋转轴线布置在以 D_0 为直径的圆周上。来自蜗壳的水流均匀地通过布置在此圆周上的导叶通道并流入转轮，导叶有上、下轴两个轴，下轴装配在底环 13 上，底环 13 的两边分别与座环和转轮室相连接，上轴安装在轴承座 4 上。上轴承座有两个轴承以支持转轴，上轴承座固定在上轴承环 3 上，上环与水轮机的座环 2 以及顶盖 11 相连接，这样底环、上环和水轮机顶盖便组成了导水机构的装配系统。导叶转臂 5 通过圆柱分瓣键 6 和导叶相连接，转臂 5 又与副转臂 17 通过剪断销 7 相连接，连杆 8 将转臂和控制环 9 连接在一起，控制环安装在支持环 18 上。因此，当接力器在推拉杆的力驱使控制环旋转时，通过连杆和转臂带动导叶转动。

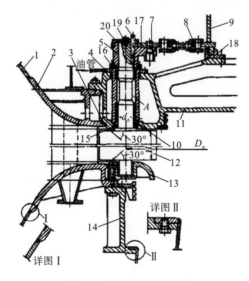

图 3-13　导水机构装配图

1—蜗壳；2—座环；3—上轴承环；4—轴承座；5—转臂；6—圆柱分瓣键；7—剪断销；8—连杆；9—控制环；10—排水孔；11—顶盖；12—导叶；13—底环；14—基础环；15—密封环；16—挡板；17—副转臂；18—支持环；19—调节螺钉；20—端盖

3. 导叶转动机构的设计

1）导叶转动机构

导叶转动机构主要由转臂、连杆和控制环三部分组成，目前国内应用最多的型式如图3-14 所示，转动机构的平面图如图 3-14 所示。由图 3-13 可见，导叶和转臂 5 相连，在结构上采用圆柱分瓣键 6 来连接。这样的结构便于安装和拆卸，并能使圆柱分瓣键和导叶转臂紧密连接。图 3-15 所示为导叶转臂装配图，图上标明了剪断销和圆柱分瓣键的外形。

在导叶转臂 5 之上套有副转臂 17，两者用剪断销固结在一起，只要剪断销不被剪断，两者就形成一个整体。副转臂通过连杆 8 与控制环 9 相连，当控制环转动时，控制环带动连杆使转臂转动，形成导叶的开启和关闭。在导叶关闭过程中，如果导叶之间有硬物卡住，则转臂就不能转动。而由接力器和控制环传来的力又迫使副转臂继续转动，当作用力增加到一定程度(一般为设计载荷的 1.1～1.5 倍)时，剪断销被剪断，从而避免整个导水机构被破坏。这时，没有被硬物卡住的其他导叶继续关闭到全关位置，被硬物卡住的导叶则通过剪断销中的传感元件发出事故信号，通知相关人员及时进行抢修。当剪断销被破坏后，失去控制的导叶会带动转臂在水流的作用下转动。为了避免这种情况，在采用这种结构时，可使转臂的臂长减小到安全范围内，这样便不会撞击相邻导水机构的零件。这里特别指出剪断销受损截面的确定方法：先根据受力的大小和选用材料的不同，初步计算受损截面积大小，然后进行剪力试验，以精确测定受损截面积。对于大中型水电站，常采用图 3-16 所示的叉头传动机构。

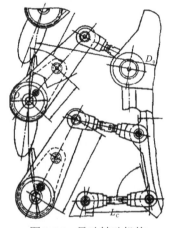

图 3-14　导叶转动机构

注：D_0 为导叶分布圆直径；L_c 为连杆长。

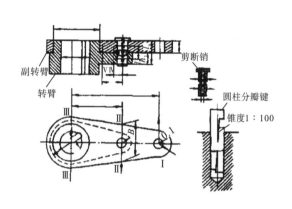

图 3-15　导叶转臂装配图

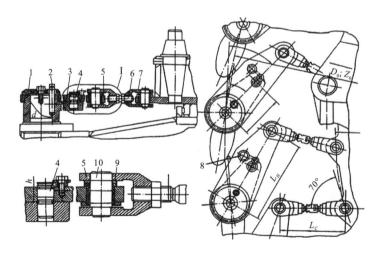

图 3-16　叉头传动机构

1—转臂；2—圆柱分瓣键；3—连接板；4—剪断销；5—叉头；6—连接螺杆；

7—左螺纹叉头；8—限位销；9—补偿环；10—叉头销

注：D_0 为导叶分布圆直径；L_H 为转臂长；L_c 为连杆长；Z_0 为导叶数圆。

近年来，制造厂进行了运行试验，并未发现导叶失去控制时转臂相撞的现象，因此采用了图 3-17 所示的结构，以便减少零件，简化结构。在这种结构中，连杆不是上述叉头式结构，而是耳柄式连杆。耳柄式连杆的优点是工艺性好，加工和制造比较方便，成本比较低。其受力条件没有叉头式连杆好，连杆销和剪断销上都有附加弯矩，剪断销的剪断力容易随轴套配合和装配质量的变化而变化，且剪断面尺寸不易确定，但由于结构简单，在中小型机组中被广泛采用。

圆柱分瓣键、连接螺杆和安全销机构如图 3-18 所示。

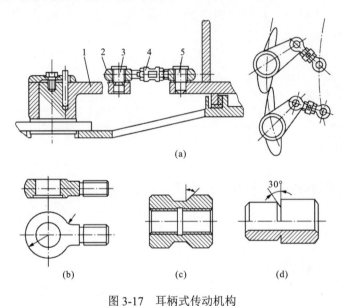

图 3-17　耳柄式传动机构

1—转臂；2—耳柄；3—剪断销；4—调节螺母；5—连杆销

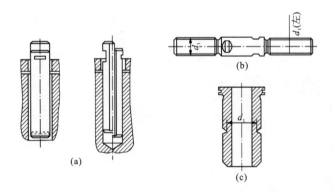

图 3-18　圆柱分瓣键、连接螺杆和安全销机构

导叶转动机构安全装置的型式很多，大中型机组一般采用图 3-19 所示的几种型式。

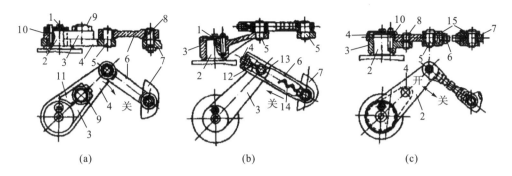

(a)　　　　　　　　　　　(b)　　　　　　　　　　　(c)

图 3-19　导叶传动机构的安全装置

1—调整螺钉；2—导叶轴；3—转臂；4—连接板；5—圆柱销；6—连杆；7—耳环；8—安全销；9—拉断环；
10—圆柱分瓣键；11—半圆块；10—拉断螺栓；13—滑块；14—缓冲弹簧；15—叉头

2）导叶转动机构的三维模型

导水机构装配图、导水机构爆炸视图和导水机构各部件的三维结构图分别如图 3-20～图 3-22 所示。

图 3-20　导水机构装配图　　　　　　图 3-21　导水机构爆炸视图

(a)导叶套筒　　　　　　　　　　(b)导叶转臂

(c)连杆　　　　　(d)推拉杆　　　　　(e)转臂　　　　　(f)副转臂（连板）

图 3-22　导水机构各部件的三维结构图

4. 导水机构的止漏装置和导叶的间隙调整

导水机构的止漏装置包括导叶轴承的止漏设备,以及在导叶全关闭时为防止蜗壳中的压力水流入下游而安装的导叶与导叶之间和导叶与上、下环之间的止漏设备。

导叶轴承若采用黄油润滑,则需防止因水流进入轴承而引起的轴颈锈蚀和油膜损坏。导叶轴颈的密封圈多数装在导叶套筒下端,以前都采用牛皮做的 U 形密封圈,其封水性良好但结构比较复杂,目前已较少采用,这种密封装置的典型结构如图 3-24(a)所示。U 形密封圈套在轴承下部,并用金属环套在导叶轴颈上,导叶安装就位后用螺钉将 U 形密封圈压紧在轴承下端,在水压力作用下 U 形密封圈的两边紧贴在导叶轴颈和套筒内壁上,以阻止水流进入轴承。图 3-24(b)所示的 L 形密封圈是目前我国水轮机生产中广泛采用的一种密封结构,实践证明,这种结构封水性能良好,结构简单。L 形密封圈用套筒压紧在顶盖上,其与导叶轴颈之间靠水压贴紧封水。为了形成压力差,在轴承套和套筒上开有排水孔,密封圈与顶盖配合端面则靠压紧封水,设计时套筒与顶盖端面配合尺寸应保证橡胶有一定的压缩量,密封圈可采用中硬度橡胶模压成型。当导叶下轴颈采用工业塑料的润滑轴承时,为了防止泥沙进入轴颈而发生轴颈磨损,一般需采用 O 形橡皮密封圈进行密封。密封结构如图 3-23(c)所示。为了导叶在调整下部端面间隙后仍保证密封圈有一定压缩量,设计时对 O 形圈槽的尺寸,应按规定选定。

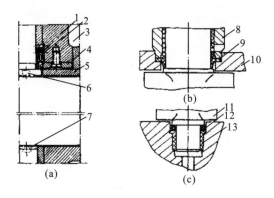

图 3-23　导叶上、下轴颈密封装置

(a)U 形密封圈；(b)L 形密封圈；(c)导叶下轴颈密封装置

1—U 形密封圈；2—金属环；3—压紧螺钉；4—压环；5—抗磨板；6、7—端面密封橡皮条；
8—导叶上轴套；9—L 形型密封圈；10—顶盖；11—导叶；12—O 形密封圈；13—导叶下轴承

机组停机时,导水机构必须封水严密,否则不但会增加漏水量,而且会加剧间隙空蚀破坏,导叶关闭后若漏水严重,则有可能造成机组无法停机。对于高水头并在电网中担任尖峰负荷的机组来说,减少停机时的漏水损失尤为重要,因为这些机组有相当多的时间处于停机状态。

为了减少漏水,必须提高导叶的加工精度,使导叶上、下端面和顶盖、底环之间,以及导叶与导叶之间的间隙尽可能小。但即使工艺达到规定的要求,机组投产安装后由于温度变化和厂房变形等因素,也可能造成导叶装配间隙增大或导叶卡住现象。一般中型水轮机的总端面间隙不小于 0.5～0.6mm,而大型水轮机则不大于 1～1.5mm。

　　对于中低水头的大中型水轮机,一般采用橡皮条止漏密封装置,如图 3-24(a)所示。当导叶处于全关位置时,其尾部靠接力器的作用力压紧在相邻导叶头部的橡皮条上。这种止漏装置不是十分可靠,运行中常发现橡皮条有脱落现象。图 3-24(a)中的立面密封结构是把橡皮条用压条 2 和螺钉 3 固定在导叶 1 上,这种结构在使用中不易脱落且止漏效果较好,广泛应用于中水头水轮机上。高水头水电站导叶立面密封靠研磨接触面来实现。为了使导叶上、下端面和顶盖、底环之间的间隙均匀,在结构上必须考虑可调整间隙的措施。如图 3-13 所示,端盖 20 通过螺钉 19 固定在导叶上部转轴上。此时,导叶通过螺钉和端盖的作用悬挂在转臂上,转臂将导叶的重量传到导叶上部轴承的端面上,旋转螺钉 19 即可使导叶上下移动,从而达到调整端面间隙的目的。导叶在全关位置时,靠上、下端面(通常做成斜面)压紧橡皮条[图 3-24(b)]阻止水流漏失。

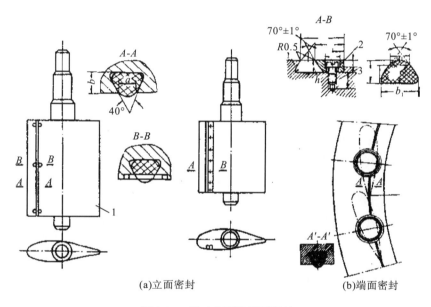

(a)立面密封　　　　　　　　　　　　　　　(b)端面密封

图 3-24　导叶立面和端面密封
1—导叶；2—压条；3—螺钉

　　导叶的立面间隙会因安装不准确而使个别导叶间隙大于技术规定要求,在国内常用的结构中,可以用左右旋螺杆来调整。螺杆旋转时即改变了连杆的长度,同时也调整了导叶的立面间隙。

　　导叶的止漏装置和间隙调整,不仅在导叶结构设计时应予以考虑,而且还应保证在运行和检修中进行调整时操作简单易行,以缩短检修时间。

　　5. 导水机构的接力器

　　接力器是导叶传动系统的动力部分,当水轮机负荷发生变化时,由调速器主配压阀控制的压力油将进入接力器的油缸并推动接力器活塞。当活塞移动时,其通过推拉杆转动控制环,控制环再通过连杆和转臂使导叶转动。

1）接力器的布置型式

导水机构接力器的布置型式很多，目前国内大中型水轮机采用的典型结构如图 3-25 所示。

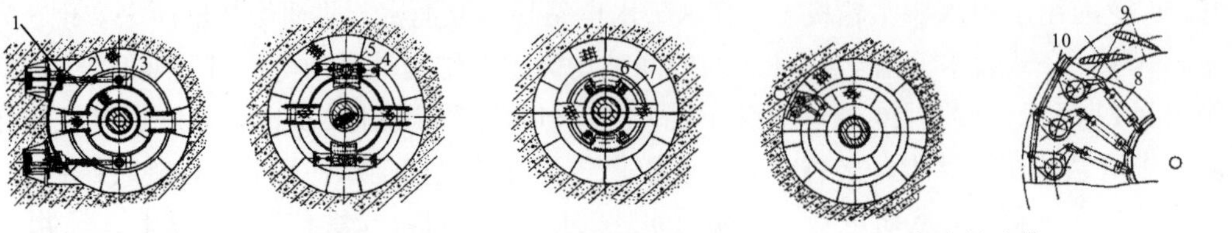

(a)直缸接力器　　(b)直缸接力器　　(c)环形接力器　　(d)每个导叶带一
布置在机坑内　　布置在顶盖上　　布置在顶盖上　　　个接力器布置

图 3-25　接力器布置型式

注：1—接力器缸体；2—推拉杆；3、7—控制环；4、8—接力器；5—控制滑块；6—环形接力器；9—导叶转臂；10—连杆

图 3-25（a）是国内运行的大中型水轮机使用最多的直缸接力器布置型式。导水机构控制环 3 由两个布置在水轮机机坑内的接力器来操纵。工作时一个接力器产生推力，另一个接力器产生拉力。一推一拉即可转动控制环，这种布置型式结构简单，制造方便，运行可靠。

图 3-25（b）是把接力器布置在水轮机顶盖上的一种型式，图中 2 组直缸接力器的 4 个油缸分布在对称的两边，利用滑块和叉头转动控制环。

图 3-25（c）是环形接力器布置在水轮机顶盖上的一种结构型式。环形接力器 6 的油缸和活塞为一环形圆筒，在油压作用下活塞运动的轨迹位于控制环 7 的同心圆上，这种结构工作过程比较平稳，可以节省图 3-25（b）中的滑块等机构，但制造时加工环形面比较困难。

图 3-25（d）是每个导叶用一个小型接力器传动的结构型式。这种结构型式的特点是构造简单，安装和调试比较方便，但压力油的管路布置比较复杂，为了保证每个导叶同步运行，在导叶转臂 9 上装有连杆 10。以上 3 种接力器的一个共同特点是都布置在水轮机顶盖上，这有利于降低厂房高度，减少工地安装和调试的时间。

2）接力器的结构

图 3-26 所示为我国生产的带有导管的接力器典型结构。接力器缸体 1 中有两个油管分别通至缸体的两端。为防止漏油，在活塞 2 上连有两个活塞环。当接力器工作时，控制环的耳环与活塞杆连接处绕主轴中心线做圆弧运动，而接力器活塞在缸体内做直线移动，这就要求在活塞移动时推拉杆与活塞有相对转动。因此，一方面，活塞 2 与推拉杆 3 必须用圆柱销连接；另一方面，当活塞移动时，推拉杆在缸体内必须有一定摆动。为使套筒缸盖 5 的油封能够实现，在推拉杆外要安放导管 4 并将其固定在活塞上，活塞移动时推拉杆可在导管内摆动，而导管与前缸只有相对移动，使用一般盘根密封装置就可实现油封。

为了确保导水机构完全关闭后，接力器中油压消失且不会自行开启，两个接力器中有一个要带有锁锭装置。图 3-27 是应用最广的利用液压压差阀控制的锁锭装置典型结构，这种结构的特点是当系统油压降低且相当于事故低压时，活塞杆 3 在活塞 2 的作用下下移。压力油自 P 处进入锁锭装置 6 上部，使锁锭闸落下。

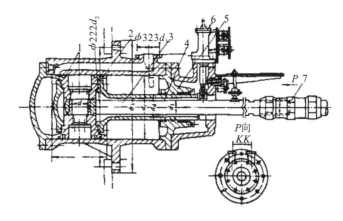

图 3-26 单导管直缸接力器

1—缸体；2—活塞；3—推拉杆；4—导管；5—套筒缸盖；6—锁锭装置；7—连接装置

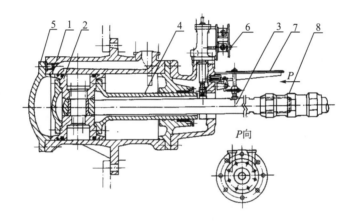

图 3-27 直缸活塞式接力器

1—活塞缸体；2—活塞；3—活塞杆；4—导管；5—缸盖；6—锁锭装置；7—开度指示；8—连接套筒

根据目前国内水轮机运行经验，接力器最低油压值可做如下规定：当额定油压为 4.0MPa 时，最低油压约取 2.8MPa。导叶装配及导叶零件三维图如图 3-28 所示。

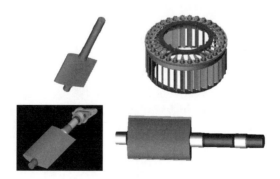

图 3-28 导叶装配及导叶零件三维图

3.1.4　尾水管

尾水管的形状有直锥形、弯曲形和弯肘形,其在电站修建过程中是最先被浇筑在混凝土中的过流部件之一。

1. 尾水管的作用

尾水管是反击式水轮机所特有的过流部件,冲击式水轮机无尾水管。尾水管的性能直接影响水轮机的效率和稳定性,一般水轮机中均选用经过试验和实践证明性能良好的尾水管。

反击式水轮机尾水管的作用如下:①将转轮出口处的水流引向下游;②利用下游水面至转轮出口处的高程差,形成转轮出口处的静力真空;③利用转轮出口的水流动能,并将其转换成转轮出口处的动力真空。

2. 尾水管的基本类型

1)直锥形尾水管

图 3-29 所示为一种简单的扩散型尾水管,广泛使用于中小型水电站(转轮直径 D_1 小于 0.5～0.8m)中。它制造容易,因为其内部水流均匀、阻力小,所以水力损失小,而恢复系数 η_ω 比较高,一般可以达到 83%以上。

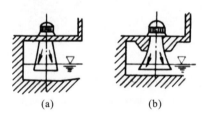

(a)　　　　　　　　(b)

图 3-29　直锥形尾水管

2)弯肘形尾水管

弯肘形尾水管用于大中型水电站的立式水轮机中,它由 3 个部分组成:进口锥管 A、肘管 B 及扩散管 C,如图 3-30 所示。进口锥管是一个竖直的圆锥形扩散管。图 3-31 中肘管是一个 90°的弯管,它的进口断面为圆形,出口断面为矩形。出口扩散管是一个水平放置的断面为矩形的扩散管。这种尾水管的锥管段里衬由制造厂提供,尾水管在安装现场用钢筋混凝土完成浇筑。在大中型水电站的立式水轮机中,若采用直锥形尾水管,则由于管子长,需将下游水体控制得很深,这将大大增加土建工程量,以致实际中不可能实现,所以必须采用弯肘形尾水管。在这种尾水管中,水流经过一段不长的直锥管后进入肘管,水流方向变为水平方向,水流再经过水平扩散段而流入下游。弯肘形尾水管增加了转弯的附加水力损失及出口水流不均匀性的水力损失,因此这种尾水管的恢复系数较直锥形尾水管低。

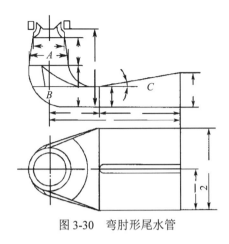

图 3-30　弯肘形尾水管

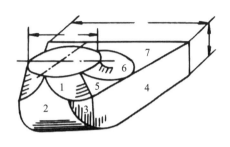

图 3-31　肘管
1—锥面；2—水平圆柱面；3—垂直圆锥面；
4—垂直面；5—斜面；6—圆环面；7—上翘面

3) 弯锥形尾水管

图 3-32 所示为小型卧式机组用的弯锥形尾水管，它由两部分组成：第一部分为圆段面弯管，转弯角度一般为 90°；第二部分为竖直的圆锥管。弯管的形状比肘管简单，易于制造。但由于弯管为等断面，水流速度较大，所以其水力损失很大。此外，拐弯后水流速度分布不均匀，这就使得水流在直锥扩散管中的流动状态恶化，故弯锥形尾水管回能系数较弯肘形尾水管小，一般为 0.4～0.6。

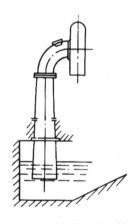

图 3-32　弯锥形尾水管

3. 尾水管的选择

在设计尾水管时，首先要根据机组和电站的具体条件来确定和选择尾水管的型式。目前，在小型机组上多采用圆形断面的直锥形尾水管，对于大型卧式机组(如大型贯流式水轮机)，为了减少水电站的土建投资并保证尾水管有足够的淹没深度，通常将直锥管的出口做成矩形断面，并加大其水平方向上的尺寸而减小垂直方向上的尺寸。而对于大型立式机组，由于土建投资占电厂投资比例很大，因此在电站设计中，要尽量降低水下开挖量和混凝土量，选用弯肘形尾水管。与直锥形尾水管的不同之处在于，弯肘形尾水管的轴心线为曲线，整个尾水管由不同形状的断面组成。

地下电站为了减小厂房和尾水流道尺寸，常采用高而窄的尾水管。此时，厂房的挖深一般不是主要问题，于是就可用加大深度来弥补宽度的减小。实践证明，这样做对水轮机效率影响不大。

紫坪铺水电站选用弯肘形尾水管。

4. 减轻尾水管振动的措施

当运行机组上出现尾水管偏心涡带引起的振动时，通常可采用以下几个措施来减轻其影响。

1) 尾水管加导流隔板

产生偏心涡带的根本原因是转轮出口水流有环量存在，因此，用加导流隔板的办法来消除环流，从而消除或减弱偏心涡带。导流板大致有以下几类：一是在尾水管直锥段进口部位加设"十"字形隔板[图 3-33(a)]；二是在直锥段进口管壁加设导流板[图 3-33(b)]；三是在弯肘段前后加设导流板[图 3-33(c)]。实践证明，加设导流板的办法对改善振动有一定效果，但有时会对机组的运行产生一些不利的影响，如效率降低和最优工况区改变等。导流板的形状和尺寸根据机组的特性而定，装得不好的导流板容易被冲掉，因此在采用导流板时，应先做一些试验研究工作。

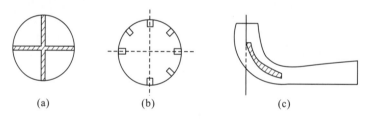

(a)   (b)   (c)

图 3-33　尾水管中装设导流板

2) 尾水管补气

为了减少压力脉动和由它引起的尾水管振动，以及在混流式水轮机的某些运行工况下避免破坏尾水管中的真空，常对转轮区进行补气。在大多数情况下，补气对水轮机的工作会产生有利的影响，动载荷减小，转轮下面的真空减少。

补气的方法有两种。一是自然补气，当尾水管中的压力低于大气压时可采用这种补气方法，但补气量常难以控制。二是强迫补气，即用压力机或射流泵向尾水管送入空气，这是目前常用的补气方法，当尾水管管壁附近的压力高于大气压时就必须用这种补气方法。它可以根据不同的工况补进不同的气量，以保持减振效果和对机组运行效率的影响处于最优状态。

补气位置通常在直锥段。实践证明，补气管口埋入越深，所需补气量越少，补气效果越显著。补气管口越接近管壁，所需补气量越大，补气效果越差。这是因为旋转水流离心力的作用使管壁处的 $\bar{h}$（平均压力）> 0，此时补入的空气不易进入旋涡中心，反而被水流带向下游。试验表明，若补气管口离旋涡中心太近(超过半径的 70%)，则效果提高就不甚显著。为了增加补气管的强度，目前多采用"十"字形补气架结构。

这里特别指出，补气也会引起某些不良现象。例如，在正常运行工况下，水轮机出力会降低，有时转轮后面的压力脉动反而会增大。此外，已发现补气可以引起飞逸转速增大。

3)尾水管的三维结构设计

根据尾水管的水力设计型线，建立尾水管的三维图，如图 3-34 所示。尾水管实物图如图 3-35 所示。

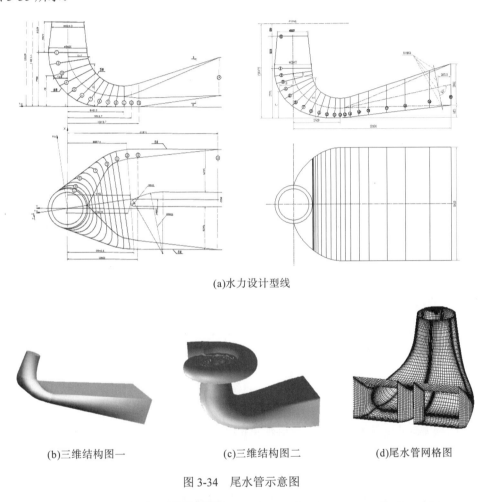

(a)水力设计型线

(b)三维结构图一　　　　(c)三维结构图二　　　　(d)尾水管网格图

图 3-34　尾水管示意图

图 3-35　尾水管实物图

3.1.5　顶盖

水轮机顶盖是密封水流和支持导水机构、导轴承零件的主要部件。反击式水轮机的转轮都是在水下工作的，从上游引来的高压水流，需通过引水设备、顶盖和泄水设备密封起来。水轮机顶盖是水轮机中最大的零件之一，其受力情况相当复杂，同时在水轮机顶盖上还装有真空破坏阀和排水泵等附属设备。

1. 顶盖的结构型式

水轮机顶盖在水轮机工作时要求有足够的强度和刚度，这样才可以保证将轴承固定在上面时不致产生振动或因刚度太差而引起位移。顶盖多数设计成箱形结构。此外，还应考虑保留一定的空间位置以便于检修。其材料有铸铁(HT20-40)和铸钢(ZG30)，近来则广泛采用焊接结构。

中型混流式水轮机采用整铸顶盖的典型结构，顶盖四周均布设了与水轮机座环连接的螺钉孔，中间留孔供安装轴承和通过水轮机主轴。结构呈箱形，高度与宽度之比为 0.4～1.0。这种结构的刚度可满足设计要求。大型混流式水轮机通常采用的焊接结构顶盖。这种结构比铸造结构重量轻，并可按工作要求在不同部位采用不同的材料。为便于运输，分瓣制造并运到工地后再组装成一个整体。

2. 顶盖受力分析

现以混流式水轮机顶盖为例，分析水轮机在正常工况和甩负荷工况下且导叶紧急关闭时其顶盖的受力情况，如图 3-36 所示。

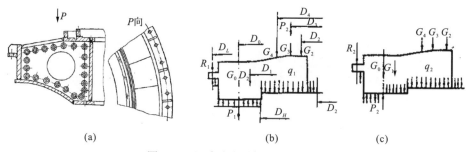

(a)　　　　　　　　　　(b)　　　　　　　　　　(c)

图 3-36　混流式水轮机顶盖受力图

注：图中线性尺寸 D_1、D_2、…、D_L 等均为相应的力作用位置直径。

第一种情况：水轮机正常运转，顶盖压力[图 3-36(b)]如下。

(1)顶盖在最高水头下作用着水压力 P_1，计算时应计入速度水头，即

$$P_1 = \frac{\left(H_{\max} - \dfrac{v^2}{2g}\right)}{10} \tag{3-1}$$

$$v = \frac{Q}{z_0 a_0 b_0}$$

式中，$H_{\max}$ 为上游最高水位与顶盖过流面之间的高程差；v 为顶盖过流面处平均流速；z_0 为导叶数；a_0 为导叶最大开度；b_0 为导叶高度。

(2)顶盖与转轮上冠的部分真空 q_1，一般在计算时取平均值(q_1=0.05MPa)。

(3)水轮机导轴承重量 G，沿连接螺栓分布圆直径 D_2 作用在顶盖。

(4)顶盖自重 G_1。

(5)导水机构重量(包括导叶和套筒)G_0。

(6)导水机构中控制环、连杆和转臂重量之和 G_4。

(7)当推力轴承布置在顶盖上时，由推力轴承及其部件传来的重量之和(包括发电机转子、水轮机转轮、主轴和推力轴承等)。

(8)当推力轴承布置在顶盖上时，作用在水轮机转轮上的轴向水压力 P_L。

(9)正常情况下顶盖法兰的支反力 R_1。

第二种情况：水轮机甩负荷，紧急停机，此时导叶迅速关闭，在导叶外部(与蜗壳水流接触面)作用着水压力，在导叶内部作用着真空压力。顶盖受力[图 3-36(c)]如下。

(1)G_1、G_2、G_3、G_4 和 G_0 等与第一种情况相同。

(2)由于紧急停机而产生水压力 P_2，此时 P_2=$(1+\xi)H_{\max}/10$，ξ 为升压系数，由水锤计算提供。

(3)紧急停机时作用在顶盖上的真空压力，一般计算中取 q_2=0.1MPa。

(4)紧急停机时顶盖法兰的支反力 R_2。

通过受力分析，可将作用在混流式水轮机顶盖上的载荷归纳为两种类型。

第一类：沿某一直径为 D_i 圆周上作用的集中力系。

第二类：均布于某一圆周范围内的均布力系，这些力按一般材料力学的方法，可简化为某一圆周上的集中力系，其计算公式为

$$Q_i = \frac{\pi}{4} P_i \left(D_i^2 - d_i^2\right)$$

$$D_{Qi} = D_m + \frac{\left(D_i^2 - d_i^2\right)}{12 D_m} \tag{3-2}$$

式中，Q_i 为简化后的相当集中力的轴向分量；D_{Qi} 为简化后的相当集中力的作用直径；P_i 为均布压力；D_i 和 d_i 分别为均布压力作用的外径及内径；D_m 为平均直径，$D_m = \dfrac{D_i - d_i}{2}$。

在各种工况(正常工况和迅速停机)下，作用在混流式水轮机顶盖法兰上的支反力可由静平衡方程计算：

$$R_i = \sum Q_i + \sum G_i + P_c(N) \tag{3-3}$$

各种工况下作用在混流式水轮机顶盖上的径向力矩为

$$M_i = \frac{1}{4\pi}\left[\sum Q_i(D_L - D_{Qi}) + \sum G_i(D_L - D_i) + P_c(D_L - D_c)\right](\text{N}\cdot\text{cm}) \tag{3-4}$$

在进行式(3-2)和式(3-3)的计算时，应当注意力和力矩的方向。

进一步计算，以求出在各种力和力矩的作用下，不同工况时顶盖各截面所承受的弯曲应力。由于顶盖是一个中空的壳体，制造时为增加刚度而在顶盖上加有许多加强筋和钢板，因此具体计算比较复杂。顶盖三维图如图 3-37 所示。

图 3-37　顶盖三维图

3.1.6　底环

底环是一个扁平的环形部件，固定于座环上，设计时主要考虑其刚度，一般不做强度计算。大多数底环采用 ZG30 型铸钢铸造，大型机组因受运输条件的限制，其底环分为两瓣或更多瓣数组合。

通常水轮机顶盖与底环装有抗磨板，由于抗磨板尺寸大而薄，补焊时极易产生扭曲变形，为避免出现这一情况，常采用螺栓加固后再施焊。若抗磨板磨损严重、修复困难，则应更换新的抗磨板。混流式水轮机底环和不同型式底环三维图分别如图 3-38 和图 3-39 所示。

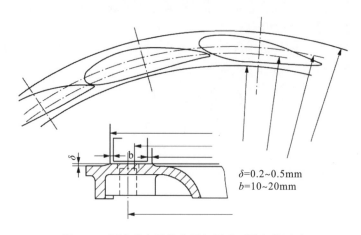

图 3-38　混流式水轮机底环与导叶下端部分尺寸

图 3-39　不同型式底环三维图

3.1.7　控制环

紫坪铺水电站的控制环采用两个接力器来控制，如图 3-40 所示。接力器 1 固定在浇筑于水轮机机坑壁龛里的金属壳体 7 的法兰上，接力器活塞杆 2 及推拉杆通过圆柱销 4 与控制环 3 连接，而活塞与活塞杆之间也用圆柱销铰接。支承 8 将控制环支承在顶盖 9 上。控制环 3 通过连杆 5 和转臂 6 与导叶联系。在混凝土机坑内设有相应的壁龛来安装接力器，其三维结构如图 3-41 所示。

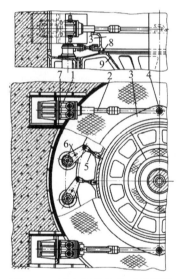

图 3-40　导水机构的传动系统图

1—接力器；2—接力器活塞杆；3—控制环；4—圆柱销；
5—连杆；6—转臂；7—金属壳体；8—支承；9—顶盖

图 3-41　控制环三维图

3.2　紫坪铺水电站水轮发电机结构设计的主要特点

水轮发电机由转子、定子、机架、推力轴承、导轴承、冷却器和制动器等主要部件组成，如图 3-42～图 3-44 所示。定子主要由机座、铁芯和绕组等部件组成。定子铁芯用冷轧硅钢片叠成，按制造和运输条件可做成整体或分瓣结构。水轮发电机冷却方式一般采用密闭循环空气冷却。特大容量机组倾向于以水作为冷却介质，直接冷却定子。若同时冷却定子和转子，则为双水内冷水轮发电机组。

图 3-42 发电机主轴的三维模型　　　　图 3-43 发电机上、下机架三维模型

图 3-44 发电机总体装配

水轮发电机的安装结构型式通常由水轮机的型式确定，主要有以下几种型式。

(1)卧式结构。卧式结构的水轮发电机通常用于冲击式水轮机驱动。卧式水轮机组通常采用两个或三个轴承。两个轴承的结构轴向长度短，结构紧凑，安装调整方便。但当其轴系临界转速不能满足要求或轴承负荷较大时，需要采用三轴承结构。国产卧式水轮发电机组大部分属于中小型机组。

(2)立式结构。立式结构的水轮发电机组通常由混流式或轴流式水轮机驱动。立式结构又可分为悬式和伞式两种结构。

(3)贯流式结构。贯流式水轮发电机组由贯流式水轮机驱动。贯流式水轮机是一种带有固定或可调转轮叶片的轴流式水轮机的特殊型式。它的主要特征是转轮轴线采取水平或倾斜布置，并与水轮机进水管和出水管水流方向一致，具有结构紧凑和重量轻的优点，广泛用于低水头的电站中。

3.3 紫坪铺水电站转轮设计的主要特点

3.3.1 转轮设计理论

由于液流在转轮中的流动十分复杂，目前还不能完全用数学和流体力学的方法对其进行描述和计算。所以，在转轮的叶片设计中，为了能应用数学和流体力学的方法研究水流的运动，通常会根据具体情况并给予某些具体的假定来进行模拟，这样既简单，又可以用有一定规律的流动来代替转轮中实际的复杂流动。但是，流动情况的假设和简化不同，设计思路和设计出发点也就不同。目前对于转轮中的水流运动，有 3 种不同的假设，故有 3 种不同的转轮设计理论，即一元理论、二元理论和三元理论。

为方便和使问题简化，3 个坐标轴可以这样来选取：①将轴面流线 l_m 作为一个坐标轴；②将轴面液流过流断面与轴面的交线 m 作为一个坐标轴；③以圆周方向 $r\theta$ 作为一个坐标轴。

如图 3-45(c) 所示，由上述 3 个坐标轴即可确定转轮中液流质点相对速度的大小及方向。如果我们在设计转轮时，认为速度大小只随坐标轴 l_m 上的位置而改变，而在 m 和 $r\theta$ 坐标轴方向上是均匀分布的，即速度不随 m 及 $r\theta$ 而改变，那么以这种对转轮中水流运动规律的认识为出发点的设计理论称为一元设计理论。如果认为水流质点的运动速度是由在 l_m 及 m 两个坐标轴上的位置来决定的，而与 $r\theta$ 无关(即在圆周上是均匀分布的)，则称为二元设计理论。如果认为水流质点的运动速度是由 3 个坐标轴上的位置来决定的，则称为三元设计理论。可见，所谓的一元、二元理论就是轴对称流动理论，此时，转轮中液流的运动与叶片无穷多时的相对运动一样。

一元设计理论的设计思路和出发点是，在转轮叶片无穷多时，液流的运动是轴对称的，轴面速度沿过水断面又是均匀的。在这样的假设条件下，可用任一轴面流线来表示转轮中所有的轴面运动，且转轮中的轴面速度只需要用一个能表明质点所在过水断面位置的坐标即可确定。如在图 3-45(a) 中，为确定轴面水流在 A 点的速度，只需用包含 A 点的过水断面母线 BC 所在的位置 l_m 即可确定。l_m 是所求断面至起始断面的流线长度。

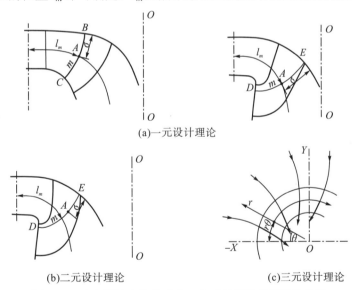

(a)一元设计理论

(b)二元设计理论　　　　　(c)三元设计理论

图 3-45　确定转轮内流体质点 A 相对轴面速度所需的坐标

低比转速混流式水轮机的转轮轴面流道拐弯的曲率半径较大，而且叶片大部分位于拐弯前的径向流道内，拐弯对 v_m 的影响较小，沿过水断面 v_m 的分布比较均匀。低比转速离心泵虽然其叶轮流道拐弯的曲率半径较小，但其叶轮流道宽度却很窄。因此，在这两种转轮中，实际水流的运动情况接近于一元理论的假设，故一元理论多用于低比转速转轮设计。

54 超大变幅水头水轮机稳定运行关键技术研究及应用

一元设计理论的特点是，只保证转（叶）轮叶片的进、出口角度，而叶片中间部分的形状任意性很大，不够严谨，但计算简单，被采用的历史较长，积累了丰富的经验。实际上，按这种理论已经设计出很多性能优良的转轮。所以，它仍然是一种有实用价值的设计理论。目前，有些国家依然将它作为低比转速混流式水轮机转轮的主要设计理论。

二元设计理论，其设计思路和出发点同样是假设转轮叶片无穷多，液流运动是轴对称的，但却认为转轮流道中的轴面速度沿过水断面是按某种规律不均匀分布的（①按 $\omega_u=0$ 的有势流动规律分布；②按 $\omega_u\neq0$ 的非有势流动规律分布）。因此，轴面上任意一点的运动必须由该点所在的轴面位置及对应位置的两个坐标来决定，如图 3-45（b）所示。所以，该点处流体质点的运动参数也应由这两个坐标来决定。这两个坐标为包含 A 点的过水断面母线 DE 所在的位置 l_m 和 A 点在该过水断面上距上冠线的长度 σ，即 $v_{mA}=f(l_m,\sigma)$。中高比转速混流式水轮机转轮轴面流道拐弯的曲率半径较小，拐弯对轴面流速的影响较大，在离心力的作用下，轴面速度沿过水断面自上冠向下环增大。这种实际的流动情况与二元理论中假定轴面流动为有势流动的分布规律较接近，故二元理论（$\omega_u=0$）多用于中高比转速混流式水轮机转轮、离心泵叶轮和混流泵叶轮的水力设计中。在中高比转速离心泵叶轮的水力设计中，还常采用轴面液流为给定速度分布的二元理论叶片绘型法。用这种方法设计的中高比转速转轮，在理论上较一元理论严格，实际效果也较好，因而得到了广泛应用。

在二元理论的设计中，也有人认为液流是按非有势流动规律分布的，并据此根据经验给定其轴面速度的分布规律（即 $\omega_u\neq0$）。这在理论上更具合理性。因此，对轴面速度分布规律按实验测定或研究的结果给定，可使所设计出来的转轮叶片形状较好地符合转轮中的实际水流情况。我国近年来采用这种方法进行了转轮的设计，并获得了一定成果。因此，这种方法是一种很有前途的二元理论设计方法，但由于其对流场测试资料依赖性大和尚未积累成熟的经验，所以在实际设计中还没有被普遍推广和广泛应用。

这里需要指出的是，无论是一元设计理论还是二元设计理论，都假定液流是理想液体，并且进入转轮前均呈势、轴对称的流动。也就是说，包围转轮的任何封闭围线上的速度环量是一个常数，即 $\Gamma_1=$const。因此，在进入转轮前的空间任意一点上，液流的速度矩必为常数。另外，由于假定流动是轴对称的，即叶片无限多，所以翼型就得无限薄。因此，同一圆周上各点速度的大小和方向均相同，转轮内的液流运动只需用转轮任意一个轴面上的流动即可表征；流经转轮的液流的流线和翼型骨线完全重合，一元和二元理论中转轮水力设计的实质就是根据给定的流动规律，在简化的近似回转流面上求解出流线，然后将该流线作为翼型骨线并按要求绘制翼型，最后按某种规律串连成叶片。

三元设计理论的设计思路和出发点是，从有限叶片的转轮叶栅的实际水流运动情况出发，考虑到水流不是轴对称的，因此不同轴面上的运动情况是各不相同的；在同一轴面上，轴面速度的分布也是不均匀的。因此，转轮中各点的轴面速度应由该点的 3 个坐标来决定。由此可见，三元理论更加严格，更加符合实际流体质点的复杂空间运动情况。三元设计理论的实质是把一个实际是三维的复杂流动，简化为与两个流动参数相关的 S_1 和 S_2 相对流面上的二元流动，再分别求解出这两个相对流面上的流场解，通过这两个流场的交互迭代，逐次逼近得到三维流动的解。其在求解两个相对流面上的流场方面有很多计算方法，如流线曲率法、有限差分法、矩阵法、有限元法、边界元法、有限体积法、有限分析法和奇点分布法等；可根据要计算的问题和方便使用或熟悉程度来进行选择。

三元设计理论的主要优点在于，可对转轮内部的流动进行解析或数值计算。因此，它可计算出不同工况下转轮叶片上的速度分布和压力分布。这不仅可对设计出的转轮进行性能预估，更重要的是可对所设计的叶片上的速度分布和压力分布进行有效的控制，从而控制转轮中的能量损失和空蚀性能。此外，这种三维解算转轮内部流动的方法(即计算流体动力学辅助设计方法 CFD, computatinal fluid dynamics)，还有助于转轮工作过程分析和设计方法的比较和选定，以及减少模型方案试验。但由于这种方法出现得较晚，计算又极为复杂，且工作量大，积累的经验不多，过去很少有人采用。目前，由于计算技术的提高，以及计算机被广泛应用且功能增强、运算速度加快和存储容量加大，这种方法越来越广泛地被采用，目前已成为最为流行的方法。

3.3.2 转轮结构型式

混流式水轮机的转轮由上冠、下环、叶片及止漏、减压装置等部件组成。中型机组一般采用整件铸造，大型水轮机转轮可采用铸焊结构。对于某些尺寸很大的转轮，为了运输方面的需要，可将转轮分瓣制造，到工地后再组装成整体。图 3-46 是整件浇铸转轮的典型结构。上冠、下环和叶片一次性浇铸，迷宫环和泄水锥分开浇铸后再用螺钉或热套法将其与转轮相连接。

图 3-47 是铸焊结构转轮的典型结构。其中，图 3-47(a)是下环和叶片整件浇铸，上冠与叶片的少部分被浇铸在一起，最后将叶片焊接成一个整体。图 3-47(b)是将转轮上冠、下环和叶片分开铸造后，再将叶片焊接在上冠和下环上。焊接结构的转轮，具有良好的技术经济效益，国内外大型混流式水轮机转轮一般都采用这种生产工艺。铸焊转轮的制造工艺流程应精心设计，并根据制造转轮的材料特性采取相应的措施，以减少因焊接而产生的变形和内应力。大型混流式转轮由于受到运输条件的限制，通常采用分瓣结构。

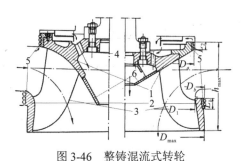
图 3-46 整铸混流式转轮
1—上冠；2—下环；3—叶片；4—轴心；
5—迷宫环；6—泄水锥

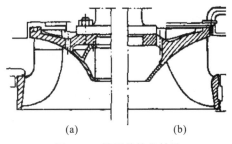
(a) (b)
图 3-47 铸焊结构的转轮

图 3-48 是分瓣转轮中采用较多的结构型式，上冠部分用螺钉把合，下环部分到工地组装后焊接。在工地焊接时，一定要按规定的工艺流程进行，并严格控制变形。焊缝要进

行焊后局部热处理，最后还应在工地校正静平衡。

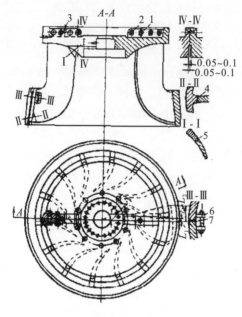

图 3-48   分瓣转轮

1—把合螺钉；2—把合定位螺钉；3—定位销；4—下部分剖面；5—上部分剖面；6—临时组合法兰；7—下环分瓣面

新型转轮实体图和混流式水轮机转轮三维模型图分别如图 3-49 和图 3-50 所示。

图 3-49   新型转轮实体图（X 形叶片）

图 3-50   混流式水轮机转轮三维模型图

3.3.3   混流式转轮受力分析

混流式水轮机在正常工况或飞逸工况下工作时，其转轮上作用着离心力和水压力，这两个作用力使转轮各个部件产生拉应力和弯曲应力。由于转轮构造复杂，其作用力的性质及作用位置也较难确定，而且受力部分的外形也不规则，所以混流式转轮叶片的强度计算是相当复杂的。近几年来，虽然应用了一些新的计算方法，但至今尚未提出供生产单位实际使用的精确计算方法。

目前，在混流式水轮机转轮强度计算中，常采用的一种近似估算转轮应力的方法是，先计算出转轮各部件的重量、重心以及所受的离心力，再计算出有关截面积，即可估算出转轮各部件的应力大小。用这种方法，只能估算由于离心力的作用而在转轮上冠和下环的径向截面产生的应力，对叶片本身的应力则很难估计，可根据模型或电站实测叶片应力进行校核。

要计算混流式转轮强度，必须知道转轮所受的载荷及其作用点。例如，计算转轮的离心力时，要知道离心力大小及其作用点位置。因此，需要计算转轮各部件的重量及重心位置。此外，在进行转轮静平衡试验及主轴计算时，也需要知道转轮各部件的重量及重心位置。

1. 转轮上冠和下环的重量及重心计算

转轮上冠和下环的重量及重心位置，按分块法进行近似计算（图 3-51）。根据转轮设计图纸，可得到转轮上冠和下环的径向截面图形，然后将它分成许多小矩形，再按式(3-5)～式(3-7)计算出整个转轮上冠和下环的重量及重心半径。

一个矩形的重量：

$$G_i = 2\pi R_i b_i h_i \gamma \tag{3-5}$$

重心位置：

$$y_c = \frac{\sum G_i y_i}{\sum G_i} \tag{3-6}$$

半个上冠或下环的重心半径：

$$y_c = \frac{2\sum G_i y_i}{\pi \sum G_i} \tag{3-7}$$

其中，R_i 为计算截面中心半径，cm；b_i 为计算截面矩形宽度，cm；h_i 为计算截面矩形高度，cm；γ 为比重，kg/cm^3；G_i 为上冠（下环）各计算截面的重量，kg；y_i 为上冠（下环）各计算截面 y 向重心位置，cm。

2. 转轮叶片的重量及重心计算

叶片的形状比较复杂，需要用特殊的方法求重量及重心位置。常采用的方法是沿叶片高度方向将叶片分成若干区间并用静力矩法求出每一区间的重心坐标和体积，然后求出整个叶片的重心坐标和体积，知道叶片的体积后，根据叶片材料的密度就不难求出叶片的重量。

3. 转轮的重量及重心计算

假定转轮上冠、桨叶和下环的重量分别为 G_1、G_2 和 G_3，而它们相应的重心距参考轴 1-1 的距离分别为 y_{c1}、y_{c2} 和 y_{c3}，如图 3-52 所示。

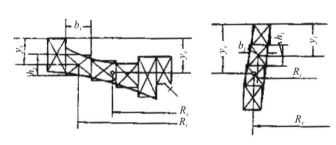
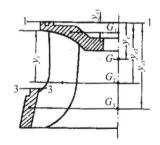

图 3-51　上冠和下环重心计算图　　　　　　　图 3-52　转轮重心计算简图

转轮总重量：

$$G = \sum G = G_1 + G_2 + G_3 \tag{3-8}$$

转轮重心距参考轴 1-1 的距离：

$$y_c = \frac{\sum G_i y_i}{\sum G_i} = \frac{G_1 y_{c1} + G_2 y_{c2} + G_3 y_{c3}}{G_1 + G_2 + G_3} \tag{3-9}$$

4. 转轮强度计算

初步计算混流式转轮强度时，一般只考虑在离心力作用下转轮各个部件的应力。

由于转轮上冠的断面尺寸比下环要大很多，因此估算时，只需计算在离心力作用下转轮下环的拉应力。

假定有一半叶片的离心力作用在半个转轮上(图 3-53)，即

$$\sum C_y = C_y + 2C_y \cos\phi_1 + 2C_y \cos\phi_2 + 2C_y \cos\phi_3 \tag{3-10}$$

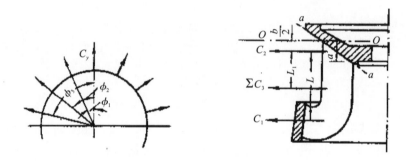

图 3-53　作用于转轮的离心力

每个叶片的离心力为

$$C_y = \frac{G_y}{g} \omega_R^2 R_c \tag{3-11}$$

式中，G_y 为单个叶片重量；R_c 为单个叶片重心；$\omega_R = \frac{\pi n_R}{30}$，为转轮在飞逸转速下的角速度，$n_R$ 为飞逸转速。

叶片作用在下环的离心力为

$$C_1 = \sum C_y \frac{L_1}{L} \tag{3-12}$$

半个转轮下环本身的离心力为

$$C_1' = \frac{1}{2} \frac{G_2}{g} \omega_R^2 R_{c1} \tag{3-13}$$

式中，G_2 为下环重量；R_{c1} 为半个下环的重心半径。

作用在半个转轮下环上的总离心力为

$$C = C_1 + C_1' \tag{3-14}$$

下环的拉应力为

$$\sigma_2 = \frac{C}{2F} = \frac{C_1 + C_1'}{2F} \tag{3-15}$$

式中，F 为下环的截面积。

从叶片过渡到转轮上环处(图 3-53 中 a-a)的应力，因叶片所承受的水力矩很复杂，一般根据模型试验的结果按经验公式求得

$$\sigma = \sigma'\left(\frac{D_{1M}}{D_{1T}}\right)^3 \frac{N_{max}}{M\omega} \tag{3-16}$$

式中，N_{max} 为水轮机最大出力；M 为模型准轮的破坏扭矩；ω 为模型水轮机的角速度；σ' 为模型转轮在 M 作用下的破坏应力。

3.3.4　混流式水轮机转轮的止漏装置

1. 混流式水轮机止漏装置的型式

混流式水轮机在运转时，其转轮上冠与顶盖之间，以及下环与基础环之间的缝隙中，常有高压水泄漏到尾水管中，造成水轮机的容积损失。为了减少这种损失，以及相应地提高机组的效率，必须在转轮上冠和下环处装止漏装置，以限制旋转部分与固定部分之间的渗漏。常见的止漏装置有缝隙式和梳齿式两种型式。

(1)缝隙式止漏装置。使用水头 H 小于 200m 的各种混流式转轮，一般都采用缝隙式止漏装置。对于清水河流，采用带有沟槽的缝隙式止漏装置，通常称为迷宫式止漏装置。图 3-54 所示为缝隙式止漏装置，转轮上冠和下环上有带沟槽的迷宫止漏动环 2 和 4，与其对应的顶盖和底环上分别装有迷宫静环 3 和 5。图 3-54(a)是迷宫式止漏装置的结构简图。当水从缝隙间流过时，由于局部阻力加大，压力降低，当水流到达沟槽部位时，水流又突然扩大，进入下一个缝隙后又突然收缩，这种反复的扩大和收缩降低了水流压力，使漏水量大大减小。图 3-54 中所示尺寸适用于迷宫环直径为 5m 的混流式水轮机。

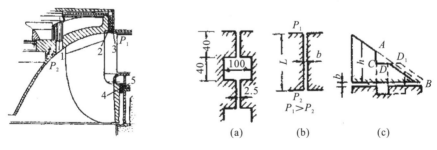

图 3-54　缝隙式止漏装置

1—减压孔；2—上迷宫动环；3—上迷宫静环；4—下迷宫动环；5—下迷宫静环

图 3-54(b)为不带沟槽的缝隙式止漏环结构，适用于含泥沙较多的水电站。这种结构简单，加工方便，但止漏效果不及迷宫式。止漏环间隙 b 一般可取转轮直径的 0.5‰，材料一般采用碳素钢或 1Cr18Ni9Ti 型不锈钢板，或其他抗磨钢板。安装时应仔细量测单面间隙，如果单面间隙相差过大，则会引起机组振动。

（2）梳齿式止漏装置。对水头 H 大于 200m 的高水头混流式水轮机，需要采用梳齿式止漏装置。这种止漏装置转动环和固定环的截面呈梳齿状，两个环的截面交错配合。图 3-55 是梳齿式止漏装置的一种结构型式。在转轮的上冠和下环处，装设了两组梳齿式迷宫止漏环，转动环与固定环都做成犬牙交错的配合装置，水流经过梳齿时转了许多直角弯，增加了水流阻力，减少了漏水量。图 3-55 中所示的结构，适用于 H 大于 300m 的机组。转动环做成两个梳齿，环径与高度之比为 10：1，转动梳齿与固定梳齿的间隙约为 0.5mm。这种结构的固定环梳齿的侧面，是经过研磨的光滑面，而转动环的梳齿与固定环的接触面，则做成螺纹沟，沟槽的尺寸如图 3-55 中部件 A 所示。

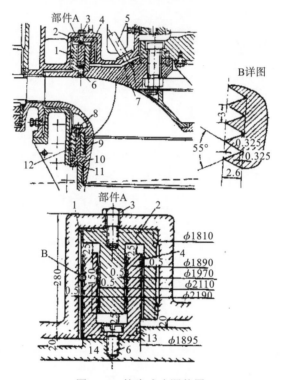

图 3-55　梳齿式止漏装置

1、12—抗磨板；2—上部静环；3、6、8、11—螺钉；4—上部动环；5—排水管；
7—减压孔；9—下部动环；10—下部静环；13—轴向沟槽；14—环形沟槽

在压力作用下，止漏环之间的空隙渗漏出水，这是使迷宫环止漏装置连接部件拉应力增大的原因。为了防止迷宫止漏环破裂，在其支持面上，做环形沟槽 14 和轴向沟槽 13。位于高压侧的环状结构，用于聚集从缝隙渗入的水流，水流从低压侧的轴向沟槽排出。排出的水流可由上冠的减压孔 7 流入泄水管，或通过排水管 5 排到下游。

2. 迷宫止漏环水力计算

由于渗漏而引起的水轮机容积损失，以及转轮旋转时由于间隙中水流的摩擦而引起的摩阻损失，是影响高水头混流式水轮机效率的重要因素。止漏装置的尺寸，应根据上述两种损失之和为最小的原则来决定。同时，还应考虑加工制造的可能性。止漏装置水力计算的目的是确定止漏装置的主要参数，即间隙的宽度 b 和长度 L。

（1）由止漏装置中水流渗漏引起的水轮机损失功率计算得到。在水轮机运行过程中，有少量的水经止漏环的间隙流入尾水管，这部分水的能量没有被利用，从而造成水轮机的容积损失。

通过止漏环间隙（图 3-56）的流量 q，可用式（3-17）求出：

$$q = \mu f \sqrt{2gh} \tag{3-17}$$

式中，μ 为流量系数；f 为止漏装置间隙的过水面积，其与间隙直径和宽度有关；h 为止漏装置间隙两端（A、B 点）的水头差。

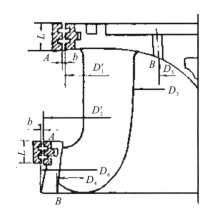

图 3-56　止漏装置计算

下面分别介绍式（3-17）中每一项的计算方法。

利用伯努利方程可算得止漏间隙两端的水头差 h 为

$$h = H - \frac{v_A^2}{2g} + \frac{v_B^2}{2g} - \Delta h \tag{3-18}$$

式中，H 为水轮机工作水头；v_A 和 v_B 分别为水流在止漏环前后 A、B 点处的流速；Δh 为水流经过迷宫间隙后产生的水头损失。

根据水轮机水流运动分析，可求得：

$$v_A = \sqrt{v_{uA}^2 + v_{rA}^2}, \quad v_{uA} = \frac{60\eta_h gH}{\pi D_A n}, \quad v_{rA} = \frac{Q}{\pi D_a B_0} \tag{3-19}$$

式中，v_{uA} 为水流在 A 点的切向流速；v_{rA} 为水流在 A 点的径向流速；Q 为水轮机流量；D_A 为转轮进口边任一点 A 处的直径；B_0 为止漏环进口处 A 点水轮机过水断面的高度；η_h 为水轮机水力效率；n 为水轮机转速。

又

$$v_B = \frac{Q}{\pi D_{pj} L} \tag{3-20}$$

$$\Delta h = 3.49 \times 10^{-5} n^2 \left(D_A^2 - D_B^2 \right)$$

$$D_{pj} = \frac{D_4 + D_5}{2}$$

式中，D_{pj} 为平均直径，L 为桨叶出水流道的轴面投影弧长；D_B 为转轮出水流道任一点 B 处的直径。

止漏装置间隙面积 f 的大小与止漏环间隙进口处 A 点的直径及间隙宽度有关，即

$$f = \pi Db \tag{3-21}$$

式中，D 为间隙进口处 A 点的直径，在图 3-56 中上环为 D_1'，下环为 D_2'；b 为止漏环间隙宽度。

由水力学可知，止漏装置的流量系数 μ 由水流经过止漏环止漏间隙的沿程水头损失系数 λ_i 和局部水头损失系数 ζ_i 决定，一般计算公式为

$$\mu = \frac{1}{\sqrt{\sum \dfrac{\lambda_i l_i}{2b_i} + \sum \zeta_i}} \tag{3-22}$$

式中，l_i 为止漏装置间隙长度；b_i 为止漏装置间隙宽度；λ_i 为沿程水头损失系数；ζ_i 为局部水头损失系数。

沿程水头损失系数 λ 值和流态有关。水流在止漏装置间隙内的流动，可看作与水流在圆管中的流动相似。水流的流动可分为层流和紊流两类，各种流态可用雷诺数判别，它与水流在管中的平均速度 v_{pj} 及水流在一定温度时的运动黏性系数 v 有关，即

$$Re = \frac{dv_{pj}}{v}$$

对于止漏装置间隙中的水流运动，当圆周速度 $u > 10\text{m}/\text{s}$ 时，可用式 (3-23) 近似计算：

$$Re = \frac{bu}{v} \tag{3-23}$$

式中，b 为间隙宽度；$u = \dfrac{\pi D_{pj} n}{60}$，$u$ 为止漏装置间隙处的圆周速度；v 为水的运动黏性系数，当水温在 20℃时，$v = 10^{-6}\text{m}^2/\text{s}$。

当 $Re \leqslant 2320$ 时，水流为层流，沿程水头损失系数 $\lambda = \dfrac{64}{Re}$。

当管中水流为紊流时，因水的黏滞力的影响，管壁处水流的速度等于 0 而管中心处水流速度最大，靠近管壁处流速变化率大，在这一层流水的黏滞力起主要作用，并呈层流状态，称为紊流中的层流底层，其厚度用 δ 表示。层流底层靠近管壁，因此它的厚度 δ 直接影响水流运动。若 δ 比管壁粗糙度 κ 大，即层流底层可以覆盖管壁粗糙度，这时管壁粗糙度对水流运动不产生影响，即光滑管内流动。若层流底层厚度 δ 不足以完全覆盖管壁粗糙度，但粗糙度对水流运动还没有起决定性作用，则这类流动区称为过渡区。若 δ 比管壁粗糙度 κ 小很多，且层流底层对水流不起作用而主要是粗糙度影响，则这类流动区称为粗糙区。

层流底层厚度 δ 可以由式 (3-24) 计算：

$$\delta = 2b \frac{N}{Re} \sqrt{\frac{8}{\lambda}} \tag{3-24}$$

式中，b 为间隙宽度；N 为常数，对于水而言，$N = 11.6$；λ 为沿程水头损失系数，初始值取 $\lambda = 0.02 \sim 0.07$。

当止漏环中圆周速度 $\mu>10\text{m/s}$ 时，式中 $Re=\dfrac{b\mu}{v}$；圆周速度 $\mu<10\text{m/s}$ 时，先初步选用一个 λ 值，而 Re 可按式 (3-25) 计算：

$$Re=\frac{2b\sqrt{v_{pj}^2+\left(\dfrac{\mu}{2}\right)^2}}{v} \tag{3-25}$$

式中，$v_{pj}=\dfrac{q}{\pi D_{pj}b}$ 为止漏间隙中的平均流速。

在计算出层流厚度 δ 后，可将其与止漏装置间的加工表面不平度（即粗糙度）进行比较，以判断属于哪一类流动。根据国家标准，表面粗糙度 κ 值为 0.0063～0.0125（mm）。

根据紊流形态的 3 种流动区域，可以计算水流的水头损失系数 λ 值。

第一种：光滑的紊流运动（$\delta>\kappa$）。将试验结果修正后可得到：

当 $Re>10^5$ 时，

$$\lambda=\frac{1}{\left[2\lg\left(Re\sqrt{\lambda}-0.8\right)\right]^2} \tag{3-26}$$

当 $Re<10^5$ 时，

$$\lambda=\frac{0.3164}{Re^{1/4}} \tag{3-27}$$

第二种：过渡区的紊流运动。目前尚无合理的计算公式，在止漏间隙中，其流动形态可按粗糙管紊流运动计算。

第三种：粗糙管的紊流运动（$\delta<\kappa$）。根据试验结果，可用式 (3-28) 计算：

$$\lambda=\frac{1}{\left(1.74+2\lg b/k\right)^2} \tag{3-28}$$

计算时先初步估算 λ 值，然后用式 (3-24) 计算层流底层厚度 δ，并根据止漏装置的加工光洁度来判断流态，若 $\delta>\kappa$，则为光滑紊流运动，若 $\delta<\kappa$，则为粗糙度紊流运动，即可用式 (3-26)、式 (3-27) 或式 (3-28) 计算 λ 值，算得的 λ 值和初步估算的 λ 值基本一致即可，否则应修改 λ 值后再进行计算，直到两个 λ 值基本一致。

由水力学的试验分析结果可知，缝隙式止漏环局部水头损失系数 $\sum\zeta_i=1.5+1.1z$，z 为沟槽数。

由以上分析可得到止漏环流量系数 μ 的计算公式。

缝隙式：

$$\mu=\frac{1}{\sqrt{\dfrac{\lambda L}{2b}+1.5}} \tag{3-29}$$

缝隙沟槽式：

$$\mu=\frac{1}{\sqrt{\dfrac{\lambda L}{2b}+1.5+1.1z}} \tag{3-30}$$

式中，L 为迷宫环高度(缝隙长度)。

待计算出 μ、f 和 h 后，即可按式(3-31)求出止漏装置间隙的渗流量 q。则水轮机经止漏装置渗漏的流量的功率损失为

$$\Delta N_q = 9.81qH\eta_h \tag{3-31}$$

式中，q 为漏损流量；H 为水轮机水头(计算时取 H_{max})；η_h 为水轮机水力效率(一般取 η_h=0.9)。

(2)由止漏装置转动部分与间隙中水流的摩擦而引起的水轮机功率损失的计算。水轮机转轮旋转时，由于摩擦力使止漏环间隙中的水流也发生旋转运动，直接靠近转轮表面的水流层以转轮表面的角速度旋转，而直接靠近固定部分的水流是不旋转的，于是，水流对转轮就产生一个摩擦力矩，引起水轮机功率损耗。

试验表明，摩擦功率的损耗与水轮机的旋转速度和止漏间隙所在位置半径，以及水流在间隙内的运动形态有关。

目前，我国水轮机厂广泛应用式(3-32)计算摩擦损失功率：

$$\Delta N_t = 736K_l'LD^4\omega^3 \tag{3-32}$$

式中，K_l' 为与表面光洁度有关的系数，当加工粗糙度为 3.2 时，K_l'=0.41×10⁻⁶；L 为止漏环长度，一般取 L=(0.05～0.40)D_1；D 为止漏环直径；ω 为转轮旋转角速度。

计算渗漏能量损失 ΔN_t，即

$$\Delta N = \Delta N_q + \Delta N_t \tag{3-33}$$

在实际计算中，往往取几个不同的间隙宽度 b 和长度 L，并分别算出对应的能量损失，然后根据总的能量损失尽可能小和实际加工制造的可能性，最后确定 b 和 L。

3.4　紫坪铺水电站轴承设计的主要特点

华能澜沧江水电股份有限公司小湾水电厂的朱宏和聂治学等在《水力发电》(第 41 卷 2015 年 10 月第 10 期)上发表文章，对我国陆续投运的三峡、龙滩、小湾和溪洛渡等一批百万千瓦级巨型水电站水轮机水导轴承结构及其共性进行了详细的介绍，其内容被收编到本书，供读者参阅，本书对其作者和《水力发电》期刊表示衷心感谢。

3.4.1　小湾水电站水导轴承结构

小湾水电站水轮机水导轴采用有轴领非同心分瓦块稀油自润滑外冷轴承结构，其主要由轴领、水导瓦、轴瓦支撑环、油盆盖和外置冷却器组成。轴瓦材料为巴氏合金，轴瓦分别通过其背后的推力环、支撑块和轴承座将径向力传递给顶盖；轴瓦间隙通过调整管、调整螺栓和斜键实现调整；轴承盖靠近主轴处采用双层梳齿密封结构；轴承冷却采用自循环外冷形式，轴领上均布 24 个 ϕ33.4mm 的轴孔(实际运行中仅用 12 个，其余封堵)以作为滑转子泵的泵孔，轴领与下部的挡油环一同构成泵室；轴瓦支撑环为双层结构，与轴领一同形成热油腔；位于支撑环上方的中间环与轴承座形成冷油腔。热油通过主轴滑转子泵泵入热油腔进行汇集，汇集后流入冷却器，冷却后的油进入冷油腔，冷油腔通过轴瓦上部的

环管将油均匀地喷淋在轴瓦之间，润滑后的热油通过轴瓦盖进入轴承座上方的热油槽，热油通过轴瓦座上的通孔回到热油槽，如此循环往复实现油循环。详细结构如图 3-57 所示。

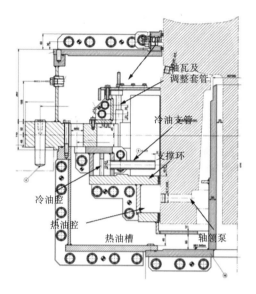

图 3-57　小湾水电站水导轴承结构示意图

3.4.2　龙滩水电站水导轴承结构

龙滩水电站水轮机水导轴承采用的方式、组成、轴瓦材料、轴承受力及间隙调整等与小湾水电站基本相同，但油盆内部结构、油循环及冷却方式与小湾水电站不同。具体如下：龙滩水电站水导轴承轴瓦支撑环为单层结构，它与轴承上方隔油环将油盆分割为冷油槽及热油槽；轴承冷却方式采用强迫循环外冷形式，外置油泵从油盆底部热油槽内取油，经冷却器冷却后，将油送到冷油槽内的环管，该环管在每两块瓦之间有支管引出，冷却油通过支管喷淋到轴领上，润滑、冷却后的热油在机组转动的带动下，翻过隔油环进入热油槽，再经油盆底部进入冷却器，如此循环往复实现油循环。详细结构如图 3-58 所示。

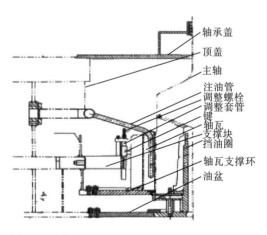

图 3-58　龙滩水电站机组水导轴承结构示意图

3.4.3 三峡水电站水导轴承结构

三峡水电站水轮机水导轴有两种类型,分别是有领轴承和无领轴承。无领轴承非同心分瓦块稀油润滑强迫外冷结构主要由水导瓦、上油箱、下油箱、外油箱、迷宫环、隔油环、上甩环、下甩环、外置油泵及冷却器组成,详细结构如图 3-59 所示。迷宫及上、下甩环用于消除从轴承甩油,上油箱内部结构通过溢流环一分为二,靠大轴侧为冷油槽,靠油箱外侧为热油槽。机组运行时,水导上油箱内的油一部分顺着迷宫环与大轴的间隙漏至下油箱,油箱中的油自流回至外油箱;另一部分漫过溢流环经过回油管回到外油箱,外油箱中的油分别通过油泵、冷却器和油过滤器后进入上油箱内的供油环管,再经过 12 个喷管将冷油供至各瓦之间。如此循环往复,实现油循环。

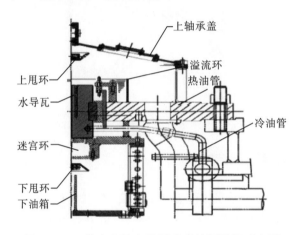

图 3-59 三峡水电站水导轴承无轴领结构示意图

3.4.4 溪洛渡水电站水导轴承结构

溪洛渡水电站水轮机水导轴采用有领轴承非同心分瓦块稀油强迫润滑外冷轴承结构,其主要由水导瓦、轴瓦支撑环、轴瓦盖、中间环、油挡、分油管、外置冷却器及油泵组成,详细结构如图 3-60 所示。轴瓦材料及瓦间隙调整与小湾水电站类似,其余不同如下:轴承冷却采用强迫循环外冷形式,油盆内部通过轴承座、中间环和支撑环将油盆内部分为两槽一腔,靠大轴一侧为冷油槽,靠油盆外壁一侧为热油槽,中间环与轴承座及轴瓦支撑环形成冷油腔,热油槽内的热油分别通过油盆底部取油口、油泵和冷却器降温成为冷油后进入冷油腔,冷油腔通过均布在瓦间的分油管将冷油喷淋至轴瓦间,完成热交换后的冷油通过轴瓦盖及轴承座上的通孔回到热油槽。如此循环往复,实现油循环。

上述水轮机水导轴承结构的共同特点是,均采用可调楔子板非同心分块稀油润滑巴氏合金轴瓦、防甩油设计和油循环,并且冷却系统设计复杂、紧凑和高效。

(1)现已投运或在建的巨型混流式机组,无论有无轴领,均采用可调楔子板非同心分块稀油润滑巴氏合金轴瓦,可调楔子板非同心分块稀油润滑巴氏合金轴瓦的优点正在被重视及广泛应用。

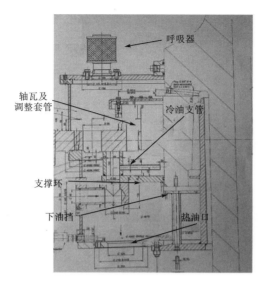

图 3-60　溪洛渡水电站水导轴承无轴领结构示意图

(2)无轴领导轴承系统需要的外部辅助设备较多，且不能利用滑转子泵，与有轴领导轴承相比，虽然其制造过程简单，但不利于电站的运行维护。

(3)巨型混流式水轮机导轴承冷却方式共分为两种，分别是自循环外冷和强迫油循环外冷。自循环外冷虽然运行可靠性高，但需要精密的设计及多次真机试验，且受限于机组转速；强迫油循环外冷适用范围广，但需要不断完善自动化控制策略及提高电源、动力设备的可靠性，并重视极端运行工况及适应"无人值班，少人值守，远程集控"的水电发展趋势，保证设备随时可用。

3.5　水轮机主要零部件的强度分析成果

3.5.1　水轮机基本参数

型号　　　　　　　　　　　　　　　HLPO140-LJ-485

转轮名义直径　　　　　　　　　　　$D_1=4850mm$

额定出力　　　　　　　　　　　　　$N_r=214MW$

额定转速　　　　　　　　　　　　　$n_r=150r/min$

飞逸转速　　　　　　　　　　　　　$n_p=310r/min$

额定流量　　　　　　　　　　　　　$Q_r=223m^3/s$

升压水头　　　　　　　　　　　　　$H'=180m$

最大水头　　　　　　　　　　　　　$H_{max}=132.76m$

额定水头　　　　　　　　　　　　　$H_r=105m$

最小水头　　　　　　　　　　　　　$H_{min}=68.4m$

导叶最大开口　　　　　　　　　　　$a_{0max}=438mm$

导叶分布圆直径　　　　　　　　　　　　D_0=5820mm

导叶数　　　　　　　　　　　　　　　　Z_0=20

导叶高度　　　　　　　　　　　　　　　b_0=1213mm

接力器油压　　　　　　　　　　　　　　p=4.0MPa

接力器缸直径　　　　　　　　　　　　　D_m=650mm

3.5.2 转动部分强度计算

1. 水轮机主轴及联轴螺栓、联轴螺母强度计算

(1) 水轮机主轴材料为锻钢 20SiMn，材料屈服极限 σ_S=255MPa。许用综合应力：轴身 $[\tau]$=50MPa，$[\sigma_{np}]$=100MPa，法兰 $[\sigma_{np}]$=130MPa。

(2) 联轴螺栓 M140×4，材料为锻钢 35CrMo，材料屈服极限 σ_S=550MPa。

(3) 联轴螺母 M140×4，材料为锻钢 35CrMo，材料屈服极限 σ_S=550MPa。

计算采用水轮机结构设计 CAD 软件——薄壁轴强度计算程序 SHAF2。

1) **基本参数**

额定主轴传递功率	N=214MW	最大主轴传递功率	NK=244.4MW
水轮机额定转速	n_r=150r/min	总轴向力	P=7597000N
联轴螺栓预紧应力	CBP=190MPa	轴身外径	D=1500mm
轴身内径	D_0=1100mm	法兰外圆直径	DF=2160mm
联轴螺栓分布圆直径	DB=1900mm	法兰配合面内圆直径	DC=1400mm

与转轮连接的水轮机主轴法兰简图如图 3-61 所示。

法兰厚度　　　　　　　　　　　　　　　H_1=270mm

法兰过渡锥高度　　　　　　　　　　　　L_1=90mm

法兰根部过渡圆弧半径　　　　　　　　　RO=90mm

联轴螺栓螺杆名义直径　　　　　　　　　DB_0=140mm

联轴螺栓销部配合直径　　　　　　　　　DBL=150mm

联轴螺栓数量　　　　　　　　　　　　　NZ=20

联轴螺栓销部配合长度　　　　　　　　　HL=65mm

联轴螺母高度　　　　　　　　　　　　　HB=110mm

联轴螺母螺距　　　　　　　　　　　　　S_1=4mm

法兰过渡锥交点圆心直径　　　　　　　　D_1=1500mm

法兰配合面上螺钉孔直径　　　　　　　　DL_0=154mm

联轴螺母扳手处开口尺寸　　　　　　　　BS=190mm

一个法兰所包含的螺钉工作长度　　　　　LB=270mm

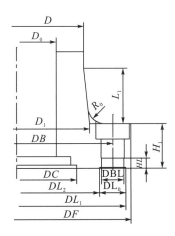

图 3-61　与转轮连接的水轮机主轴法兰简图

2) 计算结果

计算结果见表 3-1。

表 3-1　计算结果

序号	项目	最大出力
1	主轴扭矩/(N·mm)	15960000000
2	轴身应力/MPa	τ=33.6，σ_b=10.14，σ_{np}=68.04
3	法兰根部应力/MPa	σ_W=22.2，σ_b=6.9，τ=45.1，σ_{np}=94.8
4	螺钉布置圆应力/MPa	σ_W=13.81
5	螺杆螺纹根圆应力/MPa	σ_b=122.11
6	螺帽应力/MPa	σ_g=125.26，τ=88.5
7	螺帽螺纹应力/MPa	σ_g=66.8，σ_W=103.36，τ=35.6
8	法兰接触面宽度/mm	380
9	螺杆销部应力/MPa	σ_b=108.7，τ=59.2，σ_{np}=143，σ_g=75.5

2. 护盖分瓣把合螺栓强度计算

护盖螺栓 M36×100，许用应力$[\sigma_b]$=100MPa。

1) 基本参数

d_1=2160mm	d_2=2130mm	d_3=1560mm	H_1=270mm
H_2=30mm	L=260mm	螺栓数	Z=4

机组飞逸转速　　　　　n_p=310r/min　　　　　螺栓最弱断面积　　　F=787.7mm^2

钢的密度　　　　　　　γ=7.85×10^{-6}kg/mm^3

飞逸时角速度　　　　　$\omega_p = \dfrac{\pi np}{30} = 310\pi = 32.46\text{s}^{-1}$

护盖结构简图如图 3-62 所示。

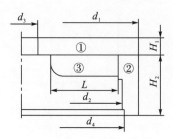

图 3-62　护盖结构简图

2) 半个护盖在飞逸时的离心力计算

半个圆环①的重量：

$$G_1 = \frac{\pi}{4}\left(\frac{d_{12}-d_{32}H_2\gamma}{2}\right)$$

$$= \frac{\pi}{4}\frac{(2160^2-1560^2)\times30\times7.85\times10^{-6}}{2} = 206.4(\text{kg})$$

圆环①的重心：

$$S_1 = \frac{2(d_1^2+d_1d_3+d_3^2)}{3\pi(d_1+d_3)} = 597(\text{mm})$$

离心力：

$$C_1 = G_1\omega^2 S_1 = 129831.8(\text{N})$$

半个圆筒②的重量：

$$G_2 = \frac{\pi}{4}\frac{(d_{12}-d_{22})H_1\gamma}{2} = 107(\text{kg})$$

圆筒②的重心：

$$S_2 = \frac{2(d_1^2+d_1d_2+d_2^2)}{3\pi(d_1+d_2)} = 682.8(\text{mm})$$

离心力：

$$C_2 = G_2\omega^2 S_2 = 76994(\text{N})$$

分半面产生的离心力垂直于螺栓方向，故不予考虑。

筋板③的重量（单个）：

$$G_3 = 2.32(\text{kg})$$

筋板的重心（单个）：

$$S_4 = \frac{d_2-L}{2} = 935(\text{mm})$$

根据图中筋板的分布情况，分别计算其离心力及其在垂直于分瓣面方向的分量，可得到 7 块筋板的总离心力：

$$C_3 = \sum G_i R_p \omega^2 \sin \alpha_i$$
$$= \sum 2.32 \times 0.935 \times 29.85^2 \times \sin \alpha_i$$
$$= \sum 1932.8 \times \sin \alpha_i = 13902.5 (\text{N})$$

其中，α_i=27°,45°,63°,81°,99°,117°,135°,153°。

飞逸条件下半个护盖的离心力：

$$C = C_1 + C_2 + C_3 = 220728.3 (\text{N})$$

3）护盖分半面把合螺栓应力计算

$$\sigma = \frac{C}{ZF} = \frac{220728}{4 \times 787.7} = 70.1 (\text{MPa})$$

3. 水导轴承计算

轴承装配计算采用水轮机结构设计软件——分块瓦计算程序 BETR1。

1）基本参数

轴瓦数量 NZ=10 　　　　　　　　　　　轴瓦周长 L=510mm

轴瓦轴向高度 B=595mm 　　　　　　　滑转子外圆直径 D=2050mm

额定转速 RN=150r/min 　　　　　　　　冷油温度 T_1=35℃

润滑油 30 号透平油 K_1=2 　　　　　　滑转子甩油孔数 NZ_2=24

滑转子甩油孔直径 D_2=40mm 　　　　　导叶高度 b_0=1213mm

滑转子甩油孔处内圆直径 DF=1803mm 　最大水头 H_{max}=132.76m

径向力计算方法标识（输入径向力）K=3 　导叶分布圆直径 D_0=5820mm

甩油孔出口位置标识（位于轴瓦内部）K_2=2

2）计算结果

单位压力 P_1=0.36MPa 　　　　　　　圆周速度 V=16.1m/s

PV 值 PV=5.78MPa·(m/s) 　　　　　热油温度 T_2=37.88℃

最小油膜厚度 H_{min}=0.3006mm 　　　摩擦功耗 W_0=36kW

作用在一块瓦的力 PZ=108892N 　　　甩油孔动压头 HV=1855mm

循环油量 QQ=1818L/min 　　　　　　径向力 P_r=272231N

3）楔板与轴瓦接触应力

调整块，1S5423 轴瓦。

材料：调整块、钢板 Q235A；轴瓦、铸钢 ZG20SiMn。楔板背面接触半径 R_1=1210mm。

作用于每块瓦上的压力：

$$P_r = P_1 LB = 0.36 \times 510 \times 595 = 109242 (\text{N})$$

楔板单位长度上的压力：

$$p = \frac{P}{B} = \frac{109242}{595} = 183.6 (\text{N/mm})$$

两种接触材料的弹性模数：

$$E_1=E_2=E=2.1\times10^5\,(\text{MPa})$$

接触面宽：

$$2a=2\times1.52\sqrt{\frac{pR_1}{E}}=3.04\sqrt{\frac{183.6\times1210}{2.1\times10^5}}=3.13\,(\text{mm})$$

最大应力：

$$\sigma_{\max}=0.418\sqrt{\frac{pE}{R_1}}=0.418\sqrt{\frac{183.6\times2.1\times10^5}{1210}}=74.6\,(\text{MPa})$$

4. 主轴与转子支架传扭圆柱销强度计算

圆柱销规格及数量分别为 $\phi90\times325$、$Z=10$，圆柱销材质为圆钢 45，许用应力 $[\sigma_T]=87\text{MPa}$，$[\sigma_g]=120\text{MPa}$。

圆柱销剪切面最弱断面积：

$$F_0=dln=325000\,(\text{mm}^2)$$

圆柱销挤压面最弱断面积：

$$F_1=\frac{\pi dln}{4}=229700\,(\text{mm}^2)$$

圆柱销传递的最大扭矩：

$$M_t=15960000000\,(\text{N}\cdot\text{mm})$$

作用在圆柱销上的平均剪切应力：

$$\sigma_T=\frac{M_t}{F_0}R=59.5\,(\text{MPa})$$

作用在圆柱销上的平均挤压应力：

$$\sigma_g=\frac{M_t}{F_1}R=75.8\,(\text{MPa})$$

3.5.3 导水机构部分强度计算

1. 导水机构布置图参数计算

计算采用导水机构参数计算程序 GATE4。

1) 基本参数

导叶翼型标识(按非标准型导叶截面进行计算)	$NA=3$
计算点标识(由开度计算行程)	$NB=1$
导叶转向标识(导叶开启时顺时针方向旋转)	$NC=1$
作用力计算标识(不计算作用力)	$ND=0$
导叶个数	$NZ=20$
导叶布置圆直径	$DL=5820\text{mm}$
控制环小耳环布置圆直径	$DC=4020\text{mm}$

控制环大耳环布置圆直径　　　　　　　　　　　　　　DY=4130mm

连接板臂长　　　　　　　　　　　　　　　　　　　　LH=650mm

剪断销孔中心至导叶中心距离　　　　　　　　　　　　LP=360mm

连杆长　　　　　　　　　　　　　　　　　　　　　　LC=527mm

导叶臂中心线与导叶中心线的夹角　　　　　　　　　　$BETAO$=38°

计算点数　　　　　　　　　　　　　　　　　　　　　M=2

计算点开度数组 $FB(M)$　　　　　　　　　　　　　　$FB(1)$=0，$FB(2)$=438

导叶截面参数数组数　　　　　　　　　　　　　　　　N=9

导叶截面参数见表 3-2。

表 3-2　导叶截面参数

参数	N								
	1	2	3	4	5	6	7	8	9
$X(N)$	-522.5	-424.7	-326.9	-131.3	-33.5	162.1	259.9	357.7	455.5
$Y_1(N)$	-25.9	47.1	78.7	106.0	104.9	74.4	48.3	18.4	-19.5
$Y_2(N)$	-25.9	-81.5	-96.7	-107.7	-104.4	-81.6	-65.8	-49.9	-32.3

导叶截面如图 3-63 所示。

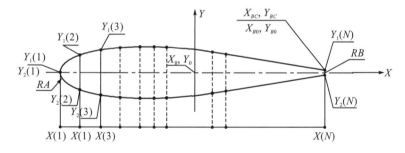

图 3-63　导叶截面

其他参数：

RA=21.8mm　　　　RB=0　　　　X_{BC}=455.5mm　　　　Y_{BC}=19.5mm　　　　X_{B0}=455.5mm

Y_{B0}=32.3mm　　　　X_0=522.5mm　Y_0=0

2）计算结果

（1）导叶开度与接力器行程见表 3-3。

表 3-3　导叶开度与接力器行程

编号	STRO/mm	A_0/mm
1	0	0
2	598	438

注：STRO—导叶接力器行程；A_0—导叶开度。

(2)连杆角度见表 3-4。

表 3-4　连杆角度

编号	TETA/(°)	BETA/(°)	GAMA/(°)	PHI/(°)	BETAV/(°)
1(全关)	8.519	77.462	110.403	-41.461	-3.461
2(全开)	-8.141	25.145	109.409	-76.123	-38.123

注：TETA—小耳环位置夹角；BETA—连杆与 DC 圆切线间的夹角；GAMA—连杆与导叶臂中心线间的夹角；PHI—叶臂中心线与 DL 圆切线间的夹角；BETAV—导叶转角。

(3)导叶内、外切圆直径见表 3-5。

表 3-5　导叶内、外切圆直径

编号	D_{OU}/mm	D_{IN}/mm	X_{OU}/mm	Y_{OU}/mm	X_{IN}/mm	Y_{IN}/mm
1(全关)	6057.73	5616.02	-223.94	97.69	-14.59	-103.14
2(全开)	6493.38	5250.57	-516.20	-10.57	455.50	-32.30

注：D_{OU}—外切圆直径；X_{OU} 和 Y_{OU}—对应外切圆切点坐标；D_{IN}—内切圆直径；X_{IN} 和 Y_{IN}—对应内切圆切点坐标。

(4)全关位置数据。

头部密合点坐标　　　　　　　　　　　X_{AC}=-449.78mm，Y_{AC}=-74.26mm

尾部密合点坐标　　　　　　　　　　　X_{BC}=455.5mm，Y_{BC}=-19.50mm

过头部密合点翼型切线斜率　　　　　　AK=-0.3329

密合点布置圆直径　　　　　　　　　　DCL=5797.91mm

导叶全关时导叶中心线与导叶分布圆切线之间的夹角　BATEC=-3.46092°

2. 导叶强度计算

材料为铸钢 ZG06Gr13Ni5Mo，材料屈服强度 σ_S=550MPa。

1)导叶截面参数计算

该计算采用导叶截面参数计程序 GATE0。

(1)基本参数。

导叶翼型标识(按非标准型导叶截面进行)　　　　　　NA=3

导叶体结构标识(实心导叶)　　　　　　　　　　　　NB=1

导叶转向标识(不考虑转向)　　　　　　　　　　　　NC=3

导叶截面数　　　　　　　　　　　　　　　　　　　N=10

(2)计算结果。

①面积 F=143967mm^2，形心坐标 XC=-74.141mm，YC=-5.689mm

②形心轴截面计算结果。

惯性矩 JX=380283000mm^4，JY=7501010000mm^4；

惯性积 JXY=37030500；

惯性半径 IX=51.39mm，IY=228.259mm；

对 X 轴最大距离 Y_1=112.188mm，Y_2=102.016mm；

对 X 轴抗弯模量 WX_1=3389310mm^3，WX_2=3727230mm^3；

对 Y 轴最大距离 XA=448.359mm，XB=529.641mm；

对 Y 轴抗弯模量 WYA=16729900mm^3，WYB=14162500mm^3。

③形心主轴截面计算结果。

惯性矩 JX=380046000mm^4，JY=7501210000mm^4；

转角 ALP=0.005°；

对 X 轴最大距离 Y_1=112.057mm，Y_2=102.344mm；

对 X 轴抗弯模量 WX_1=3391550mm^3，WX_2=3713430mm^3；

对 Y 轴最大距离 XA=448.248mm，XB=529.771mm；

对 Y 轴抗弯模量 WYA=16734500mm^3，WYB=14159300mm^3。

2）导叶强度计算

导叶强度计算采用导叶强度计算程序 GATE1。

导叶基本参数见表 3-16。

（1）基本参数。

最大水头 H=132.76m　　　　　　　　升压水头 H'=180m

导叶分布圆直径 D_0=5820mm　　　　　导叶数 NZ=20

导叶截面惯性矩 JX=380283000mm^4

导叶截面抗弯模量 WX=3713430mm^3

材料弹性模量 E=210000MPa

作用力计算标识（输入接力器数据）N=1

接力器活塞直径 DDC=650mm

接力器活塞杆直径 DDM=236mm

接力器操作油压 P_0=4.0MPa

控制环小耳销布置圆直径 DCC=4020mm

控制环大耳销布置圆直径 DYY=4130mm　　连接板长度 LP=650mm

连杆与小耳销布置圆切线间的夹角（全关位置）　BETA=77.462°

连接板与连杆间的夹角（全关位置）　　　　　GAMA=110.403°

其他结构参数：

DA=230mm	DB=300mm	DC=295mm	DE=285mm	DF=280mm
L_1=152.5mm	L_2=1213mm	L_3=160mm	L_4=1266mm	
L_5=1699mm	A=230mm	B=109mm	C=121mm	
LAA=185mm	LBB=282mm	LCC=198mm		

导叶结构简图如图 3-64 所示。

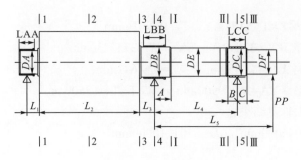

图 3-64 导叶结构简图

(2)计算结果。

①选定挠度值：YCC=0mm。

②导叶应力(H=180m)计算结果见表 3-18。

表 3-18　导叶应力计算结果

截面	弯曲应力 σ_W/MPa	剪应力 τ/MPa	综合应力 σ_{np}/MPa
1-1	102.4	—	—
2-2	82.4	—	—
3-3	−43.6	67.7	142.2
4-4	−115.7	67.7	178.1
5-5	94.8	71.2	171.0
Ⅰ-Ⅰ	−91.3	78.9	182.4
Ⅱ-Ⅱ	84.5	78.9	179.0
Ⅲ-Ⅲ	79.9	83.2	184.6

③轴套应力计算结果见表 3-19。

表 3-19　轴套应力计算结果

水头/m	轴颈 A(σ_{gA})/MPa	轴颈 B(σ_{gB})/MPa	轴颈 C(σ_{gC})/MPa
180	18.8	19.2	16.8

3)控制环强度计算

控制环强度计算采用控制环强度计算程序 GATE6。材料为钢板 Q235-A，许用应力 $[\sigma]$=75MPa。

(1)基本参数。

输入矩形块数据计算截面面积、形心和惯性矩	K_1=1
双耳平行式控制环	K_2=1
耳柄式大耳环	K_3=1
输入圆筒几何数据计算扭转刚度	K_4=1
计算外层半径	R_{OU}=2110mm

计算内层半径　　　　　　　　　　　　　　　$R_{IN}=1790mm$

计算点数　　　　　　　　　　　　　　　　$N=5$

截面矩形块数　　　　　　　　　　　　　　$N_N=7$

大耳环布置圆半径　　　　　　　　　　　　$RY=2065mm$

筒体部分平均半径　　　　　　　　　　　　$RK=1808mm$

接力器对控制环总作用力　　　　　　　　　$PC=2479672N$

大耳环外圆半径　　　　　　　　　　　　　$R_1=250mm$

大耳环内孔半径　　　　　　　　　　　　　$R_2=120mm$

大耳环厚度　　　　　　　　　　　　　　　$C=268mm$

筒体外圆半径　　　　　　　　　　　　　　$RK_1=1826mm$

筒体内圆半径　　　　　　　　　　　　　　$RK_2=1790mm$

筒体计算高度　　　　　　　　　　　　　　$RL=896mm$

材料抗扭模量　　　　　　　　　　　　　　$G=81000MPa$

计算点处角度值见表 3-8。

表 3-8　计算点处角度值

参数	N				
	1	2	3	4	5
$\varphi/(°)$	0	22.5	45.0	67.5	90.0

截面矩形块参数见表 3-9。

表 3-9　截面矩形块参数

参数	N_N						
	1	2	3	4	5	6	7
AB	125.0	102.5	102.5	36.0	190.0	47.5	51.0
AH	80.0	275.0	275.0	855.0	120.0	110.0	60.0
AR	1690.0	1815.0	2112.5	1720.0	1715.0	2045.0	2215.0

(2)计算结果。

①截面参数计算结果。

截面面积　　　　　　　　　　　　　　　$F=128240mm^2$

截面中性轴坐标　　　　　　　　　　　　$XR=1949.17mm$

中性轴断面惯性矩　　　　　　　　　　　$XJ=3842410000mm^4$

控制环外层断面模数　　　　　　　　　　$W_1=19621100mm^3$

控制环内层断面模数　　　　　　　　　　$W_2=-18369900mm^3$

②截面强度计算结果见表 3-10。

表 3-10　截面强度计算结果

断面角度 (PHI)/(°)	外弯应力 (CW_1)/MPa	内弯应力 (CW_2)/MPa	拉应力 (CB)/MPa	剪应力 (CT)/MPa	外层合成应力 ($C_1=CW_1+CB$)/MPa	内层合成应力 ($C_2=CW_2+CB$)/MPa
0	0	0	0	-1.16	0	0
22.5	-6.51	6.96	1.77	-0.81	-4.74	8.73
45	-9.68	10.34	3.27	0.19	-6.41	13.61
67.5	-6.67	7.13	4.27	1.69	-2.40	11.40
90	-4.41	4.71	-4.62	3.46	-9.03	0.08

③耳环强度计算结果如下。

A-A 断面应力 CBA=18.00（MPa）；B-B 断面应力 CBB=9.06（MPa）。

④扭转刚度计算结果如下。

极惯性矩 XJP=1187620000000（mm⁴ 写作 mm^4）；角变形 DPHI=0.025861/(°)

4）叉头传动机构受力计算

（1）基本参数。

接力器操作力	PC=2479672N
连杆与连接板间的夹角	γ=110.403°
连杆中心线与小耳销分布圆圆周切线间的夹角	β=77.462°
连接板长度	LH=650mm
连杆长度	L_c=527mm
剪断销孔至导叶中心长度	L_p=360mm
控制环大耳销直径	DY=4130mm
控制环小耳销直径	DC=4020mm
导叶布置圆直径	D_0=5820mm
导叶数	Z_0=20

叉头机构传动受力图如图 3-65 所示。

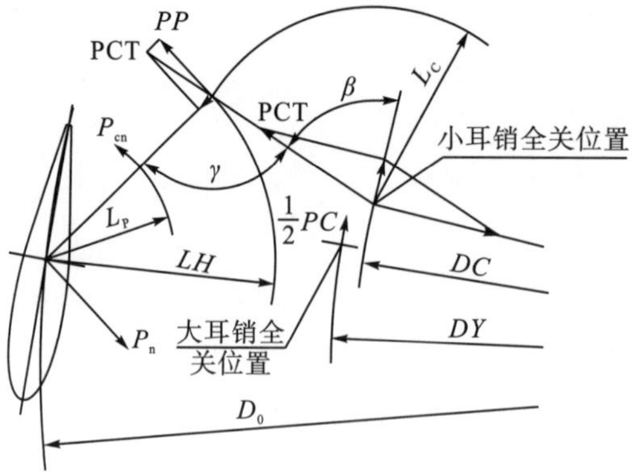

图 3-65　叉头机构传动受力图

(2)各力计算如下。

在全油压时，作用于一个连杆上的力为

$$PCT=\frac{PC\times DY}{Z_0\times DC\times\cos\beta}=\frac{2479672\times4130}{20\times4020\times\cos77.462°}=586752(N)$$

垂直作用于导叶臂中心线的力为

$$P_p=PCT\times\sin\gamma=586752\times\sin110.403°=549941(N)$$

作用于剪断销上的力为

$$P_{cn}=\frac{P_p\times LH}{L_P}=\frac{549941\times650}{360}=992949(N)$$

5)连接板强度计算

材料为钢板 Q235B。

(1)基本参数。

R_1=280mm　　R_2=237.5mm　　R_3=105mm　　R_4=62.5mm

DC=80mm　　LH=650mm　　LP=360mm　　H_1=90mm

连接板简图如图 3-66 所示。

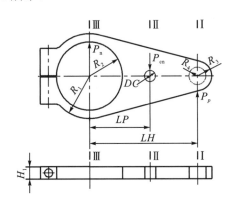

图 3-66　连接板简图

(2)计算结果。

①作用力：P_p=549941N，P_{cn}=992949N，P_n=443008N。

剪断销破坏时：P_p=824912N，P_{cn}=1489420N，P_n=664512N。

②应力如下。

Ⅰ-Ⅰ截面：CB_1=87.88MPa。

Ⅱ-Ⅱ截面：CW_2=74.247MPa。

Ⅲ-Ⅲ截面：CB_3=63.516MPa。

剪断销破坏时如下。

Ⅰ-Ⅰ截面：CB_1=131.82MPa。

Ⅱ-Ⅱ截面：CW_2=111.371MPa。

Ⅲ-Ⅲ截面：CB_3=95.275MPa。

6）叉头强度计算

计算采用导水机构零件计算程序 GATE5。材料为 ZG270-500，许用应力[σ]=120MPa。

（1）基本参数。

XI=0（1）	R=100mm	D_1=112mm	D_2=105mm
H_1=40mm	H_2=40mm	H=200mm	B=145mm
L=200mm	L_1=75mm	D_0=82mm	

作用力 PCT=586752N

材料密度 XI=0.00000785kg/mm^3

叉头简图如图 3-67 所示。

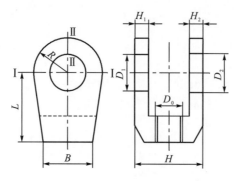

图 3-67　叉头简图

（2）计算结果如下。

销孔处：CGH=67.59MPa。

Ⅰ-Ⅰ截面：CB_1=83.07MPa。

Ⅱ-Ⅱ截面：CB_2=119.7MPa。

剪断销破坏时如下。

销孔处：CGH=101.1MPa。

Ⅰ-Ⅰ截面：CB_1=124.6MPa。

Ⅱ-Ⅱ截面：CB_2=179.6MPa。

简图重量：G=33.73kg。

简图重心：LG=86.393mm。

7）连接螺杆强度计算

计算采用导水机构零件计算程序 GATE5。

（1）基本参数。

①几何参数。

D=76mm　　　LC=277mm　　　D_1=80mm　　　S=3mm　　　H=118mm

②作用力 PCT=586752N。

③材料参数 A=460MPa，B=2.62MPa，许用应力[σ_w]=130MPa。

连接螺杆简图如图 3-68 所示。

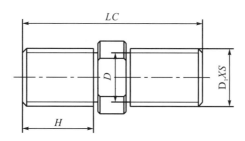

图 3-68　连接螺杆简图

（2）计算结果。

①螺纹强度：QS=23.49MPa，CWS=43.6MPa，CGS=37.19MPa，CBS=126.41MPa。

剪断销破坏时：QS=35.35MPa，CWS=65.6MPa，CGS=55.97MPa，CBS=190.2MPa。

②压杆稳定性计算结果如下。

拉压应力 CB=129.34MPa；揉度系数 LANBDA=14.58；临界应力 CK=421.8MPa；安全系数 N=3.261。

8）导叶销强度计算

如图 3-69 所示为半键结构简图，计算采用导水机构零件计算程序 GATE5。材料为圆钢 45，许用应力[Q]=130MPa。

（1）基本参数：d_c=280mm，d_m=80mm，L=280mm，圆柱销数量 N=1，连接板长度 LP=650mm，作用力 P_m=2553298N。

分半键结构简图如图 3-69 所示。

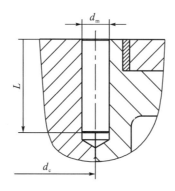

图 3-69　分半键结构简图

（2）计算结果。剪应力 Q=114MPa＜130MPa。剪断销破坏时：Q=171MPa＜180MPa。

9）剪断销计算

如图 3-70 所示为剪断销结构简图，计算采用导水机构零件计算程序 GATE5。材料为圆钢 45，许用应力[σ_g]=130MPa。

（1）基本参数：D_1=80mm，D_2=80mm，D_0=14mm，L_1=98mm，L_2=98mm。

剪断销简图如图 3-70 所示。

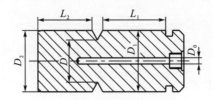

图 3-70　剪断销结构简图

（2）剪切面直径计算。

按 τ=500MPa 设计 D，作用力 P_{cn}=992949N。

剪断力：

$$P'_{cn}=1.35P_{cn}=1.35\times992949=1340481\,(\mathrm{N})$$

剪断销剪断面积：

$$F=\frac{P'_{cn}}{t}=\frac{1340481}{500}=2680.96\,(\mathrm{mm}^2)$$

剪断面直径：

$$D=\sqrt{\frac{4F}{\pi}+D_0^2}=\sqrt{\frac{4\times2680.96}{\pi}+14^2}=60.08\,(\mathrm{mm})$$

直径 D 的最后确定：在同一批材料中，根据试验确定该批材料的实际抗剪强度 τ，再计算出最终的剪切面直径 D。

（3）承压面压应力计算：CG_1=126.36MPa＜130 MPa，CG_2=118.43MPa＜130MPa。

剪断销破坏时：CG_1=189.54MPa，CG_2=177.64MPa。

10）叉头销强度计算

叉头销结构简图如图 3-71 所示，计算采用导水机构零件计算程序 GATE5。材料为圆钢 35，许用应力 $[\sigma]$=120MPa。

（1）基本参数

H=115mm	H_1=42mm	H_2=42mm	D=110mm
D_1=103mm	D_2=108mm	PCT=586752N	

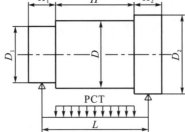

图 3-71　叉头销结构简图

(2)计算结果。

①叉头配合面应力。

压应力：CG_1=67.61MPa，CG_2=64.48MPa。

剪应力：Q_1=35.1MPa，Q_2=30.78MPa。

剪断销破坏时如下。

压应力：CG_1=101.42MPa，CG_2=96.7MPa。

剪应力：Q_1=52.65MPa，Q_2=46.16MPa。

②轴套配合面应力。

弯应力 CW=109.3MPa，压应力 CG=23.11MPa。

剪断销破坏时：弯应力 CW=163.97MPa，压应力 CG=34.68MPa。

11)轴套强度计算

材料为尼龙 1010。

(1)基本参数：轴套内径 d=110mm，轴套高度 h=110mm，作用力 PCT=586752N。

(2)应力计算。挤压面挤压应力 σ_g=48.33MPa。

剪断销剪断时挤压面挤压应力：

$$\sigma_g'=1.5\sigma_g=1.5×48.33=72.47\,(\text{MPa})$$

12)导叶臂强度计算

计算采用导水机构零件计算程序 GATE5。材料为铸钢 ZG270-500，σ_S=270MPa。

(1)基本参数。

R_1=100mm	R_2=217.5mm	R_3=40mm	D_1=455mm
D_2=435mm	DC=280mm	H=380mm	H_1=130mm
H_2=130mm	H_3=90mm	LP=360mm	PCN=992949N

XI=0.00000785kg/mm^3

导叶臂简图如图 3-72 所示。

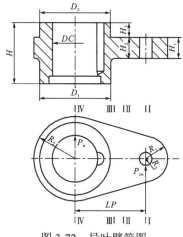

图 3-72　导叶臂简图

（2）计算结果。

①作用力：PCN=992949N，*PN*=1560000N。

剪断销破坏时：PCN=1489000N，*PN*=2341000N。

②应力。

Ⅰ-Ⅰ截面：拉应力 CB_1=131.85MPa。

Ⅱ-Ⅱ截面：弯应力 CW_2=58.16MPa，扭应力 Q_{12}=92.065MPa，扭应力Q_{22}=29.39MPa，综合应力 CNP_2=82.703MPa。

Ⅲ-Ⅲ截面：弯应力 CW_3=71.089MPa，扭应力 Q_{13}=83.855MPa，扭应力 Q_{23}=27.453MPa，综合应力 CNP_3=89.823MPa。

Ⅳ-Ⅳ截面：拉应力 CB_4=35.414MPa。

剪断销破坏时如下。

Ⅰ-Ⅰ截面：拉应力 CB_1=197.771MPa。

Ⅱ-Ⅱ截面：弯应力 CW_2=87.278MPa，扭应力 Q_{12}=138.097MPa，扭应力 Q_{22}=44.080MPa，综合应力 CNP_2=124.055MPa。

Ⅲ-Ⅲ截面：弯应力 CW_3=106.633MPa，扭应力 Q_{13}=125.782MPa，扭应力 Q_{23}=41.179MPa，综合应力 CNP_3=134.735MPa。

Ⅳ-Ⅳ截面：CB_4=53.12MPa。

13）顶盖刚强度计算

材料为钢板 Q235B，σ_s=225MPa。

顶盖刚强度采用 ANSYS 软件进行计算分析。计算分析结果表明，顶盖在所计算的几种工况下，其刚度和强度能够使机组安全稳定运行。

14）ϕ210 推拉杆销强度计算

推拉杆销简图如图 3-73 所示，材料为圆钢 45。

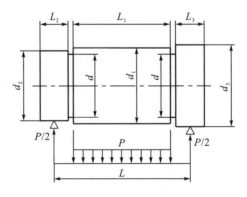

图 3-73　推拉杆销结构简图

（1）基本参数。

d=188mm　　　　d_1=210mm　　　　d_2=190mm　　　　d_3=190mm

L_1=280mm　　　L=373mm　　　　L_2=83mm　　　　L_3=90mm

P=1239835N

（2）应力计算。

剪应力：

$$\tau=\frac{P}{\frac{\pi}{4}\times 2\times d^2}=\frac{1239835}{\frac{\pi}{4}\times 2\times 188^2}=22.33\,(\text{MPa})$$

挤压应力：

$$\sigma_g=\frac{P}{d_2\times L_2+d_3\times L_3}=\frac{1239835}{190\times 83+190\times 90}=37.72\,(\text{MPa})$$

弯曲应力：

$$\sigma_w=\frac{\frac{P}{2}\left(\frac{L}{2}-\frac{L_1}{4}\right)}{\frac{\pi}{32}\times d_1^3}=\frac{\frac{1239835}{2}\times\left(\frac{373}{2}-\frac{280}{4}\right)}{\frac{\pi}{32}\times 210^3}=79.433\,(\text{MPa})$$

3.5.4　接力器部分强度计算

1．接力器缸强度计算

接力器缸简图如图 3-74 所示，材料：钢管 20。

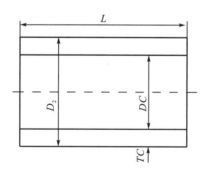

图 3-74　接力器缸简图

1）基本参数

DC=650mm　　　DM=236　　　TC=45mm　　　　D_2=740mm　　　　PH=4.0MPa

2）计算结果

两个接力器的总作用力：

$$P_c=\pi(2DC^2-DM^2)\times\frac{PH}{4}=2479672\,(\text{N})$$

缸体拉应力：

$$CB = \frac{4P_c}{\pi(D_2^2 - DC^2)} = \frac{4 \times 2479672}{\pi(740^2 - 650^2)} = 25.24 \, (\text{MPa})$$

2. 前缸盖及活塞环强度计算

材料为钢板 Q235-B。

1）计算截面系数

（1）计算截面简图及输入数据。

计算采用径向模量计算程序 TURB2。截面单元种类数量 $M=1$，截面单元类别标识（矩形）$MI=1$，截面单元矩形块数量 $M_1=6$。

前缸盖简图如图 3-75 所示。

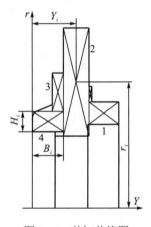

图 3-75　前缸盖简图

截面单元矩形块参数见表 3-11。

表 3-11　截面单元矩形块参数

截面编号	B_i/mm	H_i/mm	r_i/mm	Y_i/mm	NK_1
1	210.00	95.00	203.00	228.00	1
2	20.00	145.00	231.00	110.00	1
3	80.00	300.00	309.00	59.00	1
4	20.00	32.50	176.00	10.00	1
5	100.00	26.00	309.00	−32.75	1
6	50.00	22.00	283.00	−8.20	1

（2）计算结果如下。

截面面积 $A=51200\text{mm}^2$

截面形心坐标：$XC=261.03\text{mm}$，$YC=121.01\text{mm}$。

中性轴坐标：$Y_0=141.60\text{mm}$。

对参考轴模量：$L=431.1\text{mm}$，$M=61041.5\text{mm}^2$，$N=13558900\text{mm}^3$。

2）前缸盖强度计算

计算采用接力器前缸盖强度计算程序 SERO3。

（1）基本参数如下。

接力器活塞直径 DC=650mm。

接力器导管直径 DM=234。

缸盖法兰螺栓布置圆直径 D_1=790mm。

缸盖法兰根圆直径 D_2=650mm。

缸盖法兰根圆直径处厚度 T=70mm。

应力计算点到轴线距离 R=162.5mm。

应力计算点到坐标基线距离 Y=330。

径向模量参数：L=431.1mm，M=61041.5mm^2，N=13558900mm^3。

接力器计算油压 PH=4.0MPa。

作用力计算方式标识（按两个接力器力作用）N=2。

（2）计算结果如下。

计算点应力 CW=13.76MPa。

法兰根圆应力 CW=81.67MPa。

法兰作用力 PC=2371900N。

3）活塞环强度计算

如图 3-76 所示，活塞闭环采用材料为铸铁 HT250。计算采用接力器活塞环强度计算程序 SERO7。

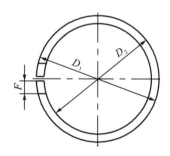

图 3-76　活塞环简图

（1）基本参数：D_1=650mm，D_2=621mm，F=55mm，材料（铸铁）弹性模量标识 N=1。

（2）计算结果：平均比压力 P=0.033MPa，工作时弯应力 CW_1=111.21MPa，装配时弯应力 CW_2=257.45MPa。

4）接力器缸与缸盖把合螺栓应力计算

螺栓规格为 M56×200-6.8。螺栓数 Z=16，许用应力 $[\sigma_b]$=150MPa，螺栓最弱断面积 F=2030mm^2。

每个螺栓所受的拉应力：

$$CB = \frac{P_c}{Z}F = \frac{2479672}{16} \times 2030 = 76.34\,(\text{MPa})$$

5）压垫盖与前缸盖把合螺栓应力计算

六角螺栓 M20×70-6.8，许用应力$[\sigma]$=70MPa。

（1）基本参数。

D_1=260mm D_2=234mm

接力器操作油压 p_H=4.0MPa

螺栓数量 Z=8

螺栓最弱断面积 F_0=245mm^2

压垫盖与前缸盖把合螺栓简图如图 3-77 所示。

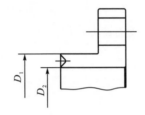

图 3-77　压垫盖与前缸盖把合螺栓简图

（2）应力计算。

压垫盖密封力：

$$P = \frac{\pi}{4}(D_1{}^2 - D_2{}^2)p_H = \frac{\pi}{4}(260^2 - 236^2) \times 4.0 = 37398\,(\text{N})$$

螺栓应力：

$$\sigma_b = \frac{P}{8F_0} = \frac{37398}{8 \times 245} = 19.08\,(\text{MPa})$$

3.5.5　埋入部分强度计算

1. 蜗壳座环刚强度计算

列宁格勒金属工厂采用有限元法对蜗壳座环的刚强度进行了计算分析，详见《紫坪铺座环蜗壳刚强度计算报告》。

计算结果显示，在升压水头、最大水头和正常工况下实际工作总应力值低于技术协议中所要求的许用应力值。

结论：经过复核计算，额定出力由 N_r=193.9MW 增容至 N_r=214MW，水轮机主要零部件的刚强度完全满足要求。

初始数据见表 3-12。

表 3-12　蜗壳座环刚强度计算初始数据

参数名	参数符号	参数值
水轮机出力/MW	N	193.90
水轮机额度转速/(r/min)	n	150.00
轴向水推力/tf	P_z	686.70
转轮重量/t	Gr	73.00
螺栓定位半径/cm	R_b	95.00
下部法兰厚度/cm	H_1	29.00
上部法兰厚度/cm	H_2	27.00
螺栓螺纹直径/cm	Do	14.00
螺栓螺杆直径/cm	Dcm	15.00
最小螺栓直径/cm	D_1	13.40
联轴器螺栓孔直径/cm	DoT	15.30
螺栓间距/cm	T	0.40
螺栓头高度/cm	Hg	10.00
螺栓数量	Z	20
摩擦系数	f	0.20
螺栓总长度/cm	L	49.20
下法兰螺栓长度/cm	L_1	22.20
上法兰螺栓长度/cm	L_2	27.00
下法兰螺栓的最大间隙/cm	DL_{1max}	0.017
下法兰螺栓的最小间隙/cm	DL_{1min}	0.010
上法兰螺栓的最大间隙/cm	DL_{2max}	0.017
上法兰螺栓的最小间隙/cm	DL_{2min}	0.010
凹进高度/cm	G	3.00
弹性模量/MPa	E	210000

（1）计算过程。

轴传递的扭矩：

$$M=\frac{97.4N}{n}=1596000\,(\text{kN}\cdot\text{cm})$$

总轴向推力：

$$Q_0=P_z+G_r=686.7+73=759.7\,(\text{tf})$$

主轴和转轮连接示意图以及法兰连接计算布置图分别如图 3-78 和图 3-79 所示。

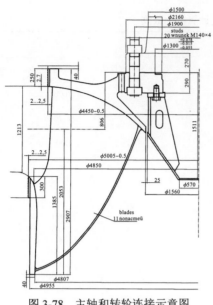
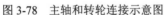
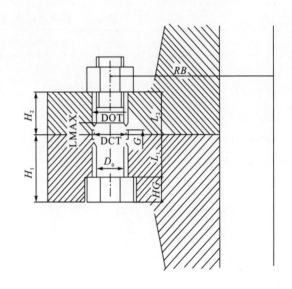

图 3-78 主轴和转轮连接示意图　　　　图 3-79 法兰连接计算布置图

检查螺栓是否剪切。

剪切应力是基于没有摩擦力并且负载均匀分布在所有螺栓上的假设确定的。

$$\tau=\frac{M}{Z\times R_b\times F_b}=59.2\,(\text{MPa}) \tag{3-34}$$

式中，F_b 为螺栓截面的最小面积，即 141.1cm²。

扭矩通过作用在法兰之间的摩擦力以及剪切和弯曲的螺栓从水轮机轴传递到发电机。联轴器工作能力的标准是摩擦力矩的相对值应不小于扭矩值的 0.55 倍。

螺栓的预紧应力：

$$\sigma_z=19\,(\text{MPa})$$

预紧力：

$$V_0=n\,\sigma_z\times F_b$$

法兰平面上的压力：

$$V_1=V_0-(1-\chi)\,Q_0=48027.6\,(\text{N})$$

其中，χ 为联轴器法兰主载荷系数为 0.268 倍摩擦力矩。

$$M_{fr}=V_1\times R_b=912525.20\,(\text{kN}\cdot\text{cm})$$

摩擦力矩的相对值为 0.58 倍螺栓承受的力矩：

$$Mb=M-M_{fr}=674445\,(\text{kN}\cdot\text{cm})$$

每一个螺栓的力：

$$P=\frac{Mb}{z\times R_b}=354.9\,(\text{kN})$$

为了进行应力分析，螺栓被认为是刚度可变的梁，其端部平移但不能转动。变形过程可任意分为两个阶段：与支撑物接触之前和与支撑物接触之后。变形过程示意图如图 3-80 所示。

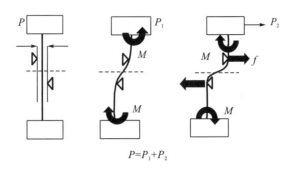

图 3-80 变形过程示意图

螺栓固定部分的弯矩和应力见表 3-13。

表 3-13 螺栓固定部分的弯矩和应力

Dc/cm	力		力矩			压力/MPa
	P_1/kN	P_2/kN	M_1/(kN·cm)	M_2/(kN·cm)	M/(kN·cm)	
0.034	69.8	285.2	1700.8	−383.5	1317.0	56
0.031	62.6	292.4	1525.7	−393.2	1133.0	48
0.027	55.4	299.5	1350.6	−402.8	948.0	40
0.023	48.2	306.7	1175.5	−412.5	763.0	32
0.020	41.1	313.9	1000.5	−422.2	578.0	24

注：Dc 为总直径间隙；P_1 为在变形的第一阶段作用在螺栓上的力；P_2 为在变形的第二阶段作用在螺栓上的力；M_1 为 P_1 的力矩；M_2 为 P_2 的力矩；$M=M_1+M_2$，为总弯矩。

支撑上方螺栓截面的弯矩和应力见表 3-14。

表 3-14 支撑上方螺栓截面的弯矩和应力

Dc/cm	力		力矩			压力/MPa
	P_1/kN	P_2/kN	M_1/(kN·cm)	M_2/(kN·cm)	M/(kN·cm)	
0.034	69.8	285.2	−25.6	−778.6	−804.0	24
0.031	62.6	292.4	−23.0	−798.3	−821.0	25
0.027	55.4	299.5	−20.3	−817.9	−838.0	25
0.023	48.2	306.7	−17.7	−837.5	−855.0	26
0.020	41.1	313.9	−15.1	−857.1	−872.0	26

螺栓总应力见表 3-15。

表 3-15　螺栓总应力

Dc/cm	固定部分		上部支架	
	MPa	n	MPa	n
0.034	253	2.17	251.0	2.19
0.031	245	2.24	243.0	2.26
0.027	237	2.32	235.0	2.34
0.023	230	2.39	227.0	2.42
0.020	222	2.47	219.0	2.51

注：Dc 为总直径间隙；螺栓中的总应力为 $\sigma_\Sigma = \sigma + \sigma_p + \sigma_z$；$\sigma'$ 为弯曲应力；O'_p 为轴向水推力和转轮重量下螺栓的拉伸应力；$\sigma_p = \dfrac{xQ_0}{zF_b} = \dfrac{0.268 \times 7597}{20 \times 141.1} = 7.2 \text{(MPa)}$，$z$ 为螺栓的预紧应力；n 为安全系数。

　　为了确保连接法兰的可靠性，拧紧力被规定为 190MPa。扳手上的力矩 M=75kN·m。螺栓伸长率 Δl=0.45mm。

　　螺栓中的最大组合应力为 253.00MPa。推荐材料为 ASTM A668 Cl.K4135。屈服强度（$\sigma_{0.2}$）为 550MPa。

　　与静态强度有关的安全系数为 2.17。应力不超过允许值（表 3-16）。

表 3-16　国外电站基本情况

电站名称	制造年份	国家	水轮机出力/MW	最大水头/m	转速/(r/min)	转轮直径/m
Ust-Ilimskaya	1973	俄罗斯	245.0	90.0	125.0	5.5
奇安(Cian)	1986	越南	102.0	61.5	101.7	5.1
Huites	1994	墨西哥	211.0	118.0	138.5	5.2
Al Vahda	1995	摩洛哥	82.6	72.3	142.0	4.25
Urra-1	1997	哥伦比亚	85.0	56.4	120.0	4.7

　　列宁格勒金属工厂仔细分析了紫坪铺水电站水轮机蜗壳的结构，并在三维混合有限元的基础上建立了模型。紧固条件：座环的下部没有移位，蜗壳的进口截面紧固在轴向（沿 X 轴）上。荷载条件：在甩负荷和应力升高时，应力在 $18\dfrac{\text{kN/cm}^2}{\text{MPa}}$ 以下。

　　结构的最大位移：沿 X 轴为 4.28mm；沿 Y 轴为 5.47mm；沿 Z 轴为 4.75mm。

　　蜗壳采用可焊性好的 HITEN610U 型钢板焊接而成，在厂内整体预装，并按照在不与混凝土联合受力的条件下其内部可单独承受的最大水压力进行设计。蜗壳设计采用过渡板，无大舌板结构，具有结构紧凑和受力好的特点。除凑合节外，蜗壳全部在厂内预装，并分段运往工地。为防止在工地焊接中变形，各节均采用加固支承。在工地焊接完以后，蜗壳的全部焊缝将进行无损探伤检查，无损探伤检查按《水轮发电机组安装技术规范》(GB 8564—1988)、《钢熔化焊对接接头射线照相和质量分级》(GB 3323—1987)和《锅炉和钢制压力容器对接焊缝超声波探伤》(JB 1152—81)等标准规定的要求进行。

　　蜗壳上部允许装设弹性垫，但距蜗壳与座环接缝处 1.5m 范围内及第 15 断面与尾部之间不允许装设弹性垫。蜗壳在电站安装时应备有足够数量的支承和拉锚，其方位可以根据需要进行调整。所有支承和拉锚在浇混凝土前必须拉紧以防松动,完全合格后才浇混凝土。在蜗壳的适当位置应设置测水压和流量的接头。机坑里衬由 Q235B 型钢板焊接而成,板厚 12mm。里衬内径为 7.2m,高度为 4.154m,分上、下两段,每段分 4 瓣运往工地。

在标高为 743.1m 的机坑进入门廊道处,方位在 X 方向偏转的位置开设一个 1.5m(宽)×1.9m(高)的机坑进入门。机坑里衬壁上设有两个接力器坑衬,布置于 Ⅰ、Ⅱ 象限。机坑里衬内装有地板、扶梯、栏杆等。

蜗壳进口直径为 6024mm,中心距为 6763mm,采用 NK-HITEN610U 高强度调质钢板制造。蜗壳全部焊缝进行无损探伤检查,无损探伤按 GB8564-88、《钢制压力容器》GB150-89、《压力容器无损检测标准》JB4730-94(11)等标准规定的要求进行。

座环采用带圆弧导流板无蝶形边平行式钢板焊接结构,上、下环板采用牌号 16Mnr·Z25 抗层状撕裂钢板,板厚为 140mm。座环过渡板采用同蜗壳钢板相同的材料 NK-HITEN610U,板厚为 50mm。为满足运输条件,座环分两瓣,座环流道与固定导叶型线以及布置完全满足模型流道要求。分瓣面组合型式采用螺栓把合后全强度工地焊接。座环用地脚栓固定在混凝土支墩上,机坑里衬在工地焊接到座环上,在座环上设置灌浆孔和排气孔。座环设有 3 个空心固定导叶,能排除顶盖上一定量的渗漏水。座环带有上、下过渡板,座环与基础环是一体的,具有安装方便、易于调整的优点。

底环由 Q235B 钢板焊接而成,由于运输方便不分瓣。底环过流面上设有抗磨板。抗磨板材料为 20mm 厚 0Cr13Ni5Mo 不锈钢板,采用焊接方式固定在底环上。加工后抗磨板的厚度不小于 15mm。不锈钢抗磨板上设有导叶端面青铜密封。

底环上设有固定止漏环,材质为 lCr18Ni9Ti 不锈钢板,钢板厚度为 45mm。加工后的止漏环厚度不小于 25mm。在底环与座环之间设有直径为 16mm 的止水橡胶圆条,橡胶密封槽开在座环上。

顶盖采用钢板焊接结构,顶盖材料采用 Q235B 钢板,具有足够的强度和刚度,由于运输方便不分瓣。顶盖上设有固定止漏环,材质为 lCr18Ni9Ti 不锈钢板,钢板厚度为 45mm。加工后止漏环厚度为 25mm。顶盖过流面在导叶活动范围内设有抗磨板。抗磨板材料为 25mm 厚的 0Cr13Ni5M。不锈钢板,采用焊接方式固定在顶盖上。加工后抗磨板的厚度不小于 15mm。不锈钢抗磨板上设有导叶端面青铜密封。

顶盖上设置 4 个检查孔,以便在机组安装和检修时检查转轮与顶盖固定止漏环之间的间隙。顶盖上设有排水管,以便减小顶盖压力。

顶盖上设置导叶小套筒,套筒内装有导叶轴颈所需的自润滑式轴承。同时,顶盖装设真空破坏阀,并设有供冷却和顶盖减压用的顶盖取水结构,机组正常运行时,顶盖上 4 根 $\phi94$ 取水管应全部打开。

控制环采用 Q235B 型钢板焊接而成,整体制造,具有足够的强度和刚度。控制环底部抗磨板和侧面抗磨板均采用聚甲醛铜背复合材料,且均采用螺栓把合在控制环上,在轴承盖上设有用于防止控制环跳动的压板。

导叶数量为 20 个,高度为 1.213m,分布圆直径为 5.82m,材料采用铸钢 06Gr13Ni4Mo,结构为整铸结构。导叶过流面型线符合《水轮机通流部件技术条件》(JB 3160—1982)的规定。每个导叶均设剪断销装置,当剪断销破断时,能自动报警。导叶总漏水量不大于

0.5m^3/s，其具有 3 个支承轴颈，轴瓦采用聚甲醛钢背复合材料。自润滑，分别置于底环和顶盖上。端面间隙单边为 0.22～0.53mm，导叶关闭时立面间隙一般为 0，局部间隙不大于 0.10mm，其长度不超过导叶高度的 1/4，顶盖底环上设有导叶端面密封。

导叶套筒为分段式结构，导叶中轴套设有 O 形橡胶密封圈和盘根封圈。

每个导叶均设有剪断销装置，剪断销装有气动信号保护装置，当剪断销剪断时，能自动报警。

连接板采用抱夹式结构，在连接板与导叶臂之间设有摩擦套装置。该装置将限制导叶在剪断销剪断后不产生摆动和不稳定运动，以便于检修。导叶臂与导叶之间采用销子传递扭矩。导叶臂设有全关和全开位置限位装置，该装置焊在上套筒上，当剪断销剪断时，导叶不会碰撞到转轮。

导叶的止推装置设在上套筒下部的导叶上轴颈根部，为方便装拆和更换，止推材料为尼龙 6。

导叶连杆采用叉头结构，该结构的调整余量大。

水轮机装有两台直缸液压接力器，活塞直径为 650mm，行程为 605mm，额定操作油压为 4MPa。接力器漏油量符合《水轮机导水机构直缸接力器》(JB/DQ 1102—1984)的要求。接力器分段关闭时间和规律由油管路上的分段关闭阀决定。

接力器上设置有一个液压锁锭装置，在关闭位置锁锭接力器，以防止导叶被水冲开。锁锭的投入靠油压下落，锁锭装置的拔出通过在锁锭缸下腔通入油压来实现。接力器上还设置有阀门以锁锭油路，该阀门可在接力器全开时设置就地手动锁锭接力器。在接力器上装有行程传感器，以便于调速器进行控制。推拉杆采用夹板式结构。接力器对称布置于Ⅰ、Ⅱ象限。

转轮采用铸焊结构，其上冠、叶片及下环分别铸造，并整体焊接，材质均为抗空蚀、抗腐蚀和具有良好焊接性能的铸钢 Zg08Cr15Ni4GuMo。其中，叶片采用 AOD 精炼铸造和模压制造；转轮采用整体方案，其最大直径为 5005mm，高度为 2907mm，设计已保证有足够的强度和刚度，并符合《混流式水轮机焊接转轮不锈钢叶片铸件》(JB/T 7349—1994)的规定。转轮和水轮机主轴采用销子螺栓连接。转轮的上冠和下环设置 08Cr15Ni4GuMo 型不锈钢热套止漏环，其泄水锥采用钢板焊接结构，所有流道尺寸与模型尺寸相近。

水轮机主轴采用带有轴领的双法兰空心薄壁轴，材质为 20SiMn 型低合金钢整锻，轴身外径为 1.5m，内径为 1.1m，轴领外径为 2.05m，长度为 8.589m。水轮机轴与发电机轴为同一根轴，水轮机轴与发电机转子支架用螺栓连接，销子传递扭矩。水轮机主轴与转轮采用销子螺栓连接，销子螺栓中销子传递扭矩，螺纹不受剪切力。

导轴承采用楔子板调整的油浸式非同心分块瓦轴承，滑转子外圆直径为 2.05m，轴瓦内圆直径与滑转子外圆直径的比值约为1.05，轴瓦高度为 595mm，轴瓦瓦面与滑转子接触高度为 540mm，轴瓦宽度为 556mm。轴瓦共 10 块，沿圆周均布。楔子板一侧为 1∶20 斜面，并借助螺栓调节间隙，另一侧为圆柱面。轴瓦采用巴氏合金材料，在电站安装时不需要刮瓦。轴承最高运行温度为 60℃，报警温度为 65℃，停机温度为 70℃。轴承冷却器为双向进水式，冷却水压为 0.6MPa，冷却水量为 45m^3/h。

主轴密封由两部分组成：水压式端面密封和空气围带密封(检修)。水压式端面密封作为机组正常工作密封，密封正常工作润滑水压为 0.02～0.10MPa。停机时水压为 0.10～0.15MPa。密封正常工作润滑水量约为 0.3m³/h，小于 0.06m³/h 时报警。空气围带密封工作气压为 0.7MPa。

水轮机设置有中心孔补气装置，当转轮下部出现真空时自动补气，补气阀为 ϕ430 弹簧浮筒液压缓冲式双重保护真空补气阀。补气阀位于发电机上端轴顶端。当阀的下腔真空低于 0.025MPa 时，空气则通过它进入大轴中心孔进行补气。补气阀的另一个作用是封住尾水管倒灌水，保护机组不受损坏。

在顶盖上还设有两个直径为 200mm 的吸力式真空破坏阀。

为了收集接力器、接力器锁锭和调速器系统的漏油，每台机组设有一套 JS-500 型集油装置。

肘管为椭圆形断面，肘管采用厚度为 20mm 的 Q235B 钢板焊接而成。

尾水管锥管段里衬采用 20mm 厚的 Q235B 型钢板焊接而成，在厂内成型并预装，分为上、下两段，每段分 2-4M 共 6 件运往工地。尾水管锥管里衬进口段有一段 500mm 长的不锈钢里衬，材料为 lCH8Ni9Ti，厚度为 20mm。在尾水管锥管段上还设置有一个 600mm×800mm 的密封进入门，进入门上所有销轴和螺栓均采用不锈钢材料。在锥管里衬的适当位置设有测压接头。在进入门下侧设有检修平台挂装支架。

在进口接管和蜗壳最后截面之间的跨接区域，跨接管中间的最大位移为 4.9mm。蜗壳所有截面的应力在蜗壳相邻节连接区域都不超过 1900kN·cm²。在跨接管区域，跨接管中间的应力上升至 3140kN·cm²。应力具有弯曲的性质，其是由来自连接管沿跨接管边界区域的不均匀力造成的。跨接管处的应力值大于允许应力值。为了将跨接管处的应力降至蜗壳中的最大应力水平，本书认为必须将跨接管区域的厚度从 40mm 增至 50mm，这将使弯曲应力降至 2000kN·cm²(190MPa)。同时本书认为，必须在跨接管区域使用屈服极限不小于 280MPa 的钢材。

蜗壳和座环的完全模型、座环和蜗壳最后几节的模型、进口接管和蜗壳最后几节的模型以及蜗壳模型分别如图 3-81～图 3-84 所示。沿 X 轴、Y 轴和 Z 轴的位移情况分别如图 3-85～图 3-88 所示。结构中的等效应力如图 3-89 所示。进口接管和跨接管中沿 Y 轴的位移如图 3-90 所示。

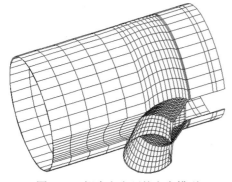

图 3-81　蜗壳和座环的完全模型

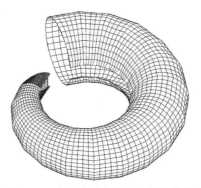

图 3-82　座环和蜗壳最后几节的模型

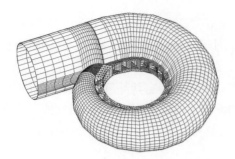

图 3-83　进口接管和蜗壳最后几节的模型

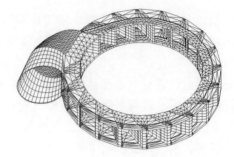

图 3-84　蜗壳模型

图 3-85　沿 X 轴的位移

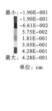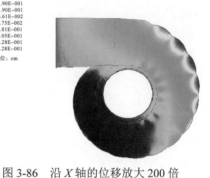

图 3-86　沿 X 轴的位移放大 200 倍

图 3-87　沿 Y 轴的位移放大 200 倍

图 3-88　沿 Z 轴的位移放大 200 倍

图 3-89　结构中的等效应力

图 3-90　进口接管和跨接管中沿 Y 轴的位移

第4章 电调基于水调的紫坪铺水电站水轮机目标参数选择及稳定性分析

4.1 电调基于水调的紫坪铺水电站水轮机目标参数选择

4.1.1 比转速

紫坪铺水电站水轮机属大型混流式水轮机。目前国内外对大型水轮机参数的选择广泛采用统计设计法，它使水轮机参数建立在已运行的水电站最优设计参数的基础上，从而使水轮机可获得最大的经济效益。比转速是衡量水轮机先进性、经济性的综合技术指标。目前，世界上普遍采用比速系数 K 来表征水轮机的技术水平，K 值消除了水头因素，使不同水头段转轮的比转速更具有可比性。

为初步确定紫坪铺水电站水轮机的比转速，四川省水利水电勘测设计研究院对国内外部分 100~150m 水头的 100MW 以上大型混流式水轮机的比转速和比速系数进行了统计分析，见表4-1。

表 4-1 国内外大型混流式水轮机比转速及比速系数

电站名称	水轮机出力/MW	额定水头/m	转轮直径/m	额定转速/(r/min)	比转速/(m·kW)	比速系数	国家及投产年份
刘家峡(5机)	308	100.0	5.50	125.0	219.4	2194	中国，1974 年
白山	306	112.0	5.50	125.0	189.8	2009	中国，1983 年
隔河岩	310	103.0	5.74	136.4	232.0	2355	中国，1993 年
江垭	102	80.0	3.75	187.5	250.3	2239	中国，1998 年
棉花滩	153	87.6	4.40	166.7	243.3	2277	中国，1997 年
三峡	710	80.6	9.94	75.0	261.7	2349	中国，2003 年
东风	173	117.0	4.10	187.5	203.0	2196	中国，1992 年
大古力(4机)	714	86.5	9.91	85.7	274.5	2553	美国，1978 年
依太普	715	118.4	8.50	92.3	199.8	2174	巴西，1983 年
古里二厂	610	130.0	7.20	112.5	200.0	2280	委内瑞拉，1983 年

表 4-1 中所列的水轮机参数分别代表了当前国内外大型混流式水轮机的比转速概况。由此可知，当今国外大型混流式水轮机的比速系数大都为 2200~2300，而我国制造的大型混流式水轮机其比速系数为 2100~2200，居世界较低水平。近年来，国内厂家通过引进国外先进技术，并采取联合设计和合作生产等方式，生产制造的大型混流式水轮机的比

速系数已达 2300，如清江隔河岩水电站及三峡水电站等。

根据收集的数据，采用回归统计分析。为提高回归精度，使用线性回归函数、方幂回归函数和指数回归函数 3 种基本函数进行回归模拟，从而可得出模拟精度较高的比转速与设计水头的函数关系式，计算出紫坪铺水电站水轮机比转速 n_s=200～220m·kW，比速系数 K=2000～2200。紫坪铺水电站与三峡水电站机组相似，具有运行水头变幅大的特点，其最大水头与最小水头之比 K_h=132.76/68.4=1.94，居国内之首，仅次于巴基斯坦的塔贝拉电站。塔贝拉电站于 1987 年投产，其最大水头与最小水头之比 K_h=135.6/49.4=2.74，水轮机的比转速 n_s=156m·kW，比速系数 K=1689.9。同时，国内制造厂大多推荐紫坪铺水电站水轮机额定转速为 150r/min，比转速 n_s 为 210m·kW 左右。因此，本书综合分析后认为，为使紫坪铺水电站水轮机稳定运行，其比转速不宜选择太高，比速系数宜选在 2100 左右较为合理，相应的比转速为 210m·kW。

由公式 n_s=3.13$n_{11}Q_{11}$ 可知，在确定水轮机比转速后，若单位流量和单位转速不同，则水轮机的效率不同，电站的投资效益也不相同。根据紫坪铺水电站水轮机的运行特点，选择合适的单位转速和单位流量，可使电站工程节省投资，而且安全稳定运行。

近年来，国内外制造厂为了寻求单位转速与单位流量的最佳匹配，进行了许多探索，并提出了各种计算参数的经验公式。例如，俄罗斯和德国 Voith 公司的水轮机资料，提出比转速与额定点单位转速间的关系为

$$n_1 = 4826 - \frac{146.7 \times 10^4}{n_1^2} \tag{4-1}$$

俄罗斯新型谱的资料提出额定水头下单位转速与额定水头的关系式为

$$n_1 = \frac{158.1}{H_r^{0.165}} \tag{4-2}$$

国内东方电机股份有限公司提出额定水头与比转速的关系式为

$$n_1 = 50 + 0.11n_s \tag{4-3}$$

采用以上经验公式计算，紫坪铺水电站水轮机在额定水头下的单位转速为 73～74r/min，国内厂家推荐的单位转速均为 72～73r/min，国内外已建电站单位转速的实际值见表 4-2。本书综合分析比较后认为，紫坪铺水电站水轮机单位转速宜为 74r/min 左右。

在不降低水轮机性能的前提下，应尽可能选取较大的单位流量，使水轮机尺寸小、重量轻，但单位流量不能选择过大，否则将导致水轮机效率下降，空蚀系数增大，压力脉动不稳定区域扩大。俄罗斯的经验公式为

$$Q_1 = \frac{226674}{H_r^{1.148}} \tag{4-4}$$

国内东方电机股份有限公司的经验公式为

$$Q_1 = 0.1134 \left(\frac{n_s}{n_1} \right)^2 \tag{4-5}$$

根据式 (4-4) 和式 (4-5) 计算，俄罗斯经验公式的计算值偏大，为 1.146m³/s，据此计算出相应的比转速 n_s=235.2m·kW，较大的超过我们确定的比转速值，因此不予考虑；国内

经验公式的计算值约为 0.895m³/s，较合适。参考表 4-2 中国内外已建电站单位流量的实际值，并结合紫坪铺水电站的运行特点，本书认为紫坪铺水电站水轮机单位流量宜选择 0.9m³/s 左右。

表 4-2　国内外大型混流式水轮机额定点单位转速与单位流量

电站名称	额定水头/m	单位转速/(r/min)	单位流量/(m³/s)
刘家峡(5 机)	100.0	68.8	1.118
白山	112.0	65.0	0.96
隔河岩	103.0	77.3	0.975
江垭	80.0	78.6	1.127
棉花滩	87.6	83.0	1.054
三峡	80.6	83.0	1.125
东风	117.0	71.1	0.883
大古力(4 机)	86.5	91.3	0.963
依太普	118.4	71.1	0.878
塔贝拉	130.0	61.3	0.763

4.1.2　水轮机效率

水轮机效率是评价水轮机能量特性的重要指标，直接影响电站的发电效益。近年来，随着水轮机设计技术的发展和采取现代化的制造手段与先进工艺，水轮机的效率得到不断提高。

目前 100~150m 水头条件下，国外水轮机模型最高效率均已超过 93%，额定点效率高于 90%。国内已有部分水轮机转轮模型的最高效率超过 93%，但大部分转轮模型最高效率则在 92.5%左右，额定点效率也有部分超过 90%。例如，国内的三峡水电站，国内外厂商推荐的水轮机模型最高效率为 92.50%~93.36%，原型水轮机最高效率达 95%~96%，投标时最高效率达到 96.26%。紫坪铺水电站水轮机的运行水头与三峡水电站水轮机水头参数值比较接近，鉴于国外厂家为三峡水电站提供的系列转轮具有效率高和性能优良的特点，可结合紫坪铺水电站水轮机运行特征，通过模型试验、修改和优化将其用于紫坪铺水电站。因此，可以预计水轮机模型最高效率应大于或等于 93%，原型水轮机最高效率大于95%，模型额定点效率不低于 93%。

4.1.3　空蚀系数和吸出高度

水轮机的空蚀性能直接影响机组运行的安全可靠性和电站的经济性。通常用空蚀系数来评价水轮机的空蚀性能，空蚀系数越小，表明水轮机的空蚀性能越好；水轮机安装高程越高，越有利于减小厂房开挖面积，降低电站的土建投资。

在初步设计阶段，四川省水利水电勘测设计研究院(简称四川院)采用国内外提出的经验公式对紫坪铺水电站水轮机的空蚀系数进行了较详细的计算及分析，见表 4-3。

表 4-3　装置空蚀系数计算公式及空蚀系数

机构	计算公式	σ_p	k_p
KANSAI	$\sigma_p = 3.9 \times 10^{-6} n_s^2 - 1.25 \times 10^{-4} n_s + 0.0265$	0.162	1.72
日本能源经济研究所	$\sigma_p = \left(\dfrac{0.0477}{n_s}\right)^{1.732}$	0.163	1.73
美国垦务局	$\sigma_p = \dfrac{n_s^{1.64}}{39564.3}$	0.154	1.64
日本	$\sigma_p = 3.46 \times 10^{-6} n_s^2$	0.143	1.52
苏联	$\sigma_p = 3.97 \times 10^{-6} n_s^{1.583}$	0.164	1.74
中国哈电	$\sigma_p = 8 \times 10^{-6} n_s^{1.8} + 0.01$	0.124	1.32
四川院	$\sigma_p = 0.017 e^{0.01 n_s}$	0.129	1.38

从表 4-3 可以看出,装置空蚀系数与比转速有关,因而国外电站的 σ_p 一般用经验公式计算,现在这些公式也逐步被我国采用。从计算结果可知,四川院采用国内投运电站空蚀系数进行回归统计、分析和计算后得出的统计公式 $\sigma_p = 0.017 e^{0.01 n_s}$,其计算出的 σ_p 值偏低,表明我国电站装置空蚀系数 σ_p 的取值低于欧美国家。鉴于上述情况,结合紫坪铺水电站的特点,本书确定装置空蚀系数 σ_p=0.141,空蚀系数 k_p=1.5,相应的吸出高度 H_s=-4.95m。根据地质结构情况和厂房稳定性设计需要,实际吸出高度 H_s=-5.47m,足以满足机组对空蚀性能的要求。

4.2　水力稳定性分析

水轮机不稳定流体与结构耦合特性有着密切的关系。

水轮机疲劳寿命问题直接关系到电站安全和工程效益的发挥。王福军教授通过引入新的耦合界面模型,实现了不稳定压力场与结构场的耦合特性分析,同时,他采用有限元方法进行耦合计算,得到了转轮在不同工况下的压力脉动载荷的时间历程,并通过雨流计数法处理获得了应力幅值及其均值的概率密度函数,且依据材料疲劳特性预测了转轮叶片的寿命,他所取得的研究成果为大型水轮机的稳定运行和优化设计提供了依据。

水轮机流固耦合计算多是在稳态条件下进行的,即在求得稳态压力场后,进行转轮叶片等部件的最大应力计算。但这种计算模式不能准确预测叶片真实的动应力,也不能估算结构振动和疲劳寿命等,故近几年出现了非定常条件下的流固耦合分析,这种流固耦合分析,是以水压力脉动计算结果为前提的,结构场计算的边界条件是不同时刻的压力脉动结果。

4.2.1　结构场计算模型

控制方程假定水轮机结构为弹性体，其动力学方程如下。

平衡方程：

$$\sigma_{ij,j+f} = pu_{i,u} + \mu u_{i,t} \tag{4-6}$$

几何方程：

$$\varepsilon_{ij} = \frac{1}{2}(u_{i,j} + u_{j,i}) \tag{4-7}$$

物理方程：

$$\sigma_{ij} = D_{ijkl}\varepsilon_{kl} \tag{4-8}$$

式中，p 为质量密度；μ 为阻尼系数；σ_{ij} 为应力；ε_{ij} 为应变；D_{ijkl} 为材料的本构关系；u_i 为位移，$u_{i,t}$ 为 u_i 对时间 t 的一次导数，即表示 i 方向速度；$pu_{i,u}$ 和 $\mu u_{i,t}$ 分别代表惯性力和阻尼力。

对整个结构进行单元离散后，将式(4-7)和式(4-8)代入式(4-6)，可生成下列形式的有限元方程：

$$\boldsymbol{m}_s\ddot{\boldsymbol{u}}(t) + \boldsymbol{C}_s\dot{\boldsymbol{u}}(t) + \boldsymbol{K}_s\boldsymbol{u}(t) = \boldsymbol{p}(t) \tag{4-9}$$

式中，$\boldsymbol{m}_s$、$\boldsymbol{C}_s$ 和 $\boldsymbol{K}_s$ 分别为结构的质量矩阵、阻尼矩阵和刚度矩阵；$\ddot{\boldsymbol{u}}(t)$、$\dot{\boldsymbol{u}}(t)$ 和 $\boldsymbol{u}(t)$ 分别为 t 时刻节点的加速度向量、速度向量和位移向量；$\boldsymbol{p}(t)$ 为外部载荷向量，需要通过流场计算得到。

当求解结构的模态特性时，需要考虑流体对结构的作用，相应的控制方程也需要做相应的变化。

如何将流场压力脉动施加到结构场有限元系统上，是耦合分析的关键。考虑到水轮机的结构变形只是转轮直径的万分之一量级，且在线弹性范围内，故耦合分析一般不需要考虑结构变形对流场的影响。这样，就可以利用耦合界面模型，将压力场计算结果自动施加到结构场。如果需要考虑结构场变形对流场的影响，则要进行流场和结构场的交替耦合计算，利用耦合界面模型实现流场压力值与结构场变形值的双向传递。

采用纽马克隐式算法求解水轮机转轮的动应力和变形。

通过有限元算法，由式(4-9)求得各个时刻的位移 u，再根据式(4-10)算出各个时刻的应力 σ

$$\sigma = \boldsymbol{DB}u \tag{4-10}$$

式中，$\boldsymbol{D}$ 为应变矩阵；$\boldsymbol{B}$ 为弹性矩阵。

转轮叶片各点均为三维应力状态，若要对应力水平进行评估或者对疲劳寿命进行预测，则需采用复杂应力状态下的多轴疲劳强度理论计算转轮叶片的等效应力。

常用的疲劳强度理论有 von Miese 和 Treca 两种，工程上更多地采用 von Miese 理论。根据 von Miese 理论建立的等效应力方程为

$$\sigma_e = \sqrt{\frac{1}{2}\left[\left(\sigma_x - \sigma_y\right)^2 + \left(\sigma_y - \sigma_z\right)^2 + \left(\sigma_x - \sigma_z\right)^2 + 6\left(\sigma_{xy}^2 + \sigma_{yz}^2 + \sigma_{zx}^2\right)\right]} \tag{4-11}$$

　　疲劳破坏是水轮机叶片产生裂纹的原因和稳定运行的主要障碍。叶片的疲劳寿命受到两类不确定性因素的影响：一类是周围工作环境和载荷等外部随机因素；另一类是材料内部性能的分散性。因此，需要在疲劳强度分析时引入疲劳可靠性的概念。

　　目前，疲劳可靠性分析方法常用的模型主要有累积损伤模型和剩余强度模型。累积损伤模型基于累积损伤理论、应力幅值及循环次数的统计分布，得到疲劳寿命的统计参数；剩余强度模型通过对结构剩余强度在疲劳载荷下随时间的变化规律的研究，求出其寿命参数。

　　叶片疲劳可靠性分析的步骤如下。

　　第一步：编制应力载荷谱。在求得不同时刻叶片动应力后，即得到了叶片疲劳应力的时间历程。该历程由应力均值和应力幅值两个随机变量控制，随后必须进行应力均值和应力幅值的统计分析。在此，本书采用雨流计数法生成二维应力概率密度函数，以描述应力均值和应力幅值的联合分布，即

$$f(S_a, S_m) = f(S_a)f(S_m) \tag{4-12}$$

式中，S_a 为应力幅值；S_m 为应力均值；f 为概率密度函数。

　　在求得各工况的二维应力概率密度函数后，可根据各工况的加权系数求得多工况下的复合应力概率密度函数。一般来讲，水轮机启动和低负荷作用时间比较短，其复合应力概率密度函数主要由正常运行工况决定。

　　第二步：确定叶片材料疲劳性能。疲劳强度是结构在达到某一指定寿命时承受载荷的能力。由于无法直接测量，一般多以疲劳寿命来衡量某种叶片材料抗疲劳的能力。通常情况下，用试验的方法测量某种材料在不同量级疲劳载荷作用下的寿命，即 P-S-N（可靠度-应力幅值-寿命）曲线。由于叶片在水中所受到的应力载荷均值变化范围较大，因此不应该忽略应力均值的影响，材料疲劳性能采用二维疲劳载荷来表征更合理。二维随机载荷作用下，叶片材料的疲劳性能可以通过等寿命理论将应力均值为 0 的 P-S-N 曲线扩展成 P-S_a-S_m-N（可靠度-应力幅值-应力均值-寿命）曲面来得到。

　　第三步：估算疲劳寿命。根据上面得到的应力载荷谱与材料疲劳性能，采用累积损伤模型或剩余强度模型即可计算出叶片寿命。

　　转轮结构计算的边界条件和初始条件源自水轮机流场计算结果，具体设置如下：①材料属性——弹性模量为 $2.1 \times 10^5 \text{MPa}$，泊松比为 0.3，密度为 $7.85 \times 10^3 \text{kg/m}^3$；②约束——转轮上冠与主轴法兰连接处施加固定约束；③载荷设置——除转动角速度设置为 7.85rad/s 外，还要把水压力作为外部动载荷施加到转轮结构场上。这个动载荷的施加要借助流固耦合界面模型来完成，具体做法如下：先把 CFD 计算所得到的转轮区域各节点上的水压力提取出来，然后转化为载荷文件，再按节点对应关系施加到转轮结构场。

　　对于叶片疲劳寿命，在上述动应力计算结果的基础上，将应力载荷幅值分为 10 级，利用雨流计数法对应力时间历程进行编制，生成具有代表性的应力疲劳载荷谱，即

$$f(S_a, S_m) = \frac{1}{0.0155\pi} \exp\left(-\frac{S^2}{0.017} - \frac{(s_M - 0.95)^2}{0.014}\right)$$

　　根据叶片材料的 P-S-N 曲线及 P-S_a-S_m-N 曲面，采用可靠度为 50% 的叶片材料性能，应用 von Mises 等效应力计算叶片危险部位典型工况下各级载荷 30s 内的损伤度，按水轮

机一年工作 320 天计，得到叶片总工作寿命。

20 世纪 90 年代以来，国内外一大批混流式水轮机在运行中先后出现不同程度的水力稳定性问题，如中国岩滩、五强溪、隔河岩、天荒坪、大朝山和小浪底等水电站的转轮叶片出现裂纹，国外巴基斯坦塔贝拉水电站、美国库拉瀑布 5#机和墨西哥安哥斯图拉水电站也均出现转轮叶片裂纹或机组剧烈振动，从而引起混流式水轮机振动。引起振动的水力因素有进水边空蚀(叶道涡)、卡门涡和尾水管压力脉动等。

1. 进水边空蚀(叶道涡)

混流式水轮机在偏离设计工况运行时，随着水头增加或降低，水流对叶片进口的正冲角或负冲角不断增大，在叶片进口处产生脱流并形成高频叶道涡和空蚀，产生的巨大压力脉动致使机组强烈振动，极大地破坏水轮机，造成水轮机因不能正常工作而被迫停机。例如，巴基斯坦塔贝拉水电站，当其运行水头高于设计水头时，振动与噪声明显增大，运行 2500～4000h 后，螺丝松动，尾水管里衬开裂，叶片产生裂纹，为防止进水边空蚀而引起振动，专家建议其水轮机参数 $(H_{max}-H_{min})/H_p \leqslant 0.3 \sim 0.4$。而紫坪铺水电站水轮机参数 $(H_{max}-H_{min})/H_p = 0.63$，在高水头运行时，进水正冲角较大，可能会导致叶道涡产生，机组运行有不稳定现象发生。因此，本书对紫坪铺水电站水轮机提出以下建议。

(1)适当提高水轮机的设计水头。

(2)发电机出力设置为最大出力。

(3)水轮机采用负倾角的 X 形叶片，以提高水轮机在高水头运行时的稳定性。

2. 卡门涡

当水流流过圆柱体或翼形且雷诺数大于 40 时，其后面会形成几乎稳定且有规则的对称漩涡，即卡门涡。卡门涡与叶片或固定导叶发生共振时，会使叶片产生疲劳破坏甚至裂纹，并且会产生强烈的噪声。例如，大朝山电站在机组试运行 72h 后，其转轮叶片产生裂纹，并且机组在运行中有强烈的噪声，经专家诊断，确认是卡门涡所致，采用叶片出水边切削的办法解决了此问题。

3. 尾水管压力脉动

当水轮机在偏离设计工况特别是在低负荷条件下运行时，若转轮出口圆周流速达到某一数值，则尾水管中将出现涡带。这种涡带随水流前进，同时自身会旋转而产生脉动，并周期性地作用于尾水管壁，如果其频率与机组部件的自然频率一致，则会因发生共振而导致机组振动，如国内的岩滩水电站和五强溪水电站都不同程度地发生过尾水管压力脉动。

解决压力脉动问题的办法一般是通过主轴中心孔补大气或采用压缩空气强迫补气，尾水管压力脉动一般可由统计公式 $\Delta H/H = 0.03(n_s/100)$ 而定。如何确定压力脉动值，在转轮试验研究中应充分注意。

4. 其他因素

水轮机稳定性因素除水力因素外，还有机械因素，如机械扰动力和电磁扰动力的振动及钢管水体发生共振。通过模型试验可观察到空蚀气泡的发生和发展，在不同的转轮中是不同的。各个叶片空蚀的部位、面积和深度各不相同，究其原因，除材质影响和水力不均匀因素外，主要是转轮制造加工和装配误差所造成的。因此，转轮的制造加工质量和装配精度都应符合国际电工委员会制定的专门技术标准。此外，应适当增大整机的刚度，提高抗振能力，确保紫坪铺水电站机组稳定运行。

4.2.2 改善水轮机稳定性的措施

随着水轮机设计制造水平的提高，其单机容量、比转速、最大允许使用水头及变动幅度等都在不断突破原有的水平。水轮机的效率和空蚀系数已不再是水轮机稳定性的决定性因素，而对其稳定性的要求也是越来越高。

改善水轮机稳定性的措施主要从以下几个方面来考虑。

(1)水轮机设计制造水平是改善水轮机稳定性的关键。水轮机过流部分的各种压力脉动是引起水力振动的一个主要振源，所以在进行水轮机转轮设计试验时，应尽可能消除或减少各种压力脉动，这是改善水轮机稳定性的重要措施。

在转轮水力设计及试验阶段，应尽可能将涡带运动控制在较小的范围和较小的幅值内，以消除或减轻因此而产生的水力振动。同时，应在转轮的综合特性曲线上标出压力脉动双振幅等高线，按涡带形状、运动规律、尺寸大小及其对尾水管的压力脉动作用等分类并建立涡带图谱等。

在消除转频压力脉动方面，混流式水轮机应尽量采用单数叶片，从而错开叶片与导叶流道间的压力脉动；适当加大导叶中心圆直径 D_0；转轮叶片采用倾斜进水边结构等。由于转频压力脉动与钢管水体自振有可能会发生水力共振，因此应加入钢管系统进行耦合分析计算。

对于机组轴系，应该对各种运行工况(超负荷、低负荷、正常运行，甩负荷和起动等过渡过程)下的水力激振力进行计算分析，并在设计中考虑减少轴振动的措施。

对水轮机过流部件及流道应用模型试验装置进行全模拟；对密封结构间隙引起的压力脉动及自激振动进行全模拟，并改进密封结构型式；加强对水轮机顶盖结构强度及刚度的分析。

提高水轮机制造精度是整个环节的关键：叶型的不规则会引起脱流压力脉动甚至卡门涡列；叶片开口不均匀会造成水力不平衡；密封结构的椭圆度过大会形成较大的压力脉动甚至自激振动；转动部件的制造质量则会影响是否会产生动不平衡和弓状回旋等问题。

(2)提高水轮机安装、运行、检修水平。

(3)建立水轮机稳定性标准。

4.3 紫坪铺水电站水轮机运行区域分析及优化

紫坪铺水电站水头变幅比高达 1.94，电站承担电力系统调峰调频功能，机组工况变换频繁，这些给紫坪铺水电站水轮机的安全稳定运行提出了极高的要求。通过水轮机模型及真机测试，本书提出将紫坪铺水电站水轮机划分为黄色、绿色和红色运行区域，以为水轮机的经济运行提供指导。

紫坪铺水利枢纽工程位于四川省岷江上游都江堰市紫坪铺镇,工程的主要任务是供水和发电,并兼顾防洪、环保和旅游等综合性任务。电站总装机容量为 760MW,是四川电网负荷中心内唯一的大型水电调峰电源。

紫坪铺水库为季调节水库,为满足下游工农业用水需求,库水位在一个运行周期内的变幅高达 60m,这要求水轮机必须具备 68.40～132.76m 水头适应范围。同时,紫坪铺水电站又是四川电网负荷中心内唯一的大型水电电源,承担着电网调峰、调频、调压、黑起动及事故备用等任务,这要求机组必须具备较宽的稳定运行区和快速灵敏的负荷响应能力。

水库的运行方式和电网的运行要求无疑对水轮机的设计和制造提出了非常苛刻的条件。为此,紫坪铺水电站最终选择了有大水头变比转轮制造经验的俄罗斯列宁格勒金属工厂(LMZ)设计制造的 PO140 型转轮。但毕竟是混流式水轮机,其固有特性决定了其在非最优工况下将不可避免地出现能量和空化特性的下降,特别是在紫坪铺水电站如此巨大的水头变幅下,机组运行的稳定性问题将是制约电站长期安全运行的重要因素。本书旨在通过分析研究紫坪铺水电站水轮机运行工况,划分出机组的红色、黄色和绿色运行区域,指导优化机组运行工况,延长机组寿命,提高电站安全经济运行水平。

紫坪铺水电站系岷江梯级规划的第五级水电站。水库正常蓄水位为 877.00m,最大坝高为 156m,总库容为 $11.12\times10^8\text{m}^3$,调节库容为 $7.74\times10^8\text{m}^3$,具有不完全年调节性能。电站厂房为地面式,安装有 4 台 190MW 的混流式水轮发电机组,总装机容量为 760MW,保证出力为 168MW,多年平均年发电量为 $34.17\times10^8\text{kW}\cdot\text{h}$,年利用时间约为 4496h。紫坪铺水电站水轮机为大型混流式水轮机,运行水头变幅较大,水力稳定性尤为引人关注。

4.3.1　水轮机设计性能

(1)水轮机的长期稳定运行范围。水轮机能够安全地运行于起动、空载和甩负荷等过渡过程工况,且叶片进口正面和背面的空蚀发生线以及叶道涡发生线均在稳定运行区域以外。另外,水轮机应在以下范围内长期连续地稳定运行,且机组振动和出力、摆度均应在保证值允许范围之内:从最小水头 68.40m 至出力 244.4MW 时所需的最小水头在 50%～100%预想出力范围内;出力 244.4MW 的最小水头达到 132.76m 时,出力为 122.2～244.4MW。

(2)压力脉动保证值。水轮机尾水管压力脉动、导叶和转轮间区域压力脉动的主要频率和双振幅 $\Delta H/H$(混频峰-峰值)。

(3)振动和轴摆度。水轮机顶盖振动值(双振幅值)和水导处轴相对摆度及绝对摆度(双幅值)。

图 4-1 是 LMZ 模型试验台通过模型试验绘制的紫坪铺水电站水轮机综合特性曲线。不难看出:①水头为 100～110m 时,水轮机有较高的能量特性和效率,其最高效率也出现在该水头段的额定出力区域附近;②低水头段存在明显的尾水管压力脉动峰值带,随着水头的降低,压力脉动区域呈扩散趋势,当水头为 80m 以下且出力为 50～85.5MW 时,

尾水管压力脉动双振幅 $\Delta H/H$ 超过 6%，最大值达到 10%，应禁止在此区域运行；③80～100m 水头段的压力脉动峰值区较低水头段有所收敛，70～110MW 出力区 $\Delta H/H$ 超过 5%，水轮机效率低于 88%，可见机组能量特性和稳定性均较差，不适宜长期在该区域运行；④在 110m 以上水头段，压力脉动峰值带收窄，在 120～145MW 出力区 $\Delta H/H$ 超过 5%，其他区间工况较好，表明水轮机在中高水头有较好的适应性，宜长期运行在中高水头；⑤从水轮机过流指标角度分析，机组过流大于 140m³/s 时，过流系统流态较好，属于无涡带区，机组的空化、效率和能量指标均较好，机组过流小于 140m³/s 时，机组存在旋转涡带，并形成压力脉动区，水力振动加剧，导致机组运行稳定性下降，运行工况恶化；⑥从导叶开度指标分析，在高水头段，导叶开度为 $35\%a_{0max}$～$55\%a_{0max}$，在低水头段，导叶开度为 $50\%a_{0max}$～$60\%a_{0max}$ 时，机组水力稳定性较差。

对于水头变幅达 1.94 的水轮机而言，其运行时的首要问题是稳定性问题。紫坪铺水电站水轮机要担任调峰和调频任务，这对水轮机是一个严峻的挑战。由于混流式水轮机叶片不可调，这就决定了混流式水轮机在偏离最优工况运行时，易在叶片头部产生一定的冲击和脱流。具体表现如下：在低水头部分负荷区，由于转轮有较大的出口正环量和进口边背面脱流，水轮机在该区域将产生较强的涡带，对水轮机的运行产生一定的影响，严重时将影响水轮机的安全运行；而在高水头部分负荷区，因转轮有较大的出口负环量和更大的进口边背面脱流，水轮机在该区域将产生较强的涡带及严重的叶道涡，三者(较大的出口负环量、较强的涡带和严重的叶道涡)共同作用将使水轮机的振动加剧，严重影响水轮机的安全运行。

PO140 型转轮压力脉动特性如图 4-1 所示。在水头小于 80m 时，单位流量为 450～650L/s 的区域内有一个压力脉动较大的区域，该区域内主频下的最大压力脉动高达 7%，属水力不稳定区，机组运行时，应尽量避免运行在该区域，以免给机组造成损害。

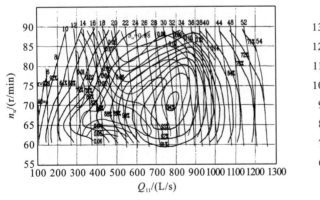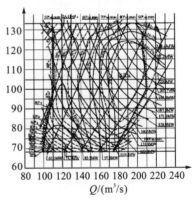

图 4-1　PO140 型转轮模型综合特性曲线图

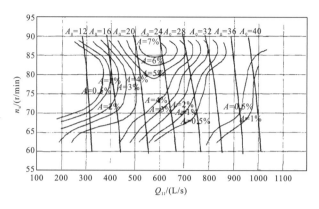

图 4-2　PO140 型转轮压力脉动特性图

表 4-4 列出了 PO140 型转轮模型空化试验结果。从图 4-2 可以看出,在流量大于 750L/s 且水头大于 100m 的几乎全部区域,σ_{cr} 随着流量的增加而增大。也就是说,在该区域,空化最危险的点应是各水头下的最大出力点。从表 4-4 可以看出,PO140 型转轮模型具有较好的空化指标。即使在超发工况下,水轮机也有较好的空化性能。但是,如果较长时间运行在部分负荷工况下,也将使水轮机叶片进水边背面和叶片出水边靠上冠部分及上冠部分产生较严重的空蚀破坏。

表 4-4　几个典型水头下水轮机发最大出力的空化系数表

水头/ M	出力/ MW	单位转速/ (r/min)	单位流量/ (m³/s)	临界空化系数 σ_{cr}	装机空化系数 σ_p	空化余量 K_σ
68.40	102.0	88.0	896.3	0.119	0.213	1.79
100.00	193.9	72.8	892.8	0.068	0.147	2.16
120.00	230.0	66.4	798.7	0.057	0.122	2.14
132.76	244.4	63.1	735.3	0.045	0.110	2.44

电站机组投产后,为全面掌握水轮机的各项性能指标,以优化调度机组的运行方式,避开恶劣工况区运行,延长机组寿命,电站投入了北京华科同安公司生产的 TN8000 型机组振摆在线检测系统,该系统在三峡水电站得到了成功应用。

本书对紫坪铺水电站实测的 3 部轴承摆度数据进行了初步分析。

(1)83.89m 水头振摆情况如图 4-3 和图 4-4 所示。

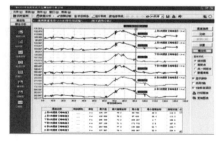

图 4-3　83.89m 水头 3F 水导摆度趋势示意图

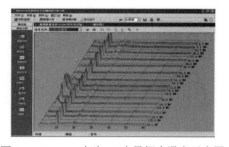

图 4-4　83.89m 水头 3F 水导摆度瀑布示意图

（2）101.99m 水头振摆情况如图 4-5 和图 4-6 所示。

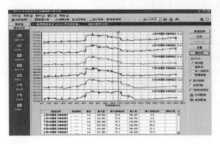 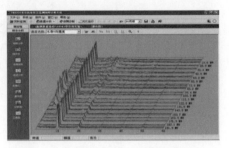

图 4-5　101.99m 水头 3F 水导摆度趋势示意图　　图 4-6　101.99m 水头 3F 水导摆度瀑布示意图

（3）118.00m 水头振摆情况如图 4-7 和图 4-8 所示。

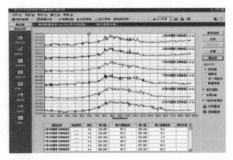 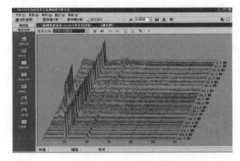

图 4-7　118.00m 水头 3F 水导摆度趋势示意图　　图 4-8　118.00m 水头 3F 水导摆度瀑布示意图

对比图 4-3～图 4-8 及表 4-4 可以看出：①高、中、低 3 个水头的真机试验值摆度增大区域与模型机的压力脉动增大区域基本接近，且频谱为 $0.3f_n$～$0.4f_n$，脉动特征同样符合雷岗斯公式，为典型的尾水管涡带压力脉动特征，压力脉动是由空化造成的水力振动引起的，同时引起水轮机轴承摆度同步增大；②真机试验表明，高水头段的压力脉动峰值带并不在模型机的 120～145MW 出力区，而是下移至 80～120MW 出力区，且通过高、中、低 3 个水头的导叶开度、脉动和摆度关联分析得知，摆度和压力脉动增大区域均在 30%～60%导叶开度内，最大值均出现在 50% 预想出力附近，符合混流式水轮机的特点，即混流式机组 30%～60%开度区域涡带的能量最大，机组效率较低，脉动幅度最大，对机组造成的破坏也最大；③真机试验同时测量了反映水力振动最敏感的顶盖垂直振动数据，可惜的是，由于振动传感器的带宽较高、低通特性欠佳，需加装低频补偿器才能有所增强，但从趋势上分析，在全水头 30%～55%导叶开度范围有明显增大区域，但绝对值没有超出国标值和设计值；④在最恶劣工况（即 50%预想出力附近）下，水导摆度接近或超过设计值 350μm。

4.3.2　水轮机运行区域优化

混流式水轮机由于其叶片是固定不变的，除最优工况能实现水流不撞击进口和法向出口，达到无涡带高效率运行之外，其他工况必然发生脱流现象，形成尾水管涡带，造成水力振动，进而引起机组运行稳定性下降，最终导致机组寿命缩短。小浪底、大朝山和万家寨等大型水电站在投产初期，机组调峰范围广，常运行于深度调峰状态，并保持较高的旋转备用容量，结果在运行不足 1000h 后，叶片便出现多条裂纹，机组被迫大修。经修复后，机组优化了运行方式，实行避振运行，至今未出现裂纹。可见，优化水轮发电机组的运行工况对于水电站安全经济运行有着重要的现实意义。

根据俄罗斯 LMZ 公司对混流式水轮机运行区域的划分，以及结合紫坪铺水电站的模型和真机试验数据，本书将紫坪铺水电站水轮机的运行区域分为 4 个区域(图 4-9)，并对优化结果进行分析：在左侧黄绿灯区，转轮出口水流具有正环量，振动幅值不大，效率低，除空载及极小负荷工况外，不宜长时间运行；在红灯区，压力脉动幅值大，主要为低频旋转涡带，在此区域运行，寿命仅为几年，且在该区域运行时必须采取补气措施，抑制涡带能量；在绿灯区，机组运行效率高，转轮下基本没有涡带，运行最稳定，宜长时间运行在该区域，运行寿命可达 30 年；在右侧黄绿灯区，转轮出口水流具有负环量，压力脉动增大，空蚀加剧，不宜长时间运行。

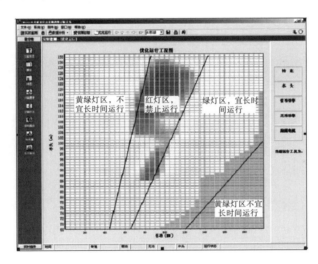

图 4-9　紫坪铺水电站水轮机运行区域优化示意图

本书通过对紫坪铺水电站水轮机模型及真机试验结果进行分析，得出以下结论。

(1)紫坪铺水电站水轮机在全水头下不宜运行在 30%~60%导叶开度的出力区，尤其不能在 45%~55%导叶开度区运行。

(2)水轮机在全水头范围内，运行在 50%预想出力至额定出力之间效率较好，尾水管压力脉动较小。

(3)参考 LMZ 机组运行区域划分及 TN8000 振摆系统数据，得出图 4-9 为紫坪铺水电站机组初步运行区域图，建议电站按此图指导机组运行，并优化运行工况，以延长水轮机寿命，减少运行维护和检修成本，使电站安全经济运行。

受设备技术试验条件的限制，电站应开展真机在全水头下的稳定性试验研究工作，如补气试验、变速试验、变负荷试验和变励磁试验等，并对发电机组的稳定性进行水力、机械和电气方面的分析研究。同时，应对 TN8000 检测系统进行全面升级，如将机组测振元件改造成低通特性的传感器，重新疏通机组流道压力脉动管路，以及使用检测系统对压力脉动峰值进行实测以取得第一手运行资料。在此基础上，应对机组进行全面优化，在机组调度中实现避振运行，以最终保证机组长期安全稳定运行。

第5章 紫坪铺水电站水力过渡过程数值仿真及分析

水电站水力过渡过程是水、机、电系统相互影响和相互制约的复杂过渡过程，也是水电站实际工作过程中不可避免的一种特殊运行工况。它关系到引水发电系统的优化设计以及水电站安全稳定运行和供电品质。因此，开展水电站水力过渡过程研究十分必要。水电站水力过渡过程是指水电站系统中的水流，从某一恒定状态转换到另一恒定状态的过程。当水电站的工况发生变化时，运行中的机械和电气设备甚至整个电力系统都处于过渡过程之中，水流和机械系统相互作用。

水电站的水力过渡过程虽然是一种暂态现象，但是并不代表过渡过程是一种罕见现象；相反，水电站在运行过程中，其工况的改变是很常见的。随着大型火电站和核电站的兴建，水电站尤其是抽水蓄能电站将更多地担负系统峰荷，负荷的变化将更为频繁，工况的改变次数将更多，如停机、起动、增荷和减荷，以及调相、发电与抽水之间的转换和非正常甩负荷等。随着工况的转换，水力过渡过程随时都会发生。经验表明，如果不加以重视，通常会导致事故的发生。

水电站压力引水管道系统通常包括水轮机上游压力隧洞和压力管道、下游尾水隧洞或明渠，有些还包括调压室，如图5-1所示。

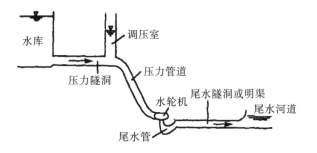

图5-1 水电站压力引水管道系统布置图

对水电站水力过渡过程进行仿真与分析的目的主要在于，确定控制工况下压力管道内的最大水锤压力值、甩负荷时机组最大转速上升值和作用在水轮机上的最大可能水推力。这些参数值与机组最佳调节规律的选择密切相关，并会对隧洞衬砌的结构、尺寸和压力钢管、水轮机蜗壳以及阀门外壳壁厚的确定产生影响。它们也决定了推力轴承所能承受的最大负荷和发电机转动部件上的最大作用力。当压力引水管道相当长时，还需要根据对过渡过程的仿真与分析，确定是否要设调压室或放空阀；对于设置调压室的水电站，要计算调压室涌波的最高水位和最低水位。很明显，这些参数的确定和有效措施的采用，对于水电站的设计、投资、建设和运行都有十分重要的意义。

在电子计算机用于水力过渡过程仿真之前，对水力过渡过程的研究主要采用图解法和解析法。20 世纪 40 年代中期诞生的电子计算机给科学技术添上了高速飞翔的翅膀，同样也给水力过渡过程的研究开辟了新的途径，并展现了广阔的前景。目前，在水电站的设计中，我国广泛采用特征线法仿真管道水击，并利用水轮机特性确定边界条件，预测水电站的水力过渡过程。

水力过渡过程的研究始于 19 世纪关于水波传播理论的探讨。但是，在微积分、弹性理论和偏微分方程解的研究取得成就以前，所有这些问题都不可能得到解决。

意大利工程师门那布勒是研究水锤的先驱者。他在 1858 年所发表的文章中，不同于前人只注意波速，而是把着眼点放在由波的传播所引起的压力变化上，并且利用能量原理，以及考虑管壁和流体的弹性，导出了波速公式。1898 年美国工程师弗里泽尔在美国土木工程师协会会报上发表了题为"管道中流速变化所产生的压力"的论文，并提出了计算水锤波速和流量突然减小时压力升高值的表达式，但是，他的工作成果不如同时代的儒可夫斯基和阿利维。

1897 年，俄国科学家儒可夫斯基用不同的管道对水锤做了大量的实验。在理论和实验的基础上，他发表了题为"管道中的水锤"的著名论文。文中建立了速度减小与压力升高之间的关系式，即儒可夫斯基公式；讨论了压力波沿管道的传播和压力波在出流端点的反射；研究了调压室、安全阀以及阀门关闭速率等对水锤的影响，并且发现，当关闭时间 $T<2L/a$（L 表示管长，a 表示波速）时，压力达到最大值。

意大利工程师阿利维于 1902 年发表了关于水锤理论的论文。儒可夫斯基的研究只解决了直接水锤的问题，阿利维则在理论分析的基础上解决了间接水锤的问题。他在计算公式中引入了迄今仍在使用的水锤常数。对于线性启闭规律条件下阀门端的水锤压力，他提供了一套图表，以便于实际使用。儒可夫斯基和阿利维的理论在 20 世纪 20 年代以前获得了广泛应用。

从 20 世纪初到 50 年代末，在电子计算机用于水锤计算之前，水锤的研究虽没有取得重大突破，但仍然有一些值得称道的成果。伍德和洛威等提出了图解法，而伯格龙和帕马金等对其做了全面和系统的发展；吉布森等考虑了摩擦损失；莫斯特科夫和克里夫琴科等研究了水力机械特性的影响；克里夫琴科和鲁丝等对最优阀门规律进行了探讨。

在调压室理论研究方面，欧洲早期的学者有勒奥特、雷图、普拉西尔和沃格特等。克勒姆、加登、弗朗克和休勒总结了前人和他们自己的研究成果。托马首先提出在水轮机调节过程中，调压室断面面积必须大于某一最小断面面积，这样调压室才能稳定，这就是托马面积。约翰逊提出了差动式调压室。其他对调压室理论做出贡献的学者还有爱斯坎德、贾吉、盖德尔、毕尼、伊凡格里斯特、彭特和马里斯等。

20 世纪 40 年代诞生的电子计算机为水力过渡过程的研究开辟了新的途径，并展现了广阔的前景。格莱介绍了用计算机进行水击分析的特征线法。20 世纪 60 年代初期，美国著名流体力学专家，密西根大学的斯特里特教授发表了专门的著作和论文，讲述了如何用特征线等方法计算水力过渡过程，并系统介绍了应用电子计算机研究的成果。由于电子计算机具有高速度和大容量的特点，因而突破了水力过渡过程研究中长期未能突破的几道难题,如复杂管路系统、摩擦影响、水力机械特性、调压室水位波动与水锤的联合分析等。

国内关于水电站水力过渡过程问题的研究始于 20 世纪 60 年代初期,研究范围主要集中在系统水锤压力与机组转速变化的解析计算方面,而国内学者也进行了一些模型试验,并在流溪河、长湖和龙源等水电站进行了一些原型观测,获得了不少宝贵的试验资料,出版了一些能反映我国在水力过渡过程领域研究状况的学术著作。

自儒可夫斯基于 1897 年创立水锤理论以来,水电站的水锤一直是学者研究的重点课题。该理论已日趋成熟,计算方法也不断丰富。同其他应用科学一样,水电站水力过渡过程的研究也采用理论分析与试验研究相结合的方法。

理论研究大体上可分为基础理论研究与计算方法研究两部分。基础理论研究更多地依赖于水力学或流体力学基础理论的发展,其研究状况基本能满足实际工程中对过渡过程问题的求解需要,而计算方法研究则是目前过渡过程研究中最为活跃的内容。传统的解析计算法和图解法正在逐渐被电子计算机数值解法所取代。

在对水轮机边界的处理上,外特性数值解法依赖于水轮机全特性曲线,而全特性曲线必须在专用的试验台上,针对每种型号的转轮进行大量的试验才能获得,该过程周期长、耗资大,世界上仅有几种比转速的水轮机和水泵有全特性曲线。在我国实际工程中使用的数十种型号的水轮机转轮中,也只有少数几种型号具有完整的模型综合特性曲线。由于这些模型综合特性曲线是在恒定流状态下测得的,故也常称为静态特性曲线,它与模型的动态特性曲线有一定的差别。根据已有的资料,除克里夫琴科等对水轮机过渡过程工况的特性曲线做过研究外,还未见其他文献中报道过这方面的资料。目前,学界仍认为静态特性曲线也适用于过渡过程计算,对于小开度工况及飞逸工况,只能将模型综合特性曲线进行外延处理,以满足过渡过程计算的需要。由于水轮机特性曲线的形状一般不规则,因此大多以表格形式存储在计算机中,当然也可通过其他方法(如最小二乘法等)拟合成函数表达式,以在计算时使用。有文献曾给出了水轮机特性曲线的不同处理模式。有必要说明的是,由于水轮机静态特性曲线并没有包括尾水管和蜗壳不稳定工况下水流惯性的影响,当引水管道较长时,可忽略蜗壳及尾水管对过渡过程的影响;如果引水管道较短,或在分析尾水管反水击和轴流转桨式水轮机抬机问题时,则必须考虑蜗壳和尾水管水流惯性的影响,而实际计算中往往采用将蜗壳和尾水管当量化处理的内特性数值解法,其较之传统的过渡过程计算方法简单准确,并经大量现场试验证实具有工程实用的计算准确度。但该方法中水轮机动态力矩和动态有效水头表达式是在不可压缩理想液体的前提下建立的,并且认为相邻流层间互不干扰且转轮中的水流流动是轴对称的。另外,该方法是利用转轮中间流面的几何参数和工况参数作为分析整个转轮工作过程的基础,即采用平均参数法,这显然与实际流动有一定的差别。

前面所描述的水电站水力过渡过程问题的数值解法的共同特点是将水流作为一元流处理,以差分法和特征线法为主要计算方法,并将蜗壳和尾水管的影响或忽略不计或作当量化处理。随着计算方法及计算技术的不断进步,水电站过渡过程的分析也呈多元化的发展态势。有学者曾对非棱柱体管道中的水击问题进行了分析研究,而且自 20 世纪 70 年代以来,国内外也先后出现过格子法(latticework)、双特征线法(bi-characteristics)、近特征线法(nearcharacteristics)和类特征线法(characteristics-like)等多种计算多维流体过渡过程的数值方法。但这些方法有容易失稳、格式复杂和计算网格固定等不足，计算二维过渡过程问题一般尚可，但如果计算三维问题，难度会大大增加。从计算方法上看，已出现用有限单元法分析管路一维瞬变流的研究。此外，Lattice-Boltzmann(LB)方法是近年来发展起来的一种从运动论原理出发的流动计算技术，该算法具有算法简单、压力直接算出、并行度高和几何边界易处理等优点，目前在非线性偏微分方程求解、多相流和多孔介质流，特别是在大规模三维流场的模拟上显示出较大潜力。一些文献还建立了 LB 一维水锤计算模型，并通过典型算例的计算分析与特征线法进行了比较，结果表明，用 LB 方法计算一维水力过渡过程有效可行。而另一些文献建立了 LB 二维水力过渡过程模型，计算了一些理想流动，并尝试模拟了混凝土蜗壳内的水力过渡过程。从目前的情况来看，管道内流场的计算主要集中在层流和工程模型的湍流计算方面，最近也出现了采用大涡模拟方法的数值计算，也有人尝试直接求解 N-S 方程以进行数值模拟，但由于计算机速度与容量的限制，仍限于较小雷诺数的情况。另外，有文献对水轮机转轮内的流场进行了过渡过程仿真研究。

虽然水电站水力过渡过程的分析计算方法已比较成熟，国外也已开发出流体计算应用软件(如 FLUENT、Flowmaster、Tecplot 和 Phoenics 等)，但目前尚未有完全商品化的水电站水力过渡过程仿真软件，国内不少学者和机构在尝试这方面的研究。

科学在发展，时代在进步。水电站水力过渡过程研究中许许多多的新课题还有待我们去探索和研究，其中对抽水蓄能电站的水力过渡过程、反水锤、水力共振、长尾水洞中的明满流过渡、液柱分离与气体释放、调压室漏空、空化过渡流以及流固结构的相互作用等问题的研究具有重要的理论意义和实际意义。

紫坪铺水电站引水系统参数见表 5-1。

表 5-1　紫坪铺水电站引水系统参数

机组号	隧洞(当量值)		压力钢管	
	长度/m	洞径/m	长度/m	内径/m
1#	347.75	7.14	71.51	6.72
2#	378.89	7.10	56.57	6.72
3#	347.75	7.14	71.51	6.72
4#	331.05	7.01	101.51	6.72

紫坪铺水电站最显著的特点是水头变幅大(最大水头和最小水头之比达 1.94)，工况变化多且频繁。因此，通过对该水电站进行水力过渡过程数字仿真，分析典型工况下甩负荷的最大压力和最小压力以及机组转速的最大升高值，从而给出适合各典型工况的接力器关闭规律，对于水电站的安全运行具有重要的意义。

紫坪铺水电站的具体情况如下。

(1)上游水库水位。校核洪水位为 883.10m，正常蓄水位为 877.00m，防洪限制水位为 850.00m，死水位为 817.10m。

(2)下游尾水水位。电站尾水水位与流量的关系见表 5-2。

表 5-2　电站尾水水位与流量的关系

水位/m	流量/(m³/s)									
	0.01	0.10	0.20	0.30	0.40	0.50	0.60	0.70	0.80	0.90
743.00	—	—	—	—	—	88.5	104	125	147	170
744.00	195	221	249	278	308	340	373	408	444	481
745.00	520	560	600	642	686	730	774	820	866	914

（3）水头（净水头）：最大水头为 132.76m，额定水头为 100.00m，最小水头为 68.40m。

（4）引水系统。机组输水系统采用单机单管引水方式，由直径为 7～8m、长为 434m 的压力钢管引水至水轮机，水经尾水管排至下游。按四川院提供的图纸，进水口至蜗壳进口段之间的水头损失按式（5-1）计算：

$$\Delta h = 0.405742 \times 104 \times Q^2 \tag{5-1}$$

式中，Q 为过流量，m³/s。

（5）水轮发电机基本参数。水轮机型号为 HL（P140）-LJ-485（俄罗斯厂商提供转轮）；转轮名义直径为 4.85m，水轮机额定出力为 190MW，水轮机最大出力为 244.4MW，额定转速为 150r/min，飞逸转速为 310r/min，发电机为 GD²30000t.m²，水轮机安装高程为 739.1m，水轮机导叶个数为 20。

水力过渡过程数字仿真软件计算流程如图 5-2 所示。

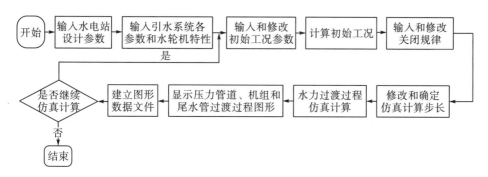

图 5-2　水力过渡过程数字仿真软件计算流程

5.1　数学模型的建立

紫坪铺水电站过渡过程数字仿真涉及单一管道的瞬变流计算，串联管瞬变流计算，上、下水库端边界计算和水轮机边界计算及系统初始工况计算等。

文献中管道系统瞬变流的基本方程，即正、负特征方程为

$$Q_p = C_P - C_a H_p \tag{5-2}$$

$$Q_p = C_n + C_a H_p \tag{5-3}$$

式中，H_p 和 Q_p 分别为 t 时刻管道第 i 个节点外的压力水头和流量；C_p 和 C_n 分别与 $t \sim \Delta t$ 时刻的压力水头和流量有关，在 t 时刻为已知量；$C_a = gA/a$，A 为管道截面积，a 为水击波速。

水库水位按恒定值考虑，若进、出口损失和流速水头均被忽略，则有水头方程：

$$H_p = H_{res}(平均水头) \tag{5-4}$$

对于串联管连接处的数学计算模型，有的文献虽然考虑了连接处流速水头的差别和局部阻力损失，但是未考虑水流方向的影响，局部阻力系数会因水流方向的不同而不同。本书推导出在考虑水流方向影响及局部阻力系数区别下的总水头方程，并得到下列数学模型。

正、负特征方程：

$$Q_{pi,n+1} = C_{pi} - C_{ai}H_{pi,n+1} \tag{5-5}$$

$$Q_{pi+1,1} = C_{ni+1} - C_{ai+1}H_{pi+1,1} \tag{5-6}$$

连续性方程：

$$Q_{pi,n+1} = Q_{pi+1,1} \tag{5-7}$$

总水头方程：

$$H_{pi,n+1} + \frac{Q_{pi,n+1}^2}{2gA_i^2} = H_{pi+1,1} + (1+k)\frac{Q_{pi+1,1}\left|Q_{pi+1,1}\right|}{2gA_{i+1}^2} \tag{5-8}$$

式中，$Q_{pi,n+1}$ 为第 i 段管第 $n+1$ 个节点的流量；C_{pi} 为第 i 段管的 C_p 值；$H_{pi,n+1}$ 为第 i 段管第 $n+1$ 个结点的压力水头；k 为局部阻力系数，其值可按流体力学的有关图表通过样条插值得到。

水轮机的运行工况一般采用单位转速 n_{11}、单位流量 Q_{11} 和单位力矩 m_{t11} 表示，它们与机组转速 n、水轮机流量 Q、水轮机水头 H 和水轮机力矩 M_t 的关系为

$$Q_{11} = \frac{Q}{D_1^2\sqrt{H}} \tag{5-9}$$

$$n_{11} = \frac{D_1 n}{\sqrt{H}} \tag{5-10}$$

$$M_{t11} = \frac{M_t}{D_1^3 H} \tag{5-11}$$

式中，D_1 为水轮机转轮标称直径。

水轮机装置示意图和混流式水轮机边界条件符号图分别如图 5-3 和图 5-4 所示。

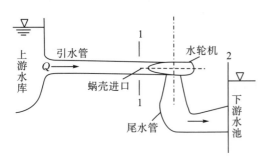

图 5-3　水轮机装置示意图

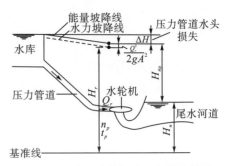

图 5-4　混流式水轮机边界条件符号图

水轮机水头等于水轮机进口断面 1 与出口断面 2(图 5-3)单位质量水流的能量之差:

$$H = \left(z_1 + \frac{p_1}{\gamma} + \frac{a_1 v_1^2}{2g} \right) - \left(z_2 + \frac{p_2}{\gamma} + \frac{a_2 v_2^2}{2g} \right) \tag{5-12}$$

式中, z_1、z_2 为位置高程; p 为水压; v_1、v_2 为断面平均流速; a 为动能修正系数, 一般取 $a=1$; γ 为水的容重; g 为重力加速度。

单位力矩与单位转速和单位流量的关系可由水轮机轴功率 P 与力矩的关系导出:

$$P = 9.81 \eta Q H \tag{5-13}$$

$$M_t = \frac{P}{\omega} \tag{5-14}$$

式中, Q 的单位为 m^3/s; H 的单位为 m; P 的单位为 kW; η 为水轮机效率; ω 为机组角速度, rad/s。

当转速 n 的单位为 r/min 时,

$$\omega = \frac{\pi n}{30} \tag{5-15}$$

将式(5-13)和式(5-15)代入式(5-14)得

$$M_1 = 93740 \frac{\eta Q H}{n} \tag{5-16}$$

将式(5-9)、式(5-10)和式(5-16)代入式(5-11)得

$$M_{t11} = 93740 \frac{\eta Q_{11}}{n_{11}} \tag{5-17}$$

式中, 水轮机效率 η、单位流量 Q_{11} 和单位转速 n_{11} 均可通过模型综合特性曲线求取。

5.2　水轮机边界条件

在水电站水力过渡过程数字仿真中, 水轮机是作为一个边界进行处理的。对于混流式水轮机, 通常有 4 个互相关联的未知变量需要求解。这些变量是流量、压力、水轮机转速和导叶开度, 因此需要建立 4 个方程, 以求解这些独立的未知变量。而对于转桨式水轮机, 还要考虑水轮机特性曲线随桨叶角度的变化。

混流式水轮机水力过渡过程数字仿真就是建立并求解这些方程, 从而了解水轮机处流量、压力、转速和导叶开度等随时间变化的情况。

$$H_p = H_{np} + H_{tt} - \frac{Q_p^2}{2gA^2} \tag{5-18}$$

式中, H_p 为蜗壳进口处瞬时测压管水头; H_{np} 为瞬时净水头; H_{tt} 为基准面以上的尾水位高度; Q_p 为进入蜗壳的瞬时流量; A 为水轮机进口处压力水管截面积。

H_p、Q_p 和 H_{np} 是研究时段末的变量值。注意, 计算净水头时上述方程已忽略尾水管出口速度头。这个假设是正确的, 因为一般都忽略出口速度头。然而, 若与 H_{np} 比较, 速度水头并不小时, 分析时应把它包括进去。令研究时段末, 导叶开度为 α_p。

研究中 H_p、Q_p、α_p 和 n_p 四个变量的值, 是研究时段末的未知量, 可以通过迭代法求

得：瞬变状态水轮机的转速 n_p 和导叶开度 α_p 是逐渐变化的，作为第一次近似，可以通过抛物线外插法估计这些值。为了确定在该时段所使用的水轮机特性曲线中单位转速 n_{11} 值的范围，也要外插 H_{np} 的值。

用外插法估计的 α_p、n_p 和 H_{np} 的值为 α_e、n_e 和 H_{npe}；对应于估计值 n_e 和 H_{npe}，n_{11} 的值为 n_{11e}；根据 n_{11e} 和 α_e 并利用水轮机特性曲线 $Q_{11}=f(\alpha,n_{11})$，插值得到预估值 Q_{11}。

由于

$$Q_p = Q_{11}D_1^2\sqrt{H_{np}} \tag{5-19}$$

$$Q_p = C_p - C_a H_{np} \tag{5-20}$$

联立式(5-18)、式(5-19)和式(5-20)得

$$Q_p = \frac{1\sqrt{1-4a_4a_6}}{2a_4} \tag{5-21}$$

这里，

$$a_4 = \frac{C_a}{2gA^2} - \frac{C_a}{Q_{11}^2 D^4}, \quad a_6 = C_p + C_a H_{tt}$$

注意，已忽略根号前的正号，这样得到 Q_p 以后，可由式(5-19)求出 H_{np} 的迭代值，若该值与预估值的误差超过容许值，则重新赋 H_p 值并重复上述步骤。

上述迭代完成以后，就可以用正特征线方程 $Q_p = C_p - C_a H_p$ 得出

$$H_p = \frac{C_p - Q_p}{C_a} \tag{5-22}$$

在过渡过程中，因为力矩不平衡，所以机组转速按以下方程变化：

$$J\frac{d\omega}{dt} = M_t - M_g \tag{5-23}$$

甩负荷以后，M_g 可以被认为等于 0，转速变化可以由式(5-23)积分后获得。

设当前时刻为 t，前一时刻为 $t-\Delta t$，且在 Δt 时段内水轮机力矩呈线性变化，则使用梯形积分公式，从 $t-\Delta t$ 到 t 积分后，有

$$\omega_t - \omega_{t-\Delta t} = \frac{M_t - M_{t-\Delta t}}{2J}\Delta t \tag{5-24}$$

式中，下标 t 表示参数在 t 时刻的值；下标 $t-\Delta t$ 表示参数在 $t-\Delta t$ 时刻的值。

已知 $\omega = \frac{\pi n}{30}$，$J = \frac{GD^2}{4g}$，代入式(5-24)后，有

$$n_t = n_{t-\Delta t} + \frac{374.7}{GD^2}\frac{M_t + M_{t-\Delta t}}{2}\Delta t \tag{5-25}$$

式中，力矩 M_t 的单位为 kN·m；GD^2 的单位为 kN·m²。

按式(5-25)求出 n 的迭代值后，若该值与预估值 n_c 的误差超过容许值，则重新赋 n_c 值并重复上述步骤。

如果水轮机是作为尾水管下游管道的上游边界，则式(5-18)应采用负特征方程，即 $Q_p = C_n - C_a H_{np}$。

5.3 水轮机特性及数据处理

5.3.1 水轮机特性

在水力过渡过程分析中,通常假设恒定流条件下得到的水轮机模型的转轮流量和力矩特性也适用于非恒定流条件。制造厂提供的混流式水轮机模型转轮综合特性曲线通常具有图 5-5 所示的形式。图 5-5 绘出了等开度线,即导叶开度 α 为常数时单位流量 Q_{11} 和单位转速 n_{11} 的关系曲线及等效率线,即效率 η 为常数时单位流量 Q_{11} 和单位转速 n_{11} 的关系曲线。在综合特性曲线图中,一个点就代表水轮机的一个运行工况,它给出了导叶开度、水轮机单位流量及单位转速和效率之间的一一对应关系。但是,综合特性曲线只给出了高效率区(又称为特性曲线工作区域)附近的特性,这对于水轮机水力过渡过程分析是远远不够的。为了说明这点,图 5-5 也绘出了电站甩负荷时水轮机工况变化的轨迹线,见曲线①。

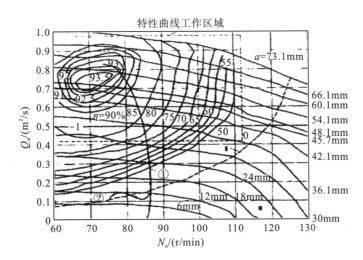

图 5-5 水轮机模型综合特性曲线图

由图 5-5 中的曲线①可见,在机组甩负荷时,工况点随着导叶开度的减小向左移动,先通过水轮机工况区Ⅰ($M_t>0$),然后越过飞逸工况线Ⅱ($\eta=0$ 和 $M_t=0$),并进入制动工况区Ⅲ($M_t<0$)。这时,如果调节过程以导叶开度全关闭而告终,那么工况线将一直留在制动工况区内。如果甩负荷后调速器把水轮机带入空载工况($M_t=0$)运行,同时发生过调节现象,即导叶重新打开的开度比空载开度大,那么工况线就会返回水轮机工况区,之后又重新进入制动工况区,如图 5-5 中的曲线②所示。在这一过程中,轨迹线可能几次穿过飞逸工况线。上述分析表明,在水力过渡过程中,水轮机将通过非常宽阔的工况区域,这些区域已远远超出图 5-5 虚线框画出的"特性曲线工作区域"的界限。所以,计算和预测水轮机的水力过渡过程需要有完整的水轮机特性曲线,这种特性曲线应给出宽阔的工况范围,包括小开度区、小单位转速区以及某些制动工况区。但是,目前的转轮模型试验工作尚无法满足这一要求,大多数转轮没有这种全特性。为了计算水力瞬变,可根据已有的转轮高

效率区特性曲线和飞逸特性曲线，用内插法补画出水轮机工况区的不足部分。对于制动工况区，可以根据飞逸特性曲线和零开度，即 $\alpha=0$ 曲线补画出水轮机工况区的不足部分。但是，这种延伸补插出来的特性曲线有时也可能成为错误的来源，所以应小心使用。

在一般情况下，水轮机飞逸特性曲线和综合特性曲线是分开绘制的。飞逸特性曲线给出了水轮机单位流量、单位转速以及导叶开度三者之间的一一对应关系，由此可以在综合特性曲线上绘出如图 5-5 虚线所示的曲线。

冲击式和轴流定桨式水轮机模型综合特性曲线的表示方法与混流式相同。但对于轴流转桨式水轮机，其流量和力矩不仅依靠导叶来调节，而且依靠转轮叶片来调节。在某一具体的水头和转速下，每一个导叶开度只能对应某一个叶片安放角，这样才能获得最大的效率。当水头和转速为常数时，达到最大效率时的导叶开度和叶片安放角的关系称为协联关系，相应的工况就称为协联工况。在正常运行条件下，水轮机就是在协联工况下运行的。因此在选择转桨式水轮机以及分析其正常运行的条件时，可以利用协联工况的特性曲线，这种特性曲线通常是以坐标 Q_{11}-n_{11} 表示的主综合特性曲线。在一般情况下，厂家除提供主综合特性曲线外，也提供叶片安放角为某定值时的定桨特性曲线。后一种特性曲线的表示方法与混流式水轮机相同。

由于水力过渡过程是多种多样的，因此很难设计出一种调速器使整个调节过程都能始终保持协联关系，实际上也没有必要这样做，因为在发生过渡过程时，往往不需要保持最大的能量指标，只要求水轮机能在尽可能短的时间内从一种工况过渡到另一种工况即可，同时，由此所产生的动力作用对机组和电站建筑物的影响最小。

在水力过渡过程分析过程中，由于转桨式水轮机不保持协联关系，因此实际使用较为广泛的是定桨特性曲线。为了完成水力瞬变计算，必须有叶片安放角从最小范围变化到最大范围的一系列定桨特性曲线。对于每一个定桨特性曲线，可以采用与混流式水轮机相同的办法确定其在制动工况和小导叶开度工况下的特性。

在计算混流式和轴流定桨式水轮机的水力瞬变时，一般将水轮机单位流量和单位力矩表示为导叶开度和单位转速的函数：

$$Q_{11} = Q_{11}(a, \ n_{11}) \tag{5-26}$$

$$M_{t11} = M_{t11}(a, \ n_{11}) \tag{5-27}$$

式中，M_{t11} 为单位力矩；Q_{11} 为单位流量；n_{11} 为单位转速。

根据问题求解的需要，也可采用其他的形式，如将水轮机流量特性表示为

$$a = a(Q_{11}, n_{11}) \tag{5-28}$$

这种描述方法特别适用于给定水轮机蜗壳进口压力变化规律时求导叶开度最优关闭规律这类问题。

对于转桨式水轮机，通常将水轮机单位流量和单位力矩表示为导叶开度 α、导叶安放角 φ 和单位转速 n_{11} 的函数：

$$Q_{11} = Q_{11}(a, \varphi, n_{11}) \tag{5-29}$$

$$M_{t11} = M_{t11}(a, \varphi, n_{11}) \tag{5-30}$$

5.3.2　水轮机特性的数据处理

在水轮机过渡过程数字仿真中,需要对水轮机的特性给予适当表达,以便于计算处理。在水轮机控制系统的分析与设计过程中,需要对水轮机进行建模,以便于进行理论研究和仿真计算。由于水轮机特性呈现出较强的非线性特征,目前尚不能用一个完整的数学表达式来进行表述。在实际处理过程中,往往是根据水轮机的综合特性曲线进行处理,主要的处理方法如下。

(1)表格插值法。对于常规水轮机,可用列表函数来描述其数学模型。按列表函数的定义,在水轮机模型试验综合特性曲线上按同一单位转速 n_{11} 下不同导叶开度点求取单位流量 Q_{11} 和效率 η,并计算单位力矩 M_{t11},列成表格,所得的表格就是用列表描述的水轮机模型特性的数学模型。

当导叶开度和单位转速在表格所给的点间变化时,往往采用插值法进行数据插补。目前,广泛采用的插值公式如下。

拉格朗日一元三点插值公式:

$$y = \sum_{i=p-1}^{p+1} y_i \prod_{j=p-1}^{p+1} \frac{x-x_j}{x_i-x_j}, \qquad x_{p-1} < x < x_p \tag{5-31}$$

拉格朗日二元三点插值公式:

$$y = \sum_{i=p-1}^{p+1} \sum_{k=\gamma-1}^{\gamma+1} y_{ik} \prod_{j=p-1}^{p+1} \prod_{\sqrt{=\gamma-1}}^{\gamma+1} \frac{x-x_j}{x_i-x_j} \frac{z-zl}{z_k-zl}, \qquad x_{p-1} < x < x_p, \ z_{r-1} < z < z_r \tag{5-32}$$

对于表格插值法而言,只有在表格数适当的情况下才有高的计算精度。应用拉格朗日插值公式只能保证函数在整个区域上连续,其导数不一定是连续的,而在水锤计算时,水锤压力的迭代过程与单位流量在单位转速方向上的一阶导数有密切关系,导数不连续可能会引起迭代过程不收敛。为保证函数的连续性,上述插值公式必须在插值节点处更换插值节点值。实际上,在采用三点拉格朗日插值公式时,通常为了保证插值点与所采用的 3 个插值节点的距离最近,往往在两个插值节点的中点处更换插值节点。公式的适用条件(以一元三点插值公式为例)如下。

如图 5-6 所示(y 对应于图中的纵坐标 Q_{11},x 对应于图中的横坐标 n_{11}),则有

$$y = \sum_{i=p-2}^{p} y_i \prod_{\substack{j=p-2 \\ i=j}}^{p} \frac{x-x_j}{x_i-x_j} = y(L_1), \qquad \frac{x_{p-1}-x_{p-2}}{2} + x_{p-2} < x < \frac{x_p-x_{p-1}}{2} + x_{p-1}$$

$$y = \sum_{i=p-1}^{p+1} y_i \prod_{\substack{j=p-1 \\ i=j}}^{p+1} \frac{x-x_j}{x_i-x_j} = y(L_2), \qquad \frac{x_p-x_{p-1}}{2} + x_{p-1} < x < \frac{x_{p+1}-x_p}{2} + x_p, \tag{5-33}$$

$$y(L_1) \neq y(L_2)$$

这样,不仅函数的一阶导数不连续,函数本身在两个插值节点中点处也不连续。模型综合特性曲线在该区域内的形状变化越剧烈,存储的数组维数越小,$y(L_1)$ 与 $y(L_2)$ 之差将越大。因此,当 n_{11} 处于两个插值节点 i 和 i-1 的中点附近时,n_{11} 的少许变化将引起插值

节点的变化，从而形成插值间断，即

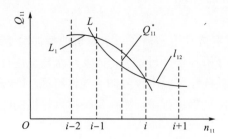

图 5-6 工点拉格朗日插值示意图

$$Q_{11}(L_1) \neq Q_{11}(L_2) \tag{5-34}$$

当 $Q_{11} = Q_{11}(L_1)Q_{11}^*$（$Q_{11}^*$ 为收敛真值）时，水锤计算值 ξ_1 将减小，单位转速 n_{11} 将增大，此时便需改换插值节点；当插值流量 $Q_{11} = Q_{11}(L_1) < Q_{11}^*$ 时，水击计算值 ξ_2 将比收敛真值大，单位转速 n_{11} 减小。如此反复循环，计算结果将在收敛真值附近反复振荡。

设

$$\varepsilon_\xi = |\xi_1 - \xi_2| \tag{5-35}$$

当 $\varepsilon_\xi > \varepsilon$（$\varepsilon$ 为水锤迭代允许误差）时，就会因插值在 $n_{11} = \left[n_{11(i)} - n_{11(i-1)}\right]/2 + n_{11(i-1)}$ 处出现间断而导致迭代过程不收敛。实际上，在水轮机过渡过程数值计算中，ε 值一般很小，故易出现因插值间断而导致的迭代过程不收敛。

另外，本书分析了拉格朗日插值方法存在的缺陷，并提出如下改进算法：

$$y = \frac{x - x_{i-1}}{x_i - x_{i-1}}(y_i - y_{i-1}) + k(x_i - x_{i-1}), \quad x_{i-1} < x < x_i \tag{5-36}$$

$$\begin{aligned} k = k_2, \quad x < x_2 \\ k = k_1, \quad x > x_{N-1} \end{aligned} \tag{5-37}$$

$$k_1 = \frac{\dfrac{y_{i-1} - y_{i-2}}{x_{i-1} - x_{i-2}} - \dfrac{y_i - y_{i-1}}{x_i - x_{i-1}}}{x_i - x_{i-2}} \tag{5-38}$$

$$k_2 = \frac{\dfrac{y_{i-1} - y_{i-1}}{x_{i-1} - x_{i-1}} - \dfrac{y_{i+1} - y_i}{x_{i+1} - x_i}}{x_{i+1} - x_{i-1}} \tag{5-39}$$

显然，三点拉格朗日插值公式只是改进抛物线插值方法考虑一点修正时的特殊情况。与三点拉格朗日插值公式相比，改进抛物线插值方法更好地保证了函数的全局平滑性，因此，其具有较高的插值精度。改进抛物线插值方法不仅避免了插值时函数的不连续，有效地避免了插值间断，而且插值节点处两边导数之差也较三点拉格朗日插值公式小，克服了常规三点拉格朗日插值公式所存在的问题，有效地改善了迭代过程的收敛性。

(2) 曲线（曲面）拟合法。应对水轮机特性曲线分段或分区域进行高阶曲线或曲面拟合。曲面拟合的实质就是用一个 n 与 m 次的高阶多项式来表示水轮机的效率、单位力矩和单位流量等的稳态特性。对于混流式水轮机，可用如下高阶多项式表示：

$$\eta(a, n_{11}) = \sum_{i=0}^{n} \sum_{j=0}^{m} A_{ij} a^i n_{11}^j \tag{5-40}$$

$$M_{t11}(a, n_{11}) = \sum_{i=0}^{n} \sum_{j=0}^{m} B_{ij} a^i n_{11}^j \tag{5-41}$$

$$Q_{11}(a, n_{11}) = \sum_{i=0}^{n} \sum_{j=0}^{m} C_{ij} a^i n_{11}^j \tag{5-42}$$

式中，A_{ij}、B_{ij}、C_{ij} 为拟合的多项式系数，可由表格参数经最小二乘法拟合得出，对于混流式水轮机而言，它们均是二维数组。

曲线(曲面)拟合法解决了除分界面外的导数不连续问题，有较好的计算稳定性，但必须先给定曲线或曲面的阶数，而阶数取值是否合理将直接影响计算的精度。

以上两种方法在水轮机过渡过程计算中(即进行大波动分析时)应用较多。

(3)近似线性化法。在小波动过程分析中，为简化分析，当水轮机工况点在某一稳定工况点附近或在小范围内变化时，可以采用近似线性化的方法将水轮机的特性用传递系数表示。这样，复杂的水轮机非线性特性就转换为一组线性方程。

对于转桨式水轮机，有

$$m_t = e_y y + e_z z + e_x x + e_h h \tag{5-43}$$

$$q = e_{qy} y + e_{qz} z + e_{qx} x + e_{qh} h \tag{5-44}$$

式中，$m_t = \dfrac{\Delta M_t}{M_t}$；$y = \dfrac{\Delta Y}{Y_{max}} = \dfrac{\Delta a}{a_{max}}$；$z = \dfrac{\Delta \varphi}{\varphi_{max}}$；$x = \dfrac{\Delta n}{n_t}$；$h = \dfrac{\Delta H}{H_t}$；$e_y = \dfrac{\partial m_t}{\partial y}$，为水轮机力矩对导叶开度的传递系数；$e_z = \dfrac{\partial m_t}{\partial z}$，为水轮机力矩对桨叶角度的传递系数；$e_x = \dfrac{\partial m_t}{\partial x}$，为水轮机力矩对转速的传递系数；$e_h = \dfrac{\partial m_t}{\partial h}$，为水轮机力矩对水头的传递系数；$e_{qy} = \dfrac{\partial q}{\partial y}$，为水轮机流量对导叶开度的传递系数；$e_{qz} = \dfrac{\partial q}{\partial z}$，为水轮机流量对桨叶角度的传递系数；$e_{qx} = \dfrac{\partial q}{\partial x}$，为水轮机流量对转速的传递系数；$e_{qh} = \dfrac{\partial q}{\partial h}$，为水轮机流量对水头的传递系数。

对于混流式水轮机，有

$$m_t = e_y y + e_x x + e_h h \tag{5-45}$$

$$q = e_{qy} y + e_{qx} x + e_{qh} h \tag{5-46}$$

由于水轮机特性的非线性，随着工况的变化，传递系数的值也会发生变化。一些文献通过真机的辨识，给出了某电站机组在 3 个不同负荷工况下水轮机力矩对接力器行程的传递函数。可见，在不同的工况下水轮机动态模型的参数是变化的。因此，这种方法只适合运行工况变化不大的情况。

5.3.3　水轮机特性的三维建模

在对水轮机特性进行三维建模的过程中，需要用到水轮机力矩特性[$M_{t11}=M_{e11}(a, n_{11})$]

曲线和流量特性［$Q_{11}=Q_{11}(a,n_{11})$］曲线。水轮机模型综合特性曲线上的等力矩线和等开度线，实际上分别是水轮机模型综合特性在三维坐标系(M_{t11},n_{11},a)中的三维曲面投影到(M_{t11},n_{11})平面上的一系列等高线及在三维坐标系(Q_{11},n_{11},a)中的三维曲面投影到(Q_{11},n_{11})平面上的一系列等高线。而现在的问题是，如何利用这些等高线重构出三维曲面。

随着计算机技术的发展，水轮机特性的三维曲面化成为可能。本书就是利用 MATLAB 强大的数据处理和三维曲面绘图功能，提出了一种用散乱的数据点构造水轮机模型综合特性曲面的方法。其基本思想如下。

(1)获取样本：将一系列等高线上的离散数据作为样本，输入计算机。

(2)网格化：调用 meshgrid 函数把样本网格化，网格的数目可以控制空间曲面的精度与光滑程度。

(3)插值：调用 griddata 函数进行三次立方插值，得到网格点的空间高度值。

(4)三角剖分：调用 delaunay 函数将所得的网格进行三角剖分。

(5)三维构建：利用剖分的三角面片，调用 trimesh 函数来重建三维空间曲面。

以某混流式水轮机(其转轮为国外进口)为例，其模型综合特性曲线能较好地反映水轮机的真实特性。由于在本书所建立的三维模型中，其输出层采用了线性函数，因此，不仅保证了函数的连续性，而且保证了其导数的连续性，从而可改善水击压力计算的收敛性。

从上述计算实例可以看出，本书所提出的用散乱的数据点构造水轮机模型综合特性曲线三维曲面的方法是可行的，能够满足工程的实际要求。

在水电站水力过渡过程数值仿真中，需要利用水轮机的全特性曲线，包括飞逸特性曲线和小开度的等值线。但是，目前的转轮模型试验工作尚无法满足这一要求，大多数转轮没有这种全特性。对于紫坪铺水电站，其模型转轮飞逸特性曲线有 $n=f(a,H)$、$Q=f(a,H)$及 $\eta=f(a,H)$ 等。另外，本书计算出了真机 $Q_{11}=Q_{11}(a,n_{11})$ 及 $M_{t11}=M_{t11}(a,n_{11})$ 曲线，并内插补充了水轮机小开度区的不足部分。

为了便于插值并保证足够精度，在水轮机特性曲线处理中，本书应用 MATLAB 中的 meshgrid 函数对各开度下 $Q_{11}=Q_{11}(a,n_{11})$ 及 $M_{t11}=M_{t11}(a,n_{11})$ 曲线上的坐标点进行网格化，并利用 delaunay 和 trimesh 函数进行三维可视化，然后应用 contour 命令得到任意开度下的 $Q_{11}=Q_{11}(a,n_{11})$ 及 $M_{t11}=M_{t11}(a,n_{11})$ 曲线。在对水轮机进行瞬变流计算时，可在此曲线上方便地插值。

建立了串联管连接处瞬变流计算数学模型，采用三维空间曲面的形式对水轮机特性进行了描述和插值，开发了基于 Windows 界面的水力过渡过程数字仿真软件。针对紫坪铺水利枢纽工程的特点，本书对水轮机典型工况下的甩负荷水力过渡过程进行了数字仿真，仿真结果满足工程设计要求，但其计算精度还需要通过现场试验加以验证。

水力过渡过程通常采用逐步计算法求解，即把整个过程分为若干时段，从甩负荷时刻起逐段计算。步长 Δt 不能任意选取，它受特征线方程控制，这里应是 A、B 两点间水锤波的传播时间。

对于一个时段来说，代数方程组显然是非线性的，且水轮机特性通常是用表格形式给出的，故采用迭代法求解。

(1)初始工况。由给定的设计资料和计算工况可计算出水轮机初始状态下的流量 Q_0、

水头 H_0、转速 n_0 和出力 N_0。

(2)根据相似方程 $Q_{11} = \dfrac{Q_p}{D_1^2 \sqrt{H_p}}$ 和 $n_{11} = \dfrac{nD_1}{\sqrt{H}}$，可求出单位流量 Q_{11} 和单位转速 n_{11}。

(3)利用 Q_{11} 和 n_{11} 值，在数据文件 (Q_{11}, n_{11}, a_0) 中采用插值法求解相应的导叶开度 a_0。

现在假定第 $i-1$ 时段的计算已经完成，则第 i 时段的计算可按下述步骤进行：①利用抛物线插值法预估第 i 时段的转速 n_i、水头 H_i 和导叶开度 a_{0i}。对于甩负荷机组，其导叶开度应按导叶关闭规律曲线 $a_0 = f(t)$ 求解；②利用式(5-10)计算单位转速 n_{11}；③根据 n_{11} 和 a_0，从 $Q_{11} \sim n_{11}$ 和 $M_{t11} \sim n_{11}$ 数据文件中分别找到相应的 Q_{11} 和 M_{t11}；④利用式 $Q_p = Q_{11} D_1^2 \sqrt{H_n}$ 和正、负特征方程求解 Q_p 和 H_n；⑤利用 $M_t = M_{t11} D_1^2 H_p$ 算出力矩 M_t；⑥利用式(5-46)计算出机组转速 n_p；⑦将计算所得的 n_p、H_n 和 a_{n0} 分别与迭代初始值 n_i、H_i 和 a_{0i} 比较，若差值超过允许误差 ε，则以计算值代替迭代初始值，重复②～⑦，直到误差不大于允许误差；⑧开始下一个时段 $i+1$ 的计算。

图 5-7 所示为用迭代法求解甩负荷过渡过程的程序框图。

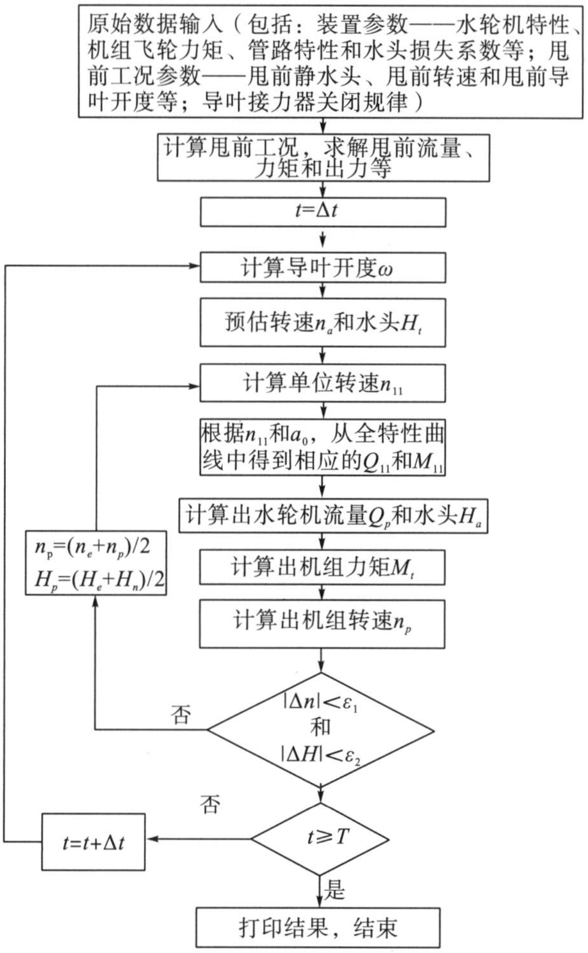

图 5-7　迭代法求解甩负荷过渡过程的程序框图

根据电站机组的工作水头范围，考虑甩负荷最不利的情况，确定仿真工况，见表 5-3。按工程要求，蜗壳末端最大允许水压$[H] \leqslant 180.00$m，机组转速上升率$\frac{n - n_r}{n_r} \times 100\% \leqslant 45\%$。

表 5-3　甩负荷工况参数

工况	水头/m	出力/MW	开度/mm	流量/(m³/s)	上游水位/m	下游水位/m
最大水头甩最大负荷	132.76	244.4	285	198.00	883.1	748.749
最大水头甩额定负荷	132.76	193.9	252	180.00	883.1	749.025
额定水头甩额定负荷	100.00	193.9	367	210.01	850.0	748.211
最小水头甩最大可能负荷	68.40	102.00	383	173.13	817.0	747.384

通过对多种接力器关闭规律下甩满负荷水力过渡过程进行数字仿真计算，确定采用接力器两段关闭规律，如图 5-8 所示。

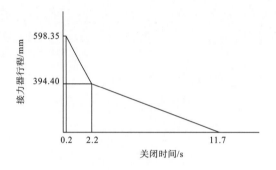

图 5-8　接力器关闭规律

根据紫坪铺水电站引水发电系统及机组的布置，经过计算：1#机和 3#机的管路参数相同，只对其中任一机组进行甩负荷计算即可；2#机和 4#机分别进行甩负荷计算。仿真结果见表 5-4。

表 5-4　仿真结果

工况	蜗壳末端最大压力水头/m				机组转速最大上升率/%				尾水管真空度/m			
	1#机	2#机	3#机	4#机	1#机	2#机	3#机	4#机	1#机	2#机	3#机	4#机
最大水头甩最大负荷	178.58	178.94	178.58	178.95	44.68	44.51	44.68	44.61	-4.56	-5.61	-4.56	-5.65
最大水头甩额定负荷	176.59	178.20	176.59	178.82	41.02	41.40	41.02	41.54	-6.28	-6.29	-6.28	-6.25
额定水头甩额定负荷	154.98	155.30	154.98	156.96	39.47	39.59	39.47	40.16	-4.35	-4.37	-4.35	-4.38
最小水头甩最大可能负荷	111.62	112.61	111.62	112.96	23.57	23.98	23.57	24.14	-4.48	-4.30	-4.48	-4.36

由表 5-4 可见，各台机组在几种典型工况下甩负荷时，接力器按照图 5-12 所示规律关闭，蜗壳末端最大水压力均在 180m 水柱(以机组安装高程为基准)以下，尾水管最大真空度不大于 8m 水柱，最大转速上升率发生在最大水头甩最大负荷时，其值接近 45%，但考虑到未计入转轮及水体附加惯性的影响，这一结果是可以满足要求的。

图 5-9～图 5-17 中，纵坐标表示蜗壳末端压力、机组转速、接力器行程、导叶开度和尾水管真空度 5 个变量的相对值。其中，基准值 H 为水轮机额定水头，n_r 为额定转速，S_r 为接力器行程，a_{max} 为导叶最大开度。

图 5-9～图 5-11 所示为紫坪铺水电站水力过渡过程 1#机仿真结果曲线。

1#、2#和 4#机在两种典型工况下的仿真结果曲线如图 5-9～图 5-17 所示。

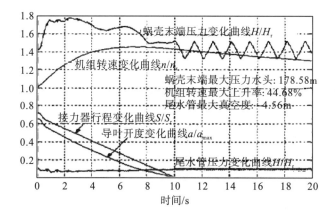

图 5-9　1#机最大水头甩最大负荷

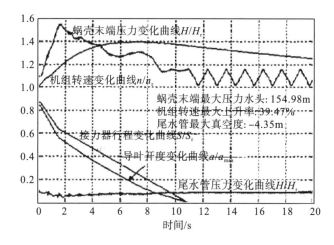

图 5-10　1#机额定水头甩额定负荷

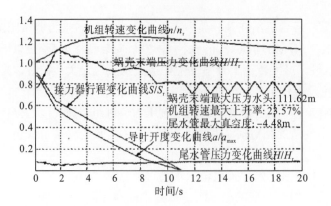

图 5-11   1#机最小水头甩最大可能负荷

图 5-13～图 5-15 所示为紫坪铺水电站水力过渡过程 2#机仿真结果曲线。

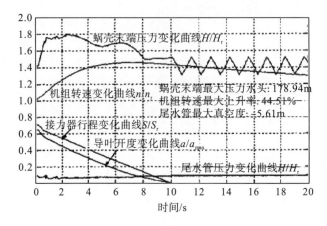

图 5-12   2#机最大水头甩最大负荷

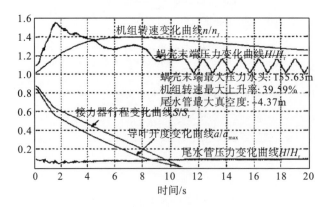

图 5-13   2#机额定水头甩额定负荷

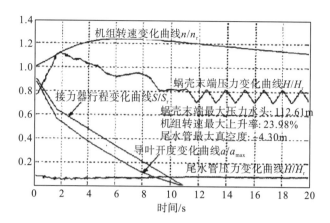

图 5-14　2#机最小水头甩最大可能负荷

图 5-15～图 5-17 所示为紫坪铺水电站水力过渡过程 4#机仿真结果曲线。

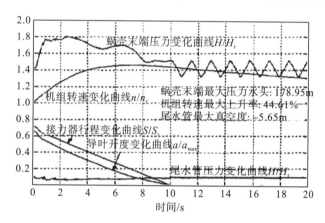

图 5-15　4#机最大水头甩最大负荷

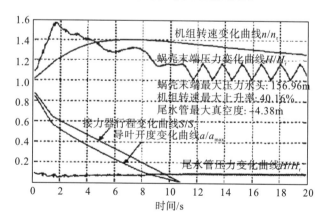

图 5-16　4#机额定水头甩额定负荷

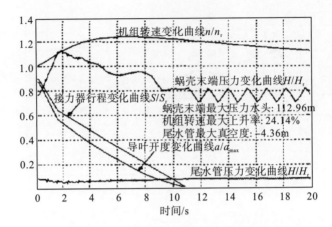

图 5-17 4#机最小水头甩最大可能负荷

第6章 "5·12 汶川大地震"对紫坪铺水电站安全运行的影响分析

6.1 "5·12 汶川大地震"水轮发电机组震损及恢复情况

水利部水利水电规划设计总院于 2004 年 5 月至 2005 年 3 月开展了紫坪铺下闸蓄水安全鉴定及首台机组启动安全鉴定工作,其对水力机械安全性的评价主要是水轮机设备的选型、参数选择及辅助设备系统的设计是合适的,布置也基本合理,同时也提出部分需要继续注意的问题。另外,在本次工作中,相关人员与安全鉴定报告中相关问题涉及的业主和参建各方进行了积极沟通,重大技术问题及遗留问题得到了处理。

2005 年 9 月 8~10 日,水利部长江水利委员会和四川省水利厅主持了紫坪铺水利枢纽工程蓄水阶段验收工作。根据验收意见及工程建设情况,紫坪铺水利枢纽工程于 2005 年 9 月 30 日顺利下闸蓄水,2006 年 6 月全面建成,2008 年 5 月机组正常投产运行。

2008 年 5 月 12 日,汶川发生里氏 8.0 级强烈地震。紫坪铺水电站受地震影响,其线路开关跳闸,运行中的 1#和 2#机组因故停机(地震时 3#和 4#机处于停机状态),其中 1#机组进水口快速闸门发生落门事故,1B、2B、3B、4B 机组停运,造成供电中断、通信中断、供水中断、交通中断和全厂厂用电源中断等重大损失。地震后,电站采取了应急措施:起动柴油发电机组,保证大坝泄洪设施供电电源;由于 4#机震前刚好小修完毕,尚处于调度备用状态,因此对 4#机进行黑起动,成功恢复了厂用电;由于主变停运,机组空转以保证下游供水。震后,除 3#机下导摆度比震前略有增大(尚在规范规定范围内)外,其余 3 台机组的运行均未有异常现象,水轮发电机组本体没有受到大地震的损害。

另外,对机组引水和尾水系统盘型排水阀门,技术供水和排水系统进出口第一个阀门,以及压缩空气系统安全阀门等相关设备进行了检查,未发现损坏,运行正常。检修和渗漏排水泵的起停次数没有明显增多,水机设备埋管等隐蔽工程未受到明显损坏,运行正常。

初步检查发现,水轮发电机组和调速系统未受到震损,设备情况良好,但厂内桥机、技术供水系统、压缩空气系统和厂房中央空调系统等辅助设备及系统存在不同程度的震损,相关人员进行了如下处理。

(1)对主厂房桥机上游轨道变形进行校正处理,对减速箱和 10t 电动葫芦滑线器等进行更换,并在震后进行委托维护和修理。

(2)对技术供水系统中损坏的减压阀、自动化元件和表计等进行更换。

(3)对压缩空气系统 2#高压气机和 2#低压气机中出现的表计损坏、管路变形、接头渗油和地脚螺栓松动位移等进行处理。

(4)对厂房中央空调系统室内外管路损坏和室内机脱落(3 台)等进行处理。

(5)对排风系统中电气廊道 5 台轴流式风机和尾水平台 1 台风机进行更换。

根据震后设备损坏情况和暴露出来的问题,对下述水力机械设备进行修复和更换。

(1)对机组技术供水管路进行防结露处理。

(2)库区消防供水系统管路震损严重,对库区消防供水系统进行修复重建。

(3)水库液位监测系统测压导管在地震中损毁,无法恢复,对坝前水位测量系统及闸门平压监测系统进行重建。损坏测点数按 20 个计算。

(4)技术供水减压阀的导向爪和阀座,有些在地震中已经折断,更换或修复了 4 个中的 2 个。

(5)地震造成伸缩缝不均匀变形,导致主厂房的主排风管被剪切破坏,大量渗漏水经此进入排风廊道,采取堵排结合的方式加以解决,即对伸缩缝止水并加以修复,同时设置专用渗漏排水系统。

(6)地震造成主厂房内的厕所损坏,考虑到这个厕所使用频率非常低,故做拆除处理。

(7)水机操作廊道增加紧急疏散指示标志。

(8)地震造成众多防火阀变形,操作不灵活,为防止发生故障,全部进行更换,共计 34 只,尺寸为 1000mm×500mm。

(9)恢复震损的副厂房生活供水管网及水处理装置。

(10)对局部震损的水导密封盖板和发电机密封盖板进行修复改造。

6.2　"5·12 汶川大地震"对水轮机和发电机等安全运行的影响

汶川地震发生后,紫坪铺开发有限责任公司立即组织专业技术人员对紫坪铺枢纽工程的大坝、引水和泄水建筑物、电站厂房、高边坡和堆积体、房屋建筑、金属结构以及机电设备等进行了全面检查。由于此次地震震中位置离枢纽工程较近,地震强度大,致使枢纽工程各主要建筑物及设备遭受不同程度的破坏。

6.2.1　混凝土面板堆石坝工程

大坝发生较明显震陷,震后坝顶防浪墙中部最大沉降量达 744.3mm,下游较高部位坝坡向下游方向发生水平位移超过300mm,坝顶防浪墙个别部位发生挤压破坏和拉开现象;坝顶公路整体沉降,坝顶路面与溢洪道顶有 20cm 的错台;坝顶下游侧人行道破坏,破坏长度约为 500m,栏杆破坏长度约为 550m。

面板与河谷接缝(周边缝)处发生较大位移,右坝肩高程 745.00m 附近周边缝错动较明显;部分面板间的结构缝发生错位和挤压破坏。高程 845.00m 处二、三期混凝土面板施工缝错台明显;高程 845.00m 以上处大部分混凝土面板与垫层间脱空。靠近坝顶附近的下游坡面干砌石块松动并伴有向下的滑移。渗漏量较地震前有所增加。

6.2.2　泄洪建筑物

溢洪道启闭机室多处出现裂缝，框架结构中的 3 根承重柱被剪断，钢筋外露。

冲沙放空洞工作闸门下游至出口段混凝土衬砌表面有局部损坏脱落的坑槽，其主要集中在施工缝和结构缝周边；洞身段 0+581.00m 施工缝左、右侧墙出现同向错台；工作门闸室中部混凝土结构缝上游侧边墙有渗水流出，闸室右侧边墙上部有渗水裂缝，洞身段局部有渗水缝及渗水点；出口挑流鼻坎侧墙和底板局部被边坡飞石砸击出坑槽，中部有 1 条贯穿性裂缝。震后工作门挡水时，排水洞水量增大。

1#和2#泄洪排沙洞进水塔启闭机室受震损毁；进水塔受震局部产生裂缝；1#泄洪排沙洞龙抬头段结构缝损坏 5 处，边顶和底板均有损坏，橡胶止水外露并伴有渗漏水情况；2#泄洪排沙洞龙抬头段结构缝损坏 9 处，边顶和底板均有损坏，橡胶止水外露并伴有渗漏水情况；导泄结合段环氧砂浆损坏共 52 处。经 2009 年 9 月中旬洞内排水后检查，F3 断层洞段底板及左边墙在 100.0m 范围内存在较多裂缝，裂缝呈间隔连续性，部分裂缝有渗水并伴有钙质析出。

6.2.3　厂房及地面建筑物（含道路和桥梁）

发电引水系统进水塔受震局部产生裂缝，塔上控制室受损；下游河道混凝土护岸部分边坡及护岸道路开裂、破损，上部栏杆倒塌；1#平进水口快速门启闭机闸室主体结构一层钢筋混凝土柱顶多处严重破坏，部分墙体开裂；4 条引水洞及进水塔塔身部分由于不具备检查条件而尚未检查。

主厂房整体偏移，A 轴（主厂房下游）柱距地面以上 1.0m 高度位置出现水平裂缝，局部梁表面抹灰脱落；1 轴散水位置下沉；厂房填充墙开裂，山墙顶部存在水平裂缝，5～6、9～10、17～18 轴位置屋面雁形板与墙体开裂，砖有松动现象；大门歪曲变形，主、副厂房间连廊整体沉陷，墙体装修面砖掉落。

电站副厂房底层个别柱与填充墙开裂；端山墙外侧连廊构造柱于连系梁节点处断裂，室内装修部分破坏严重，吊顶脱落，龙骨垮塌。

电站 GIST 房墙体普遍有裂缝。屋顶凉亭柱底及柱顶完全剪切破坏，混凝土全部脱落，钢筋暴露并屈曲变形。

1#泄洪闸房结构受到严重破坏，出屋面部分塔式结构完全破坏，四周装饰柱在柱顶位置普遍开裂，楼梯间梁在 3 层以下出现裂缝，3 层以上部分严重破坏；2#泄洪闸房 1 层部分柱中部开裂，端山墙装饰柱柱脚严重破坏，2 层梁普遍开裂，部分梁有断裂现象；填充墙普遍出现斜裂缝，局部歪闪倒塌；楼梯间 3 层以下部分梁和梯柱多数出现裂缝，3 层以上出屋面部分塔式结构严重破坏，梁柱混凝土均有开裂酥碎，钢筋外露变形；1#和 2#进水口快速门启闭机闸室部分柱于柱顶位置混凝土酥碎，钢筋屈曲变形，部分柱受到损伤，端山墙部位填充墙在窗间位置开裂；3#和4#进水口快速门启闭机闸室端山墙柱于柱顶位置断裂，部分柱受到损伤，端山墙部位填充墙在窗间位置开裂；溢洪道闸房观测房结构受损，2 层柱柱顶位置严重破坏。

1#和2#泄洪排沙洞进水塔交通桥各跨板底存在较多横向裂缝，部分区域存在龟裂和混凝土破损现象。墩台及两侧挡块均存在浸水、混凝土破损和龟裂现象，1#墩底附近出现横向贯通裂缝。桥面起伏、积水；栏杆破损且大面积掉落。大坝溢洪道闸室段交通桥梁底裂缝较多，存在横向贯通裂缝，桥台存在浸水现象，桥面多处积水；大坝引水发电系统进水口交通桥各跨梁底存在较多的横向贯通裂缝，个别区域钢筋外露。墩台存在浸水和挡块开裂破损现象，且2#前墙下缘存在贯通裂缝。第1跨桥面两端头处混凝土破损严重，第2跨桥面积水较多且覆盖面积较大。人行道板也存在破损现象。

经检测，场内公路因地震受损的总长度约为4km，公路边坡塌方4处。坝前堆积体前缘的9#公路外侧有明显裂缝，并有明显的浅层滑移迹象。7#和11#公路边坡土石方滑落，路面混凝土破损。

6.2.4 机电和金属结构

（1）地震造成水电站线路开关跳闸，运行中的1#和2#机组因故停机（地震时3#和4#机处于停机状态），其中1#机组进水口快速闸门发生落门事故，1B、2B、3B、4B机组停运，造成供电中断、通信中断、供水中断、交通中断和全厂厂用电源中断等重大损失。厂内桥机、技术供水系统、压缩空气系统和厂房中央空调系统等辅助设备及系统存在不同程度的震损。

（2）500kV出线场设备中500kV线路氧化锌避雷器和500kV电容式电压互感器损坏，制约电能送出；厂房内部的配电设施及照明设备也因为地震出现故障；远控中心电源系统蓄电池损坏。

（3）地震中由于副厂房部分沉降，中控室、计算机室和通信室部分设备受损；平机组励磁系统灭磁用非线性电阻损坏。

（4）震后光纤通信、电力载波通信以及厂内生产调度通信等设备有倒伏现象，但未受到严重破坏；部分通信线路损坏。地震造成工业电视监视系统主控中心机柜倒伏，厂内通信中断，而直流电源未能投入，以致系统不能正常工作。

（5）1#泄洪排沙洞事故检修闸门及卷扬式启闭机的4个轴承座、轴承及支架严重损坏，高度指示器脱落，电控柜倾覆损坏，闸门及门槽局部受损；弧形工作闸门及启闭机电控柜倾倒，闸门及门槽局部受损，胸墙局部凸起，剐蹭顶止水，门槽上部侧轨松动、移位。震后进行了临时性修复，发现油缸缸盖和进油管部位漏油；事故检修闸门检修用500kN桥机大车轨道移位、变形，轨道梁及牛腿出现裂纹；工作闸门检修用400kN卷扬式启闭机机架地脚螺栓剪断，电控柜倾覆；洞室交通电梯轿厢变形移位，轨道扭曲，设备不能正常工作。

2#泄洪排沙洞事故检修闸门和启闭机闸门及门槽局部受损，卷扬式启闭机4个轴承座及轴承严重破坏，高度指示器脱落，4个电阻柜倾倒；弧形工作闸门和启闭机闸门及门槽局部受损，液压启闭机远程控制系统盘柜倾覆报废，现场控制盘柜部分电气元件损坏，控制回路不能正常工作；事故检修闸门检修用500kN桥机大车轨道移位，小车移位；工作闸门检修用400kN卷扬式启闭机机架明显变形和移位，地脚螺栓剪断，电控柜倾覆；洞室交通电梯内轿厢移位，轨道扭曲，设备不能工作。

(6)冲沙放空洞事故检修门及启闭机闸门局部受损，4 个端导向滑槽全部脱落，压重箱 4 个端导向滑槽部分螺栓剪断，液压启闭机油缸局部受损。地震后进行检修试验时发现，部分杆腔压力高于系统压力；弧形工作闸门及启闭机闸门水封损坏，漏水严重，门槽侧轨局部损坏，2500/1500kN 液压启闭机控制柜倾倒，局部损坏，系统出现漏油现象，运行中噪声超标，闸门在开启过程中振动加剧，在无水情况下试验，仍振动严重。

(7)溢洪道弧形工作闸门及启闭机：液压启闭机电控柜倾倒，闸门侧向支承局部变形。地震后经临时修复试验发现启闭机液压系统管路渗油，噪声超标，闸门侧止水在门槽下部虚缩量增大，在门槽上部则出现明显间隙，且两侧不对称。

(8)引水发电洞进口拦污栅由于双向门机损坏，不能提栅清污；快速闸门及液压启闭机机组停止运转，1#机快速闸门自动闭门，其他孔闸门未动作；进水塔 2000kN 双向门机 4 个大车走行电机全部断裂脱落，门机轨道出现错位，小车机房门和回转吊机房门变形脱落，门架有变形，大车行走电机损坏，回转机构有异常响声，电控柜大部分倾倒，动力电缆损坏。

(9)电站尾水 2×400kN 单向门机左侧行走行程开关失效，主启升机构制动器故障，电缆卷筒收放功能失效。

6.2.5　安全监测与监控

面板堆石坝部分设施损坏，其中边坡外观工作基点 1 个，坝内渗压计 3 支，坝内水管式沉降仪 3 套，板间缝单向测缝计 3 套，面板下两向脱空计 10 套，周边缝三向测缝计 3 套，面板应力应变观测计 9 套，趾板、边坡多点位移计 5 套。

高程 910.309m 观礼台部位边坡测斜孔 ING-1 在浅表层剪断；泄洪排沙隧洞出口边坡 IN-1 测斜孔测头无法放下，IN-3 测斜孔被边坡滑坡掩埋；左坝肩接头段边坡 MD2 多点位移计震后无读数。

坝前左岸堆积体测斜孔 IN-2 损坏，无法观测，IN-1 孔固定测斜仪无观测读数；IN-2、IN-4、IN-5、IN-6 和 IN-7 测斜孔探头不能下放；堆积体测斜孔底部 5 支渗压计均无读数。

"5·12 汶川大地震"震源距紫坪铺坝址约 17km，如按照断层破裂发展方向看，破裂带距紫坪铺大坝的水平距离约为 8km，坝址区震感强烈，地震对紫坪铺工程的影响烈度为 IX 度，超过原设计地震加速度的水平。地震发生后，有关单位迅速组织了对大坝的安全检查和评估。水利部现场专家组和紫坪铺开发有限责任公司相关专家对混凝土面板堆石坝的震后情况进行了现场研究，认为地震对大坝的基本蓄水功能没有产生明显影响，但大坝受到了一定的局部损伤，主要表现为以下几个方面。

(1)大坝发生较明显震陷，外部观测到的坝顶(防浪墙，坝左 0+250.00m 断面 Y7 点)初始最大沉降量 744.3mm(2009 年 8 月为 783·4m)位于中部大坝最大断面附近，整体呈明显的下垂弧形；坝顶(防浪墙顶，Y8 点)向下游水平移位 225mm；坝坡(最上部第一级马道观测房)向下游方向发生水平移位超过 300mm。坝顶沉降情况如图 6-1 所示。

(2)坝顶防浪墙基本完好，个别部位发生挤压破坏和拉开现象，表观上左岸坝段防浪墙明显呈张拉状态，右岸坝段表现为不完全受压破坏，而在河床中部防浪墙结构缝发生挤压破坏，呈受压状态；坝顶公路整体沉降，左岸坝顶路面与溢洪道顶有 20cm 的错台；坝顶下游侧人行道破坏，最大向下游倾斜滑动达 500mm 以上，长度约为 500m；栏杆破坏长度约为 550m。

(3) 面板与河谷接缝（周边缝）局部发生较大位移，如右坝肩高程 745.00m 附近（接近河谷底部）周边缝错动较明显；部分面板间的结构缝也发生错位和挤压破坏，23#与 24#板间发生较严重的挤压破坏，其位置处于河床中部，与顺坝轴线方向的位移监测资料一致；5#与 6#板间的挤压和错位也较为严重，止水铜片发生剪切破坏。高程 845.00m 处二、三期混凝土面板施工缝发生错台，最大值达 17cm，水平缝与垂直缝交汇处表面止水全部凸起，底止水屈曲破坏；防浪墙与面板水平接缝表面止水严重破坏，接缝张开；三期混凝土面板与垫层间大多呈明显脱空现象，最大脱空为 23cm，部分二期混凝土面板上部也出现脱空，最大为 7cm。面板接缝挤压破坏情况如图 6-2 所示。

图 6-1　坝顶沉降情况　　　　　图 6-2　面板接缝挤压破坏情况

(4) 靠近坝顶附近的下游坡面干砌石块松动并伴有向下的滑移，但其上部浆砌石护坡完好。

(5) 主厂房个别柱于底部 1.0m 高度位置出现抹灰层裂缝，局部位置梁表面抹灰脱落，填充墙开裂，山墙顶部产生水平裂缝，局部位置屋面 T 形板与墙体裂开，砖有松动现象，大门呈歪曲表现。主、副厂房间连廊整体沉陷，墙体装修面砖掉落。GIS 厂房结构框架中梁、柱及梁柱节点基本完好，墙体普遍有裂缝。屋顶凉亭柱底及柱顶完全剪切破坏，混凝土全部脱落，钢筋暴露并屈曲变形。

(6) 2#泄洪闸房 1 层部分柱中部开裂，端山墙装饰柱柱脚严重破坏，2 层梁普遍开裂，其中 2 层部分梁有断裂现象；填充墙普遍产生斜裂缝，局部歪闪倒塌；楼梯间 3 层以下部分梁和梯柱多数出现裂缝，3 层以上部分因楼梯部分倒塌，未能上到顶部，但在外面可以看到出屋面部分塔式结构严重破坏，梁、柱混凝土均开裂酥碎，钢筋外露变形，如图 6-3 所示。

图 6-3　2#泄洪闸房梁破坏，混凝土脱落，钢筋压屈

6.3　紫坪铺水电站水库大坝安全稳定性计算分析及溃坝演算成果

在一般情况下，坝是必须也是能够确保安全的，但是由于某些偶然因素或特殊原因，溃坝现象时有发生，给下游人民造成巨大的生命财产损失。当大坝溃决时，水库蓄水经溃口泄到下游河道，造成灾难性的骤发性洪水。溃坝洪水预警时间一般比降雨洪水预警时间短得多，因此，水库和堤防的安全是水工建筑物设计和管理的核心问题。

紫坪铺水库校核洪水位为 883.10m，相应总库容为 $11.12 \times 10^8 m^3$，年平均发电量为 $34.17 \times 10^8 kW \cdot h$。电站库首与映秀湾电站尾水位衔接，尾水位与鱼嘴水库正常高水位衔接，库长约为 24.6km。

大坝为钢筋混凝土面板堆石坝，坝顶高程为 884.0m，坝基高程为 728.0m，最大坝高为 156.0m，坝顶长为 663.77m。

洪水波在下游的演进是用圣维南方程计算的，圣维南方程组为

$$
\begin{cases}
\dfrac{\partial Q}{\partial x} + \dfrac{\partial (A + A_0)}{\partial t} q = 0 \\[3mm]
\dfrac{\partial Q}{\partial t} + \dfrac{\partial \left(\dfrac{Q^2}{A} \right)}{\partial x} + gA \dfrac{\partial h}{\partial x} + S_f + S_e = 0
\end{cases}
\tag{6-1}
$$

式 (6-1) 采用隐式加权四点差分格式进行求解，可得到任一时刻 t 的 h 值和 Q 值。

隐式加权四点差分格式的差分方程可写为

$$
\theta \left(\frac{Q_{i+1}^{j+1} - Q_i^{j+1}}{\Delta x_i} \right) + (1 - \theta) \left(\frac{Q_{i+1}^j - Q_i^j}{\Delta x_i} \right)
$$
$$
+ \frac{1}{2\Delta t_j} \left[(A + A_0)_{i+1}^{j+1} - (A + A_0)_i^j - (A + A_0)_{i+1}^j \right] = 0
\tag{6-2}
$$

式中，Q 为流量；A 为过水断面面积；s 为距水道某固定断面沿流程的距离；h 为相应于 s 处过水断面的水深；Δx 为 Δt 内流过的路程；q 为 Δt 内的旁侧入流量；θ 为权重因子；g 为重力加速度。

$$\frac{1}{2\Delta t_j}\left(Q_i^{j+1}+Q_{i+1}^{j+1}-Q_i^{j}-Q_{i+1}^{j}\right)+\frac{\theta}{\Delta x_i}\left[\left(\frac{Q^2}{A}\right)_{i+1}^{j+1}-\left(\frac{Q^2}{A}\right)_{i}^{j+1}\right]$$

$$+g\overline{A}^{j}\left[\frac{1}{\Delta x_i}\left(h_{i+1}^{j+1}-h_i^{j+1}\right)+\overline{S}_f^{j+1}+S_e^{j+1}\right]+\frac{1-\theta}{\Delta x_i}\left(\frac{Q^2}{A}\right)_{i+1}^{j} \tag{6-3}$$

$$+g\overline{A}^{j}\left[\frac{1}{\Delta x_i}\left(h_{i+1}^{j}-h_i^{j}\right)+\overline{S}_f^{j}+S_e^{j}\right]=0$$

其中

$$\overline{A}=\frac{A_i+A_{i+1}}{2},$$

$$\overline{S}_f=\frac{n^2\overline{Q}\left|\overline{Q}\right|}{2.21\overline{A}^2\overline{R}^{4/3}},$$

$$\overline{Q}=\frac{\overline{Q}_i+\overline{Q}_{i+1}}{2},$$

$$\overline{R}=\frac{\overline{A}}{\overline{B}},$$

$$\overline{B}=\frac{B_i+B_{i+1}}{2}$$

式中，B 为干流河道过水断面水面宽；i 为沿河道划分的空间网格；j 为时间网格；θ 为加权因子，$1<\theta<1.0$。

(1)初始条件。在用差分法求解非恒定流方程时，必须首先知道初始时刻($t=0$)各断面的水位(h)和流量(Q)，本模型假定初始时刻的流动是恒定的非均匀流动，那么各断面的初始流量可由式(6-4)计算：

$$Q_i=Q_{i-1}+q_{i-1},\quad i=2,3,\cdots,N \tag{6-4}$$

式中，Q_i 为已知的坝址恒定流量，即下游河道的上游边界 Q_{i-1} 从 $i-1$ 到 i 断面间的支流初始时刻的入流量。

初始时刻的水位由式(6-5)计算：

$$\frac{\left(\frac{Q^2}{A}\right)_{i+1}-\left(\frac{Q^2}{A}\right)_i}{\Delta x_i}+g\left(\frac{A_i+A_{i+1}}{2}\right)\left[\frac{h_{i+1}-h}{\Delta x_i}+\frac{n^2\left(Q_i+Q_{i+1}\right)^2\left(B_i+B_{i+1}\right)^{4/3}}{2\left(A_i+A_{i+1}\right)^{10/3}}\right]=0 \tag{6-5}$$

式(6-5)用牛顿-拉弗森法求解，即首先由满宁公式 $\left(Q=\frac{1}{n}\frac{A^{3/5}}{B^{2/3}}J^{1/2}\right)$ 求出下游末端水位 Q，而河道的几何断面形状已知。

(2)边界条件。上游边界条件用水库出流过程线 $Q(t)$ 来表示，在计算洪水波向下游的演进时，$Q(t)$ 已经计算出来，为已知值。下游边界条件可用水位-流量关系曲线来表示，若下游末端流量由河道控制，则其可由满宁方程计算得出：

$$Q_N = \frac{1.49}{n} A_N^{5/3} B_N^{2/3} \left(\frac{h_{N-1} - h_N}{\Delta x_{N-1}} \right)^{1/2} \tag{6-6}$$

若下游末端流量由建筑物(如大坝)控制,则可将式(6-7)作为下游边界条件:

$$Q_N = Q_b + Q_s \tag{6-7}$$

式中,Q_b 为下游末端溃口流量;Q_s 为下游末端溢洪道流量。

由于 Q_b 和 Q_s 都与水位力 h_N 有关,所以式(6-7)表示的是 h_N 与 Q_N 的关系,即水位-流量关系。另外,下游边界条件也可用已知的水位过程线表示。

(3)Δt 及 Δx 的确定。用数值逼近法求解非恒定流方程时,由于过程线(如溃坝出流过程线)陡涨,计算时会出现不稳定和不收敛的问题。即使用隐式和非线性有限差分法求解也是如此,但只要审慎地选择时间步长 Δt 和距离步长 Δx,就可以克服许多计算上的问题。进行模型计算时,有可能会遇到两种计算上的问题:所选取的时间步长与流量增加率之比太大,在计算波前附近的水面线时出现较大的误差,致使计算机溢出;步长选得太长,牛顿-拉弗森迭代不收敛。对于上述两种问题,只要将时间步长乘以 0.5,即将时间步长减半,那么即使计算迭代次数过多,也可解决。时间步长减小后可重新计算,如问题仍未解决,时间步长还可减半,再进行计算。通常,时间步长减少 1~2 次即可满足要求。

对于数学模型中的较长河道,建议将时间步长 Δt 按式(6-8)和式(6-9)确定:

$$\Delta t = 0.5, \quad t \leqslant \tau - 0.5 \tag{6-8}$$

$$\Delta t = \frac{t_p}{20}, \quad \tau - 0.5 < t < \tau + 2t_p \tag{6-9}$$

式中,t_p 为出流过程线的峰现时间;τ 为溃口形成时间。

在瞬溃情况下,溃口形成时间为 6~10min,溃决时由于形成很陡的洪峰,由式(6-9)可得出 Δt 为 0.3~0.5min。溃坝过程线是尖瘦的过程线,往下游传播时过程线衰减展宽,因此随着洪水波往下游传播,时间步长可以增长。

距离步长按以下范围选择:

$$\Delta t \approx C \Delta t \tag{6-10}$$

式中,C 为波速。

紧靠坝下游处应选择较小的 Δx 值,随着距坝址的距离增大,Δx 值也可增大。对应于较小的 τ 值,应选取较小的 Δt 值。选择 Δx 和 Δt 值的方法是遵循以四点隐式差分法求解非恒定流方程数值特性所规定的准则。

由于洪水波向下游演进时,波形坦化,随着时间的增长,时间步长也应增长,时间步长可按式(6-11)选择:

$$\Delta t = \frac{T_p}{20}, \quad t \geqslant \tau + 2t_p \tag{6-11}$$

式中,T_p 为下游河道选定位置的过程线起涨点到峰现的时间,这一步由程序自动计算完成。

时间步长和距离步长的选取十分重要,选择不当时,会引起计算机溢出或迭代不收敛。本程序具备自动调整时间步长的功能。溃坝计算分析框图如图 6-4 所示。

溃坝的原因主要有以下几个方面。

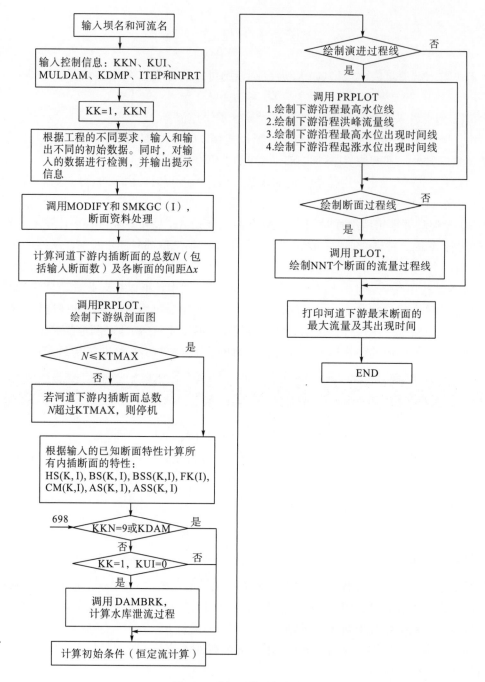

图 6-4　溃坝计算分析框图

（1）特大洪水。在出现特大洪水时，往往伴有暴雨，暴雨强烈的冲蚀作用使下游坝面出现冲坑。虽然这些局部冲坑不致影响坝体的稳定性，但在库内风浪推动下，增加了洪水漫顶过坝的机会。这些小冲坑在过坝洪水的冲蚀下会迅速扩大，当这些冲坑发展到一定规模时，大坝就会出现局部失稳，接着出现溃决。

（2）地震作用。拦河坝在地震和地震动水压力作用下工作处于不利状态，在其他因素影响下极易溃决。

(3)坝体质量缺陷。大坝在施工过程中局部质量控制不严，出现质量缺陷，这些质量薄弱环节正是发生集中渗流和管涌的地方，在外部不利动荷载作用下易发生溃决事故。

(4)管理因素。在大坝管理工作中，人为疏漏或设备仪器失灵的概率总是存在的，这会影响对坝体运行状态的实时监测，以及及时反映坝体工作状态，酿成坝体险情或溃决。

(5)人为破坏。在战争条件下，敌方常将控制性水利枢纽工程作为破坏目标，所以在战争期间，大坝溃决的概率大为增加。

坝体溃决过程与坝体类型和溃坝原因等有关。刚性坝，如重力坝、拱坝、砌石坝和支墩坝等，通常发生瞬时溃决，且多出现局部溃决。散粒体材料坝，如土坝、心墙土石坝和堆石坝等，由于坝体耐冲蚀能力差，在洪水漫过坝顶后，先是坝体上出现小规模冲坑，接着冲坑迅速扩大，坝体力学性能减弱甚至失稳，局部出现溃决并逐渐扩大。对于散粒坝体，虽然其受水流冲蚀损坏有一个时间过程，但在溃决规模发展到一定程度后，坝体便迅速溃决，几乎在短时间内溃口就会发展到稳定断面或一溃到底。

溃坝洪水破坏性极大，与一般的暴雨洪水相比，其有显著的特征。

(1)溃坝洪水是一种非恒定流且呈不连续波运动，这种非恒定流除受圣维南方程组的控制外，还要受到间断波运动规律的控制。

(2)溃坝洪水突发性强，溃坝的发生和溃坝洪水的形成通常只在几分钟至几小时内，且往往难以预测。

(3)溃坝洪水峰高量大，变化急剧。此类洪水流量以坝址处溃坝初瞬或稍后时刻为最大，其峰量常高出暴雨洪水数倍，甚至数十倍。1967 年四川雅砻江唐古栋乡垮山滑坡堵江溃决洪水，溃坝最大流量达 $57000\text{m}^3/\text{s}$，约为实测最大雨洪流量的 10 倍，使下游水位陡涨 40m。

(4)溃坝洪水在初始阶段常以立波形式向下游急速推进，速度一般可达 30～40km/h，初期波高可达数米甚至数十米，立波经过之处，河槽水位瞬间剧增，水流湍急汹涌，具有惊骇的破坏力。

溃坝洪水具有峰高量大、历时较短和破坏性极大的特点，它对自然生态系统最主要的影响是造成水土流失。溃坝洪水所经地段，其土壤表层被冲蚀，大量氮、磷和钾等养分被带走，使得土壤肥力指标降低。溃坝洪水对人工生态系统的主要影响是对耕地造成破坏，从水利的角度看，主要是水冲沙压和毁坏农田。

溃坝洪水会对水体水质产生较大的影响。溃坝期间，水体浑浊度及悬浮物剧增，加之溃坝洪水冲毁水井及水利设施，造成城镇自来水供应危机。同时，由于泥沙对重金属及有毒物等具有较大吸附能力，这可能会造成某些区域水体中的重金属及有毒物随泥沙及悬浮物输移与沉积，从而造成污染。溃坝洪水也是造成水体面源污染的主要途径。一方面，溃坝洪水经过农田时，携带走大量有机质和农药残留物；另一方面，溃坝洪水经过城市时，通过对城市地面堆积物、露天矿厂、建筑工地和工业废渣的冲刷，使大量污染物进入水体，从而导致水体污染物总量增加。

对于社会经济系统，溃坝洪水造成的危害严重，具体有以下几点。

(1)溃坝洪水淹没耕地，使大片耕地变得不能被利用，不适于农耕或进行其他经济活动。耕地受溃坝洪水侵蚀的结果是，一方面农作物减产，另一方面农业投入增加。

（2）溃坝洪水造成畜牧业的损失，在以畜牧业为主导产业的乡村，其影响更大。

（3）溃坝洪水冲毁村庄和房屋，造成室内财产损失和人员伤亡。

（4）溃坝洪水淹没或冲毁公路、桥梁以及输电线路，从而影响交通运输和邮电事业，并造成工农业生产受损，给抗灾救灾工作带来诸多不便。

在 1975 年 8 月发生于河南省驻马店地区的溃坝洪水灾难中，共有 29 个县（市）1700 万亩农田被淹，其中 1100 万亩农田受到毁灭性的破坏，1100 万人受灾，8 万多人遇难，纵贯中国大陆的京广线被冲毁 102km，中断行车 18 天，影响运输 48 天，直接经济损失近百亿元。

图 6-5 和图 6-6 分别为正常蓄水位（877.00m）和设计洪水位（871.20m）不同溃决形式的坝址流量过程线。

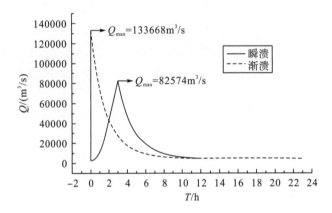

图 6-5　正常蓄水位瞬溃和渐溃的坝址流量过程线示意图

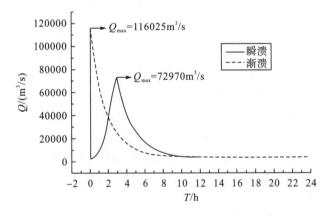

图 6-6　设计洪水位瞬溃和渐溃的坝址流量过程线示意图

第7章　紫坪铺水电站水轮机运行分析

7.1　起动试运行

1. 1#机起动试运行主要步骤

1) 1#机尾水管及压力钢管充水试验

2006 年 5 月 18 日紫坪铺水利枢纽工程 1#机组起动验收专家组在听取验收组对 1#水轮发电机的验收检查汇报和查阅大量有关资料后一致认为，1#机组具备充水启动条件。2005 年 5 月 19 日 11 时 1#机尾水管充水，平压以后提 1#机尾水管闸门，并把两孔闸门锁锭在尾水平台上。检查各部分无漏水以后，进行 1#机压力钢管充水，平压以后提 1#机坝顶工作闸门，并做工作闸门的各项静水试验，试验结果合格。

在尾水管及压力钢管充水前，所有水机保护模拟试验和传动试验均按设计要求完成，各油、水、气系统均处于自动运行状态，调速器和励磁系统静态调试全部完成，保护整定值均按设计要求全部调整完成。

2) 1#机组首次手动起动试验

2006 年 5 月 19 日 17 时 35 分开机，经过 3 个多小时运行后，上导瓦温稳定在 46℃，下导瓦温稳定在 36℃，水导瓦温稳定在 48℃，推力瓦温稳定在 34℃，机组各振动值和摆度值均满足设计要求。

2. 1#机组空载运行下调速系统的扰动试验

(1) 1F 静特性试验。1F 调速器静特性试验示意图如图 7-1 所示。

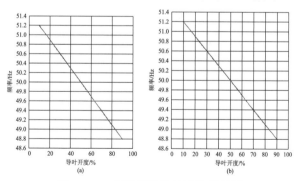

图 7-1　1F 调速器静特性试验示意图

(a) 1F 调速器 A 机比例阀 1 静特性试验，试验条件——k_p=10.00，k_d=0，b_p=6.00%，时间为 2006 年 5 月 18 日 14:47，e=0.78%，i_x=0.018%，b_p=5.97%；(b) 1F 调速器 B 机比例阀 2 静特性试验，试验条件——k_p=10.00，k_i=10.00，b_p=6.00%，时间为 2006 年 5 月 18 日 15:25，e=0.58%，i_x=0.015%，b_p=5.99%。k_p 为微分系数；k_d 为比例系数；e 为调差率；i_x 为调速器转速死区；b_p 为永态转差率；k_i 为积分系数。下同。

（2）1F 空载扰动试验（A 机 2Hz 和 4Hz）。1F 调速器空载扰动试验示意图如图 7-2 所示。

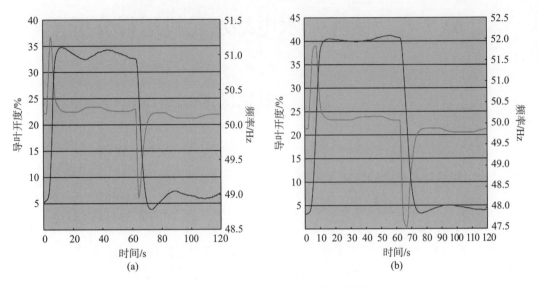

(a)　　　　　　　　　　　　　　　(b)

图 7-2　1F 调速器空载扰动试验示意图

　　（a）1F 调速器空载扰动 2Hz 试验（A 机比例阀 1），试验条件——2006 年 5 月 21 日 15:02，k_p=5.50，k_i=0.50，k_d=2.50，b_p=0%，u_p=21，d_n=621，F_{max}=51.11Hz，F_{min}=48.79Hz，AllNum=1200，ActNum=1200，动力为 0.06MW，干扰频率为 2Hz；（b）1F 调速器空载扰动 4Hz 试验（A 机比例阀 1），试验条件——2006 年 5 月 21 日 15:05，k_p=5.50，k_i=0.50，k_d=2.50，b_p=0，u_p=21，d_n=621，F_{max}=52.08Hz，F_{min}=47.85Hz，AuNum=1200，ActNum=1200，动力为 0.06MW，干扰频率为 4Hz。u_p 为电压偏差相对值；d_n 为综合调节系数；F_{max} 为最大频率；F_{min} 为最小频率。下同。

　　（3）1F 空载扰动试验（A 机 4Hz）。1F 调速器空载扰动试验示意图如图 7-3 所示。

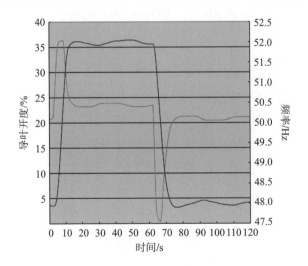

图 7-3　1F 调速器空载扰动 4Hz 试验（B 机比例阀 2）示意图

　　注：试验条件——时间 2006 年 5 月 19 日 20:55，k_p=5.50，k_i=0.50，k_d=2.50，b_p=0%，u_p=21，d_n=621，F_{max}=52.05Hz，F_{min}=47.90Hz，AllMum=1200，ActNum=1200，动力为 0.07MW，干扰频率为 4Hz

3.1#机组过速试验及检查

1#机组各部位轴承瓦温稳定以后,于 2006 年 5 月 20 日上午 10 点进行 1#机过速试验,转速达到 150×145％＝217.5(r/min),导叶开度为 59.7％,实际水头为 82.00m。其他各部位摆度值和振动情况见表 7-1,试验合格。

表 7-1 1#机组过速试验摆度和振动数据

测点			单位	过速前	5r/min
摆度	上导摆度	X	μm	91	242
		Y	μm	99	267
	下导摆度	X	μm	136	345
		Y	μm	165	381
	水导摆度	X	μm	158	7
		Y	μm	163	221
振动	上机架水平振动	X	μm	103	283
		Y	μm	96	282
	定子机架水平振动	X	μm	8	28
		Y	μm	2	3
	下机架水平振动	X	μm	3	4
		Y	μm	3	4
	顶盖振动	X	μm	53	53
		Y	μm	2	6
		Z	μm	24	44
	定子铁芯水平振动	1	μm	1	2
		2	μm	2	2
		3	μm	2	2
	定子铁芯垂直振动	1	μm	0	1
		2	μm	0	1
		3	μm	1	2

2006 年 5 月 20 日下午和 2006 年 5 月 21 日上午对 1#机组过速后的情况进行全面检查,未发现有异常现象。

1#机组自动开机和自动停机试验情况如下。

1)开机条件

机组无事故,动闸放下,叶关闭,停机态。快速门全开,接力锁碰拔除,空气围带无压,低压气源正常。高压气源正常,油压正常,剪断销未剪断,短路器处跳闸位置。

2)开机流程

开机流程如图 7-4 所示。

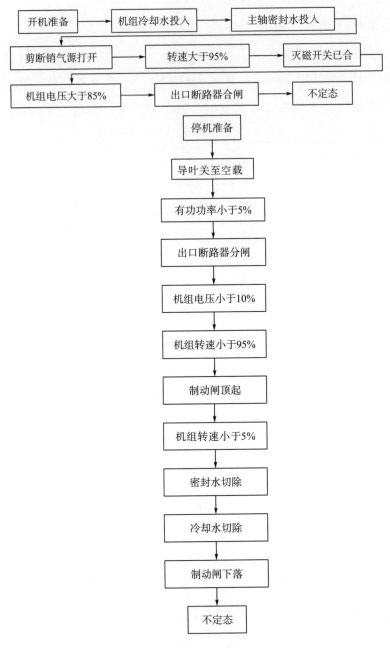

图 7-4   开机流程

  渝鄂背靠背柔性直流工程投产后,因同步电网规模和电源结构发生改变,西南电网面临较严重的超低频振荡风险。理论分析和国内外多年来的运行实践均表明,水电机组的水锤效应及调速系统参数的不适应性是导致超低频振荡的根本原因。采用优化西南电网发电机组调速器参数的措施可以有效抑制超低频振荡问题。

  紫坪铺水电站 AGC(automatic generation control,自动发电控制)与一次调频逻辑图如图 7-5 所示。

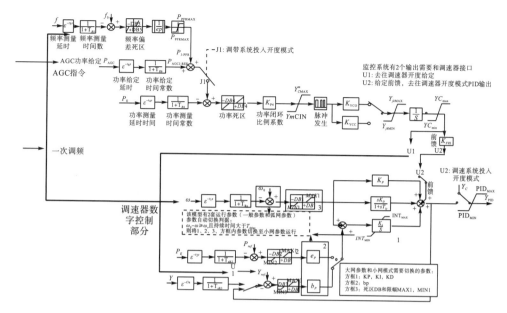

图 7-5　紫坪铺水电站 AGC 与一次调频逻辑图

针对调速器当前运行模式为功率模式的情况，按照 AGC 功能的调管关系，进行相关调度时要组织评估电厂 AGC 功能在开度模式下调节的有效性，必要时应重新安排开度模式下的电厂 AGC 试验。具体操作如下。

（1）机组调速系统具备基于开度调节的大网、小网和孤网模式，这 3 种模式应具有相同的模型（采用 PID 调节），3 组参数互不相同且均可独立配置。

（2）西南—华中直流联网时，机组调速系统应在正常并网时自动选用基于开度调节的小网模式；西南—华中直流联网时，机组调速系统应在正常并网时自动选用基于开度调节的大网模式。

（3）大网、小网和孤网模式中频率死区、限幅、比例系数、积分系数、微分系数和调差系数（b_p）等参数独立配置，这些参数可在调速器就地触摸屏通过人机界面显示。

（4）大网和小网模式根据"频率偏差+延时"自动切换至孤网模式，并均须具备手动切至孤网模式的功能。

（5）大网和小网模式均可通过自动和手动方式切换至孤网模式运行，但孤网模式不能自动返回至大网或小网模式（若自动返回，则将延时时间设置为无穷大）。

（6）并网状态下，机组调速器进行自动模式切换后，若采用手动模式返回，则应返回至原始自动模式下的参数状态。

（7）并网状态下，机组调速器可通过远程（监控系统）方式进行大网、小网和孤网模式的相互切换。

（8）并网状态下，机组调速器可通过就地（调速系统）方式进行大网、小网和孤网模式的相互切换。

（9）监控系统应采用硬接线方式下发模式切换指令至调速系统。

（10）调速系统运行模式及相应参数组状态信号应在监控系统显著位置显示，切换信号应作为历史事件记录；上述状态信号应同时传送至电网调度端。

(11)在孤网模式下运行时，应通过调速系统正常调节机组出力。

(12)机组 AGC 与调速系统一次调频应相互协调，一次调频优于 AGC，AGC 投入功率闭环调节后应不限制机组一次调频的正常响应。相关原则遵循《水轮机调节系统并网运行技术导则》（DL/T 1245—2013）中 5.3.11 节的相关规定。

(13)水电机组调速系统一次调频不宜采用旨在调频死区附近增大一次调节速度或调节幅度的功能(增强型)。已投入的增强型一次调频应退出运行。

紫坪铺水电站 AGC 功能已具备如下条件。

(1)AGC、各项参数的设定和功能项的选择安全且有效，不会对机组负荷产生扰动或误动等不利影响。

(2)AGC 闭锁条件和参数计算功能完善，能根据实时采集和设置的值迅速有效地发生相应的变化，满足最大机组额定容量至少 80%的调节速率以及调节精度在 ±3% 以内的要求。

(3)AGC 程序充分考虑了运行中的各种异常情况，具备安全保护功能，可以对不同的情况进行正确快速的处理，如产生报警、AGC 功能挂起和 AGV 功能退出。

(4)AGC 功能在全厂有功给定方式下，对机组的负荷分配正确无误，能正确躲避机组振动区；同时，满足调节下限为最低振动区上限以及调节上限为额定容量等要求。

7.2   3#机组全水头振区测试试验研究

从 2007 年 5 月 16 日起，对紫坪铺水电站 3#机组进行 10 个水头下的振区测试试验。验收试验按《水轮发电机组启动试验规程》（DL/T 507—2002）、《水轮发电机组安装技术规范》（GB/T 8564—2003)及《水力机械振动和脉动现场测试规程》（GB/T 17189—2007）的有关规定执行。

在传感器、FTS2000 测试仪、数据采集器和微机振动分析系统联机试验中，性能指标见表 7-2。

表 7-2   传感器、FTS2000 测试仪、数据采集器和微机振动分析系统联机试验性能指标

参数	指标
非线性误差	≤1.5%FS
分辨率	1μm
漂移及滞后	<0.5%FS，24h 室温
传感器量程	±1000μm
满量程输出范围	−18～−2V

振动在线分析系统 A/D 转换的性能指标见表 7-3。

表 7-3　振动在线分析系统 A/D 转换性能指标

参数	指标
模数转换精度	16bit
模数转换时间	10μm
通道数	16
输入信号范围	−5～+5V

测试分析系统直接完成对机组各部位振动和摆度的测试，并实时进行对幅值、频率、相位、频谱及轴心轨迹等内容的分析，测试满足《水轮发电机组启动试验规程》（DL/T 507—2002）及《水轮发电机组安装技术规范》（GB/T 8564—2003）的要求。测试情况具体如下。

（1）试验测点布置依据《水力机械振动和脉动现场测试规程》（GB/T 17189—2007），具体布置见表 7-4。

表 7-4　试验测点布置

项目	测点
上机架水平振动	+X，−Y 各一点
推力支架（下机架）水平振动	+X，−Y 各一点
推力支架（下机架）垂直振动	+X 一点
上导摆度	+X，−Y 各一点
推力摆度	+X，−Y 各一点
水导摆度	+X，−Y 各一点
定子中部水平振动	+X 一点
顶盖垂直振动	+Y 一点
尾水管压力脉动	一点
顶盖压力脉动	一点
轴位信号	+X 一点

以上共计 16 个测点，测点方向与厂房坐标方向一致，主测方向为+X 方向。因为上机架与推力支架（下机架）不在同一断面，其与下机架相差 22.5°，所以上机架+X 方向上的测点向+Y 方向偏离 22.5°，−Y 方向上的测点向+X 方向偏离 22.5°。其余各测点均安装在机组同一铅垂面上。除上导摆度、推力摆度和水导摆度 6 个测点安装在轴承盖上用作相对测试外，其余测点均安装在基础壁上用作绝对测试。试验中的转轴相位为自编相位，与安装的盘车相位不一致。

（2）试验水头。按时间顺序，先后进行以下水头测试。毛水头：82m、76m、110m、120m、97m、90m、78m、112m 和 101m。

（3）试验工况：空载试验和机组 10～190MW 负荷试验，按每 10MW 负荷递增进行录波测试。

7.3　试验水头为 82m 的测试分析

试验水头为 82m 的测试分析，其测试时间为 2007 年 5 月 16 日。具体测试情况如下。

(1)在变速试验中发现，随着机组转速的上升，机组上机架水平振动相应增大，说明发电机转子上端部位存在轻微的动不平衡现象。从测试数据看，其振动幅值在标准 (DL/T 507—2002)范围内，不影响机组的稳定运行。试验测试数据见表 7-5，振动、摆度与转速的关系曲线如图 7-6 和图 7-7 所示，典型工况示波图如图 7-8 所示。

表 7-5　试验水头为 82m 的运行稳定性试验电测结果汇总表

工况名称	转速/(r/min)	上平(X)/μm	上平(Y)/μm	静中(X)/μm	下平(X)/μm	下垂(X)/μm	下平(Y)/μm	上摆(X)/μm	上摆(Y)/μm	下摆(X)/μm	下摆(Y)/μm	水摆(X)/μm	水摆(Y)/μm	顶垂(X)/μm	尾水压力/kPa	顶盖压力/kPa
启动	0	39.0	27.1	15.5	2.8	12.8	5.3	136.3	188.3	193.0	197.2	295.5	273.8	30.2	5.9	4.7
20%n	24.4	21.4	29.1	3.7	3.2	6.7	5.1	99.0	117.5	192.2	181.4	155.4	209.3	18.1	16.5	2.7
40%n	71.1	53.1	65.1	5.7	1.3	9.7	5.0	114.4	124.2	189.1	170.1	200.7	232.7	26.3	9.1	2.5
60%n	90.2	31.7	33.0	3.7	0.8	5.2	3.6	82.0	93.2	154.4	151.4	131.4	144.6	12.9	9.1	3.6
80%n	120.4	42.0	39.8	3.6	0.9	6.2	4.3	79.3	87.5	162.8	159.3	144.4	160.7	15.5	12.5	3.4
100%n	150.0	57.4	51.6	3.6	0.6	6.3	6.8	86.9	79.7	187.7	178.7	138.7	140.5	13.4	223.0	4.5
25%v	148.9	63.5	57.6	6.3	0.7	6.6	7.6	84.0	85.1	225.0	201.1	137.6	135.2	17.3	16.6	2.0
50%v	148.5	71.1	70.7	18.5	0.8	6.9	8.5	88.4	89.6	228.4	205.8	123.7	137.9	14.9	18.7	2.0
75%v	148.0	84.3	83.5	33.6	0.6	7.7	9.9	98.9	100.2	229.5	208.5	128.0	134.5	16.7	17.1	2.0
100%v	147.1	82.9	88.3	37.6	0.7	8.4	10.4	100.3	104.3	225.0	203.2	131.8	138.4	16.6	17.1	2.0
并网	149.9	86.0	87.9	39.9	0.7	8.2	10.7	89.9	94.3	240.4	210.5	136.3	137.7	19.5	17.6	2.6
20MW	150.2	88.4	92.2	40.6	0.7	8.7	11.8	89.5	98.1	239.9	207.7	158.0	158.7	22.9	12.3	2.3
40MW	149.9	83.7	86.6	40.0	0.8	8.7	11.8	89.6	88.7	241.9	208.7	145.3	153.2	37.2	14.5	2.5
60MW	150.0	81.8	79.6	38.5	0.7	8.7	10.4	87.5	86.2	234.6	200.5	137.8	150.8	23.8	30.4	2.3
80MW	149.9	77.9	85.3	37.1	0.8	6.8	10.5	90.8	95.2	239.0	210.7	149.6	146.2	17.6	48.8	2.2
90MW	150.2	82.0	80.4	36.3	0.8	6.3	10.1	88.3	87.1	229.0	203.8	139.8	161.1	16.5	48.8	2.1
100MW	150.0	80.0	79.3	35.8	0.6	6.9	9.7	87.0	90.4	234.4	208.0	137.0	151.9	19.8	32.0	2.1
HOMW	149.9	76.4	83.1	36.8	0.8	6.3	10.3	84.2	89.6	228.6	205.2	137.2	144.1	13.2	22.5	2.6
120MW	150.2	84.1	90.3	35.5	0.6	6.7	10.9	87.4	100.4	226.6	211.5	147.0	163.5	14.1	6.5	2.4
130MW	149.9	88.7	94.1	37.2	0.8	7.1	10.8	86.0	97.6	232.1	216.3	156.7	172.8	18.2	7.8	2.2

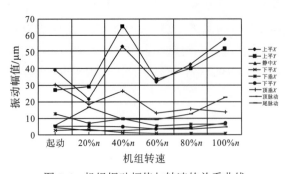

图 7-6　机组振动幅值与转速的关系曲线

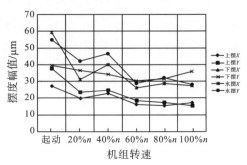

图 7-7　机组摆度幅值与转速的关系曲线

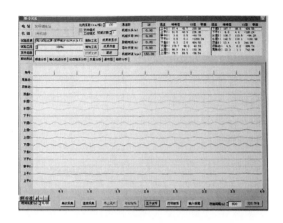

图 7-8　机组空转工况全部测点波形示意图

(2) 在变励磁试验中发现，随着机组励磁电压的上升，机组上机架水平振动幅值和定子中部水平振动幅值明显增大，上导摆度幅值和下导(推力)摆度幅值也相应增大，说明发电机转子存在明显的电磁不平衡现象。而从测试数据看，上机架振动幅值接近标准(DL/T 507—2002)要求的上限值，定子中部水平振动幅值已超出标准的规定(小于0.03mm)。试验测试数据见表 7-5，振动、摆度幅值与励磁电压的关系曲线如图 7-9 和图7-10 所示，典型工况示波图如图 7-11 所示。

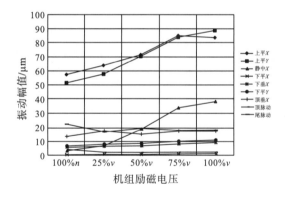

图 7-9　机组振动幅值与励磁电压的关系曲线

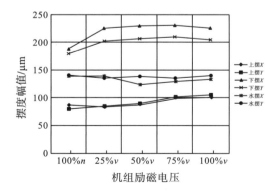

图 7-10　机组摆度幅值与励磁电压的关系曲线

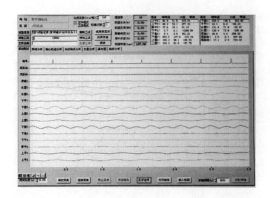

图 7-11　机组空载工况全部测点波形示意图

（3）从变负荷试验看，随着机组负荷的上升，机组各部位的振动和摆度幅值没有明显增大的现象，说明水力不平衡现象对机组的稳定运行没有明显影响。而从测试波形图频谱分析看，在当前水头且空转工况下，在40MW负荷范围内，尾水管压力存在 0.13～0.29 倍转频的低频涡带脉动，其幅值较小，并不影响机组的稳定运行。在 60～110MW 负荷范围内，尾水管压力出现明显的 0.26 倍转频的低频压力脉动现象，其最大幅值出现在 80MW 工况时，为 48.66kPa。该低频压力脉动也体现在水导轴承处的摆度和顶盖垂直振动上。试验测试数据见表 7-5，振动、摆度幅值与负荷的关系曲线如图 7-12 和图 7-13 所示，典型工况示波图如图 7-14～图 7-16 所示。

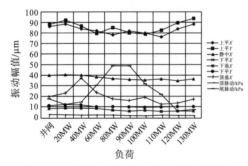

图 7-12　机组振动幅值与负荷的关系曲线

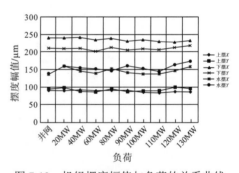

图 7-13　机组摆度幅值与负荷的关系曲线

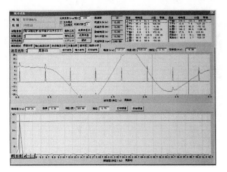

图 7-14　机组带 80MW 负荷时尾水管
压力脉动频谱分析示意图

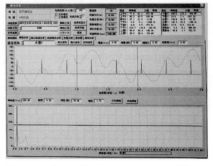

图 7-15　机组带 80MW 负荷时水导摆度
波形频谱分析示意图

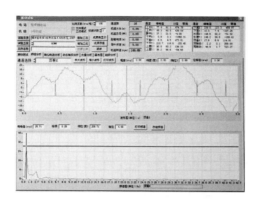

图 7-16　机组带 80MW 负荷时顶盖垂直振动波形频谱分析示意图

　　（4）机组在从空载到带 130MW 负荷的过程中，其下导（推力）摆度一直存在 1.95 倍高频波，摆度幅值在 40MW 负荷时达到最大，为 241.9μm。机组带 40MW 负荷时下导（推力）摆度波形频谱分析图如图 7-17 所示。

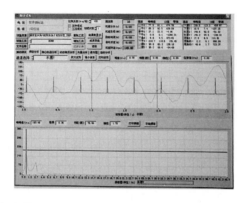

图 7-17　机组带 40MW 负荷时下导（推力）摆度波形频谱分析示意图

　　（5）机组在带 120～130MW 负荷时进入稳定运行工况区域，低频水力振动基本消失，除下导摆度外，各振动和摆度形成良好的转频波形，在该水头下机组最大可带 130MW 负荷，该工况下全部测点波形图如图 7-18 所示。

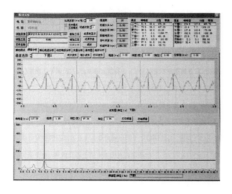

图 7-18　机组带 130MW 负荷工况下全部测点波形示意图

7.4　试验水头为 120m 的测试分析

试验水头为 120m 的测试分析，其测试时间为 2007 年 9 月 18 日。具体测试情况如下。

(1)随着机组负荷的上升，机组振动和摆度幅值略有变化，测试结果与前述测试相同，说明在该水头下机组存在轻微的水力不平衡现象。测试结果见表 7-5，机组振动和摆度幅值与负荷的关系曲线如图 7-19 和图 7-20 所示，典型工况示波图如图 7-21 所示。

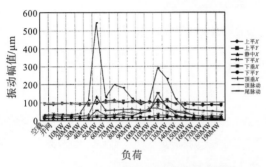

图 7-19　机组振动幅值与负荷的关系曲线

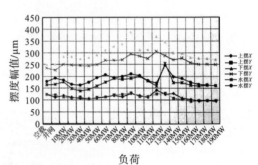

图 7-20　机组摆度幅值与负荷的关系曲线

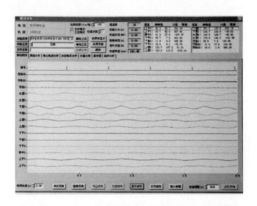

图 7-21　机组空载工况全部测点波形示意图

(2)在机组从空载到带 190MW 负荷的过程中，下导(推力)摆度一直为 1.95 倍高频波，摆度幅值在 90MW 负荷时达到最大，为 388.4μm，机组带 90MW 负荷时下导(推力)摆度波形频谱分析图如图 7-22 所示。

从测试波形频谱分析图看，顶盖压力脉动在 40~140MW 范围内存在较大的转频波，且在 50MW 时达到最大值，为 544.2kPa，此时顶盖垂直振动幅值达到 127.9μm，出现该现象的原因有待于进一步分析。典型频谱分析图分别如图 7-23 和图 7-24 所示。而由顶盖压力脉动和尾水管压力脉动引起的低频振动现象对应的负荷区域较大，在 80~140MW 负荷区域存在 0.20~0.59 倍转频的低频涡带脉动。机组在当前水头下带 80~120MW 负荷范围内，其尾水管和顶盖压力出现明显的 0.2 倍转频的低频压力脉动和转频波的混频波形，在该负荷区域内最大幅值出现在 120MW 工况时，顶盖压力脉动最大幅值为 289.6kPa，尾水管压力脉动最大幅值为 150.4kPa。该低频压力脉动也体现在水导轴承处的摆度和顶盖垂直振动上。受顶盖压力脉动和尾水管压力脉动的影响，在该负荷区域内，上机架振动幅值、定子中部水平振动幅值及下导（推力）摆度幅值都有轻微的增大，而顶盖垂直振动幅值明显超出了标准（DL/T 507—2002）的规定（小于 0.03mm）。典型工况示波图如图 7-25～图 7-28 所示。

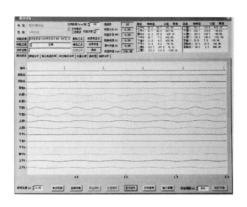

图 7-22　机组带 90MW 负荷时下导（推力）摆度波形频谱分析示意图

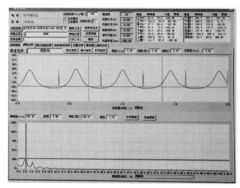

图 7-23　机组带 50MW 负荷时顶盖压力脉动频谱分析示意图

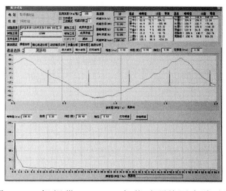

图 7-24　机组带 140MW 负荷时顶盖压力脉动频谱分析示意图

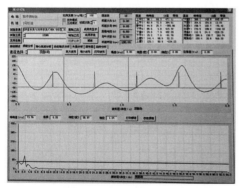

图 7-25　机组带 120MW 负荷时顶盖压力脉动频谱分析示意图

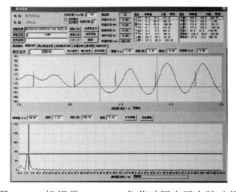

图 7-26　机组带 120MW 负荷时尾水压力脉动频谱分析示意图

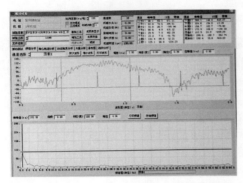 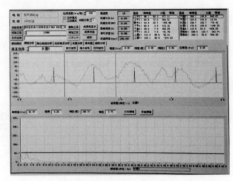

图 7-27　机组带 120MW 负荷时水导摆度波形频　　　图 7-28　机组带 120MW 负荷时顶盖垂直振动波
　　　　　谱分析示意图　　　　　　　　　　　　　　　　　形频谱分析示意图

　　(3)机组在带 130~190MW 负荷时，其顶盖压力脉动和尾水管压力脉动逐渐消失，机组进入稳定运行工况区域，达到 160MW 负荷时低频水力振动基本消失，除下导(推力)摆度外，各振动和摆度形成良好的转频波形，在该水头下机组最大可带 190MW 负荷，其全部测点波形图如图 7-29 所示。

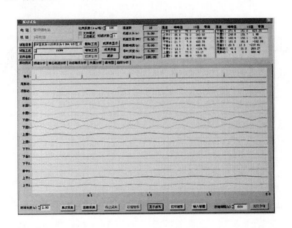

图 7-29　机组带 190MW 负荷时全部测点波形示意图

　　《水轮发电机组启动试验规程》(DL/T 507—2002)的有关技术要求如下：对于额定转速，100~250r/min 的立式水轮发电机组在各种正常运行工况下，其带导轴承支架的水平振动允许值为 0.09mm(双振幅)；带推力轴承支架的垂直振动允许值为 0.07mm(双振幅)；定子铁芯部位的机座水平振动允许值为 0.03mm(双振幅)；机组运行摆度(双幅值)应小于轴承总间隙的 75%。
　　对紫坪铺 3#机组进行 9 个水头的测试后，本书特别提出以下结论和建议。
　　(1)从测试结果看，机组存在明显的动不平衡现象，其上机架水平振动幅值在空转工况下接近《水轮发电机组安装技术规范》(GB/T 8564—2003)的上限值，建议对机组进行动平衡处理。
　　(2)从测试结果看，机组存在明显的电磁不平衡现象，机组在空载(额定励磁电压)工况时，其上机架水平振动幅值已超出《水轮发电机组安装技术规范》(GB/T 8564—2003)

的上限值，且定子中部水平振动幅值已超出规范的要求。建议对机组做瓦隙调整后进行综合平衡处理，并且在下次大修时对发电机空气间隙等影响机组电磁平衡的因素进行检查处理，使机组达到长期、安全和稳定运行的要求。

(3)水头为 120m、78m、112m 和 101m 时，机组上机架水平振动幅值、定子中部水平振动幅值和下导(推力)摆度幅值明显超出《水轮发电机组安装技术规范》(GB/T8564—2003)要求的范围，其余各水头下的测试值也都略有超出要求的上限值。建议对机组三导瓦间隙进行检查，必要时重新调整瓦间隙。

(4)在对前 7 个水头的测试中发现，下导(推力)摆度存在明显的 2 倍转频的振动现象，但在后两个水头的测试中发现下导(推力)摆度又恢复到 1 倍转频，本书分析后认为，应该是机械原因引起，建议下次检修时排除。

(5)通过测试数据发现，在全水头范围内，由顶盖压力脉动和尾水管压力脉动引起的低频振动对应的负荷区域较大，但由此造成的压力脉动值并不是很大。除在从 2007 年 9 月 18 日至 2008 年 5 月 9 日所做的 120m、97m、90m 和 78m 水头下的振区试验中顶盖压力脉动出现以转频波为主的较大脉动值(出现该现象的原因需进一步分析)外，其余水头下压力脉动值平均为 5%额定水头，低频脉动频率在 0.20～0.39 转速频率(0.50～0.65Hz)范围内。

(6)综合分析 9 个水头的振区试验，可以把紫坪铺 3#机组分为 4 个运行区域，即 60MW 负荷以下为小负荷区域，60～80MW 为水力振动区域，80～110MW 为过渡区域，110MW 以上为稳定运行区域。建议适当减少机组在水力振动区域的长时间运行。

第8章　水轮机部件运行问题原因分析及解决措施

8.1　导叶裂纹原因分析及解决措施

紫坪铺水力发电厂发电机导叶自首台机组 2005 年投运发电至今，受限于当时的加工工艺，部分导叶在铸造时存在不同程度的缺陷，首轮机组大修时共更换 6 块，现场处理 5 块。

原导叶由东方电机股份有限公司采用传统铸造工艺制造加工，由于受限于当时的加工技术和探伤手段等，部分导叶可能存在缺陷，长期运行后由于振动等原因，缺陷放大，从而导致裂纹出现。现今，东方电机有限公司已采用电渣熔铸工艺进行导叶加工，导叶制造工艺大幅度提高，前几批购自该公司的导叶，经现场检查，均未出现异常。

导叶裂纹位置测量如图 8-1 所示。

图 8-1　导叶裂纹位置测量

对于紫坪铺水电站导叶裂纹(2D-GZ140278)，修复要求如下。

(1)对于最小一处缺陷，直接满焊。

(2)对于另外两处较大的缺陷，采用镶堵的方式修复：①对于叶片进水边缺口状缺陷，将缺口铣成规则形状(根据实物状况，允许略有差异)，底部及侧面须见平和见光，不允许有黑皮，截面直角边倒 R10 圆；在缺口四周铣出 C25 坡口；②对于叶片背面的槽状缺陷，将缺陷铣成规则形状(根据实物状况，允许略有差异)，底部及侧面须见平和见光，不允许有黑皮，截面直角边倒 R10 圆，在缺口四周铣出 C25 坡口；③对于上述两处缺陷部位，按二级标准(CCH70-3)进行 PT 探伤；④探伤合格后，测量所铣缺陷部位的实作尺寸，并提交给工艺制作部门。

(3)在铣削缺陷的同时，对镶块进行粗加工和半精加工。

(4)根据测量尺寸,对镶块进行精加工和配加工。

(5)请焊接分厂按以下要求下料,水轮机领用后加工:①45 钢板 S135,尺寸为 140mm×55mm,数量为 1 件,毛重为 2.75kg,定额为 3kg;②85 钢板 S135,尺寸为 180mm×110mm,数量为 1 件,毛重为 13.4kg,定额为 14kg。

(6)装镶块。

(7)封焊坡口。

(8)在封焊过程中,对最初的两层焊缝进行 MT(magnetic test,磁粉检测)或 PT(penetrant test,渗透检测)探伤,合格后方可继续焊接。

(9)打磨焊缝。

(10)对焊缝进行 MT 或 PT 探伤。

对镶块高出导叶型面的区域进行铣削,使其与本体基本齐平。打磨镶块及焊缝区域,使其与本体光滑过渡,以保证符合型线及波浪度要求。

焊接要求:焊前预热温度大于 80℃,采用烤枪进行预热,预热区域为待焊区域及周边 100mm。采用气体保护焊进行焊接,焊丝为 $\Phi1.2mmER316L$,电流为 140~220A,电压为 22~34V,保护气为 95%Ar 及 5%CO_2,除底层和盖面层外,每焊一层需进行锤击以消除应力。焊接速度不能过快,层间温度低于 150℃。盖面层采用焊丝 HS13/5 进行焊接,焊盖面层时,待焊区域温度需为 100℃或以上,焊接电流为 120~300A,电压为 18~30V,焊后用保温毯覆盖缓冷。

8.2　叶片及上冠裂纹探伤情况及处理方案

2012 年 2~3 月,电厂在对 3#和 4#机组进行检查性大修(即 B 修)时,安排了对机组转轮焊缝探伤(PT)的检查工作。PT 探伤结果显示,2 台机组在转轮叶片与上冠和下环的部分连接焊缝处均存在长度在 10mm 以内的细小裂纹。其中,3#机组共有 21 处裂纹、1 处叶片圆坑,圆坑深度约为 2mm,直径约为 4mm;4#机组共有 4 处裂纹、1 处叶片圆坑,圆坑直径约为 15mm,深度约为 3mm。对于 PT 探伤发现的细小裂纹,均使用磨光机对其进行打磨,以检查裂纹深度,检查结果显示,所有裂纹深度均在 2mm 以内。

针对 3#和 4#机组在汛前检修中出现的转轮焊缝有裂纹的情况,电厂高度重视,并随即对 1#和 2#机组的转轮焊缝进行了探伤检查,探伤检查结果如下。

1. 1#机组

1#机组经 PT 探伤检查后共发现 22 处裂纹,进一步检查后发现其中有 17 处裂纹深度在 2mm 以内,5 处裂纹深度超过 2mm。在深度超过 2mm 的裂纹中,11#叶片上的裂纹情况最为严重,具体情况如下:裂纹在 11#叶片出水口背面距根部约 870mm 处,PT 探伤裂纹长度约为 10mm。用磨光机打磨裂纹时发现,裂纹长度随着打磨深度的增加而增加,打磨至叶片根部时发现,裂纹总长度约为 200mm,同时在叶片根部发现未焊透钝边,钝边缝隙在 0.5mm 左右。用超声波探伤检查,钝边长度为 1450mm,位置在叶片根部离出水边根部约 800mm 到距进水边 200mm 区域。

2#机组经 PT 探伤检查后共发现 17 处裂纹,进一步检查后发现,其中有 11 处裂纹深度在 2mm 以内,6 处裂纹深度超过 2mm。在深度超过 2mm 的裂纹中,6#叶片上的裂纹情况较严重,具体如下:裂纹在 6#叶片进水边与转轮上冠连接焊缝处,距离进水口约300mm,PT 探伤裂纹长度约为 500mm。用磨光机打磨及清理裂纹,深度至叶片根部与下环连接处,发现有未焊透钝边,超声波探伤检查后发现,钝边长度为 1400mm 左右,钝边位置同 1#机组 11#叶片经探伤发现的钝边位置。

　　2. 2#机组

2012 年汛后 2#机组 C 修对机组转轮进行探伤时发现,机组转轮上冠及下环与转轮叶片焊缝有多处裂纹,其中 6#叶片进水边处裂纹较严重,通过超声波探伤发现,裂纹长580mm,深 37mm 左右(图 8-2)。由于该裂纹较深,电厂为了确保检修质量和工艺,特邀请东方电机股份有限公司技术人员到现场进行查看。

在技术人员对现场进行查看后,电厂组织中国水利水电第五工程局有限公司和东方电机股份有限公司相关人员进行了技术交底,就施工期间的工艺要求进行了讨论,并确定了以下技术方案。

(1)清除缺陷的方式:①采用机械方式打磨,打磨工具使用电动角磨机和抛光片;②碳弧气刨,采用该方式气刨前预热至 80℃,采用火焰加热的方式,并对裂纹及两侧 150mm 范围进行预热。另外,需从裂纹两端向中间进行刨除,根据探伤结果,应从离裂纹端头20mm 处开始气刨。清理深度需大于探伤深度 5mm。气刨后需对坡口进行打磨,打磨至见金属光泽。

(2)对裂纹处进行 PT 探伤,并确认裂纹已被清理干净。

(3)对裂纹及周边 150mm 范围进行预热,预热温度不低于 100℃,采用火焰加热的方式,焊接材料使用 E309D3.2 焊条,焊接电流控制在 100~130A,底层焊缝可采用分段(分两段)焊接。焊接过程中温度不得低于预热温度,层间温度不得高于 200℃。焊后需采用石棉被覆盖缓冷。焊接后部位不得有焊瘤、夹渣或气孔,并清除飞溅。修补裂纹 24h 后,对焊缝进行打磨,打磨前对焊缝进行外观检查,以确定是否存在气孔等缺陷,若有缺陷,则需重新进行处理。焊缝外观检查确定无误后,对焊缝进行打磨处理,并使用 PT 探伤仪对焊缝及周围 200mm 的范围进行探伤检查,确保加热区域没有新裂纹出现。

图 8-2　叶片与下环连接处理裂纹

先用磨光片打磨,再用抛光片打磨,不好操作处用叶轮打磨。焊前加热,裂纹前后左右 50cm 处加热,感觉烫手即可,爆前也要加热。

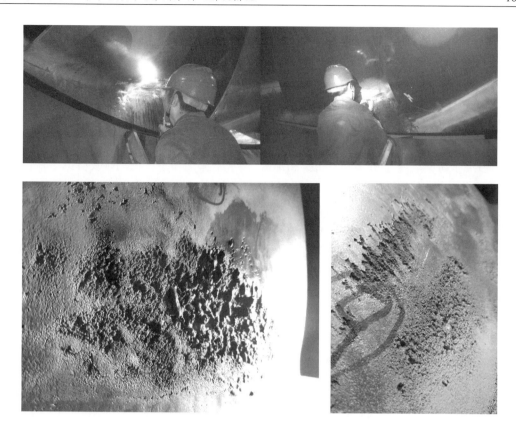

图 8-3　4#机组叶片背面空蚀情况

2019 年 11 月 29 日，在 1#机组 B 修过程中，经 PT 探伤后发现，转轮 9#叶片靠上冠出水边位置有长约 350mm 的裂纹，该裂纹靠近泄水锥；随后使用 UT 超声波探伤进一步确认，靠近泄水锥侧为贯穿性裂纹，深度约为 75mm；9#叶片靠上冠出水边端部焊缝的裂纹深度约为 60mm，从该焊缝位置至裂纹末端，裂纹深度逐渐变小，在 PT 探伤可见位置向前继续延伸约 20mm 处，末端裂纹深度约为 8mm。此处裂纹出现的主要原因如下：转轮上冠本体存在铸造气孔或夹渣等母材缺陷；同时，机组运行以来，受到水头变化影响，且长时间在非额定工况下运行，特别是西南电网异步运行以来，机组采用 AGC 远程调节控制模式，出力调节频繁，转轮长期频繁地穿越振动区域，机组运行工况恶化，并加速缺陷提前暴露。具体分析如下。

（1）应力作用。在机组运行中，转轮在受到高压水压力和高转速离心力的共同作用下，其叶片周边存在 4 个高应力区，位置主要分布在叶片进水边正面靠近上冠处和叶片出水边正面的中下部，这些部位极易产生裂纹。电厂转轮探伤结果显示，转轮裂纹基本都出现在转轮叶片与上冠和下环的连接焊缝处，而裂纹位置基本都分布在叶片进水边正面靠近上冠处和叶片出水边背面的中下部。由此可判断，高应力作用是裂纹产生的可能原因之一。

（2）结构方面。电厂转轮为上冠、叶片和下环单独制造，然后进行组焊连接，焊接时在叶片的中部留钝边的未全焊透方式也是焊缝裂纹产生的可能原因之一。

（3）振动原因。水轮机转轮在运行中，因为水力振动原因，也会导致焊缝疲劳损伤，产生裂纹。产生水力振动主要有以下因素：水力不平衡、尾水管低频水压脉动、空腔气蚀、卡门涡列和间隙射流等。当机组在非设计工况或过渡工况下运行时，通过水轮机的水流状况恶化，水力振动较为明显，造成的破坏也相对加剧。

对此，本书查阅了 2009 年外委试验单位对全厂 4 台机组在不同水头及不同负荷下做的机组变负荷试验资料。该试验主要是针对紫坪埔水电站水头变幅大（变幅比达到 1.94）以及在系统中承担调峰和调频作用的实际情况，在不同的水头下通过对机组在运行中各关键部位（如上机架、定子机架、下机架和顶盖）的水平振动和垂直振动以及机组上导轴承、下导轴承和水导轴承摆度的监测，确定机组负荷的一般振动区、强振动区以及不宜长期运行区。

下面以其中一个水头（109.74 m）下的变负荷试验为例，简述试验情况及试验结果。

（1）试验过程：机组空载运行稳定后，负荷在 0～190MW 范围内逐步递增，并在各负荷下机组运行相对稳定时进行各关键部位监测数据收集，试验记录见表 8-1。

表 8-1　3#机组在 109.74m 毛水头下的变负荷试验记录

试验时间	2006/9/20 15:00	上游水位	855.13m	下游水位	745.39m	毛水头	109.74m
最大出力	190MW	最大出力时对应开度		82.75%	最大出力时对应流量		192.7m³/s
振动情况	上机架	1. 全负荷范围内均未超过 120μm 国际允许值 2. 在 0～90MW 范围，振动幅值超过 100μm，70MW 出力时最大，为 111.3μm；90～190MW 出力范围，振动幅值小于 100μm					
	定子机架	1. 全负荷范围内均超过 30μm 国标允许值 2. 50～70MW 出力范围，超标严重，62MW 出力时最大，为 55.16μm					
	下机架	1. 全负荷范围内均未超过 80μm 国标允许值 2. 50～70MW 出力范围，振动幅值较大，62MW 出力时最大，为 63.06μm					
	顶盖	1. 水平振动：全负荷范围内均未超过 140μm 标准允许值 2. 垂直振动：50～70MW 出力范围，振动幅值较大，部分超过标准值 100μm，63MW 出力时最大，为 137.87μm					
摆度情况	水导摆度幅值全出力范围均未超过 350μm 国标允许值，三部轴承摆度幅值变化趋势大致相同，摆度幅值增大区域为 60～130MW，60～110MW 水导摆度幅值超过 300μm						

（2）试验结果。在 0～40MW 负荷区间，各部位振动幅值变化较小。强振动区主要集中在负荷为 50～150MW 时：在 60MW 负荷时，机组进入尾水管低频涡带振动区；在 80MW 负荷时，开始补气，机组各部位振动较强烈。在 150MW 负荷之后，机组逐渐进入高效稳定运行区域，随着负荷的增加，各部位的振动、摆度和尾水管压力脉动幅值呈减小趋势。负荷达到设计负荷（190MW）时，各部位的振动幅值和摆度幅值均较小，同时，机组运行时的噪声也较小。

试验最终结果：机组在该水头下的优化负荷运行区间为 130～190MW。

在机组的整个变负荷试验（其他水头下）中，还发现振动和摆度的幅值变化随机组运行水头偏离设计水头（100m）的大小而相应变化，在高水头和低负荷时，振动最为明显。

电厂机组长时间在 80～130MW 负荷区间运行，起调峰和调频作用，而该负荷区间正好是机组的强振动区。结合对试验报告的研究分析，本书得出机组在非设计工况下长时间运行是导致转轮产生裂纹的重要原因。

　　综上分析，紫坪铺水电站机组转轮焊缝的裂纹是由上述 3 个因素综合作用而产生的，而圆坑则是在机组运行时由水流中混杂的坚硬物质在高速运动中撞击叶片产生的。

　　通过对探伤发现的裂纹进行研究并对裂纹产生的原因进行分析，建议裂纹处理方案如下：对深度在 2mm 以下的轻微裂纹，采用裂纹打磨消除处理以及裂纹周边打磨圆滑处理；对深度超过 2mm 的轻微裂纹及叶片上的圆坑，采用裂纹打磨堆焊、焊缝打磨和抛光的方法，最大限度地保证转轮原流道曲线；对 1#机组 11#叶片和 2#机组 6#叶片的深、长裂纹，在裂纹全长度范围内，在不损坏母材的情况下，将裂纹打磨至叶片根部并进行消除和清理，然后用与母材材质相似的 S-309L.16（Φ3.2×350mm）型超低碳不锈钢焊条进行补焊，并对焊缝进行打磨和抛光，具体处理工艺如下。

　　（1）在不伤及母材的情况下，对裂纹进行打磨，打磨至坡口位置，直至 PT 探伤检测无裂纹。

　　（2）选用 A042（JWE309MOL-16）型 3.2mm 超低碳不锈钢焊条进行补焊。焊条在使用前，于烘箱（300～350℃）内保温烘干 2h 以上，从烘箱内取出后，放置于 100～150℃保温桶内，随用随取。

　　（3）采用氧气乙炔加热方式对需补焊位置及周围 200mm 范围进行局部加热，加热温度不低于 100℃，在焊接过程中必须随时监测和控制加热部位温度。

　　（4）加热完成后进行补焊工作，焊接电流控制在 100～130A，焊接时不得随意引弧，在需补焊的位置引弧，以避免对叶片造成损伤。由于钝边较长，应从两端向中间方向补焊，每次补焊长度不超过 150mm。每焊完一层，及时用小风铲（或榔头）沿焊缝快速且密集地往返敲击 3 次以上，并对敲击力度加以控制，防止将焊缝震裂，消除应力。再次补焊前，应将焊缝表面清理干净，确保焊缝无裂纹、夹渣或气孔等缺陷。

　　（5）补焊完成后应持续监测加热区域温度，使用石棉布保温 1h 以上，必要时可使用氧气乙炔加热。焊缝冷却后，进行打磨修圆处理。

　　（6）对于片状气蚀，补焊前将气蚀位置表面蜂窝状的疏松体打磨干净，油污使用酒精或丙酮清洗（应特别注意酒精和丙酮的浓度，防止因出现明火而造成严重安全事故），水分用烘枪烘烤去除。对于气蚀产生的分散点状蜂窝孔，用手枪钻或电动磨具打磨抛光，尽量不进行大面积打磨，仅进行点状打磨或钻，将蜂窝状的疏松体打磨掉即可（此蜂窝状疏松体补焊时不能保证完全融入焊缝）。

　　具体处理方案如下。

　　（1）沿探伤裂纹尾部边缘打 Φ8mm 止裂孔，深度为 15mm。

　　（2）拆泄水锥（必要时割掉补气管，重新安装完毕后再焊上），然后检查每个叶片与出水边缘 R700mm 叶片和上冠焊缝的距离。

　　（3）从泄水锥内径开始清理裂纹，先搭焊筋板（筋板与焊面连接处先堆焊不锈钢，厚度为 5mm），然后在泄水锥裂纹尾端打 Φ8mm 止裂孔，深度为 60mm。碳弧气刨开 45°坡口上部深 2/3，下部 1/3 表面磨光见金属光泽。PT 检查各部位，不能存在残留裂纹（先对穿透性裂纹进行检查），用 ER309 焊条按要求烘干，焊接电流控制在 100～120A，预热焊接部位至 100～120℃。先对裂穿部位上部填焊 1/3 深，缓冷。下部清根后填焊 1/3 深，缓冷。

要求焊接时逐层锤击消除应力。

(4)对非裂穿部位用碳弧气刨开 30°～45°，表面磨光见金属光泽。PT 检查各部位，不能存在残留裂纹，直到清理完毕。用 ER309 焊条补焊并按要求烘干，预热焊接部位至 100～120℃，要求焊接时逐层锤击消除应力。焊后缓冷。

(5)用电加热板将焊接部位重新加热到200～210℃，并恒温保持 30min，然后缓冷(保温材料覆盖表面，自然冷却)。

(6)磨光表面，去除搭焊筋板。UT 与 PT 检查合格后回用。

为确保泄水锥的安装预紧力，可将现有的泄水锥螺栓更换为加热拉伸螺栓，螺栓材质由现有的 35#钢(抗拉强度大于等于 530MPa)更改为 35CrMo 型合金结构钢(抗拉强度大于等于 985MPa)，并重新采购泄水锥把合螺栓及加热设备。

8.3　顶盖上止漏环出现开焊现象

2011 年对水轮发电机组进行了调整，在测量转轮上止漏环间隙时发现，2#机组顶盖止漏环焊缝开裂，开列位置位于 8#导叶轴心处至 7#导叶轴心处对应止漏环，且有明显的锈蚀现象；在 7#导叶至 3#导叶对应的止漏环上，有宽度为 0.70mm、深度为 3.00mm、长度约为 3m 的裂缝，且锈蚀严重；在 3#导叶与 2#导叶所对应的止漏环上有锈蚀现象。此外，在 20#导叶与 1#导叶所对应的止漏环上有宽度约为 0.80mm、深度为 3.00mm、长度为 500mm 的裂纹。

在分析测量数据时发现，止漏环总间隙之间差距较大，且测量数据也没有明显规律。具体数据如图 8-4 所示。

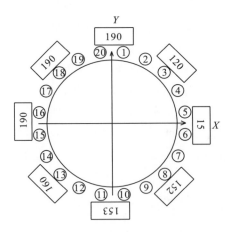

图 8-4　转轮上止漏环间隙测量数据(单位：×10⁻²mm)

注：①～⑳为导叶编号。

在+X(5#和 6#活动导叶之间)方向上转轮止漏环间隙仅为 0.15mm(设计标准为 1.9～2.3mm)，-X方向上止漏环间隙为 1.9mm，+X方向上止漏环总间隙为 2.05mm，+Y方向上止漏环总间隙为 3.25mm。顶盖被拆出后还发现，4#、5#、6#和 7#活动导叶对应的顶盖止漏环表面颜色较深，有烧损迹象。

止漏环上产生的裂纹如图 8-5 和图 8-6 所示。

图 8-5　顶盖静止漏环开裂(1)

图 8-6　顶盖静止漏环开裂(2)

止漏环产生裂纹的原因：初步分析，设备本身在制造上有某些缺陷，在"5·12 汶川大地震"中，外力引起顶盖止漏环焊缝开裂；紫坪铺水电站机组最大水头为 132.76m，最小水头为 68.40m，变幅比高达 1.94，且容量跨度在 100～240MW，比因运行范围宽而引起全国广泛关注的三峡水电站机组有过之而无不及，而水头变幅大、机组运行工况复杂和运行中尾水压力脉动变化等因素加剧了顶盖止漏环焊缝开裂脱空。

根据2#机组检修中现场检查的情况，本书从设计、制造、安装和运行环境等方面对顶盖止漏环损坏原因进行分析。

8.3.1　设计方面的影响

下面从顶盖止漏环结构及其间隙值设计的合理性方面进行探讨。

(1)止漏环结构及固定止漏环结构的受力情况。对于转轮上的转动止漏环，国内通常采用"热套"的办法进行固定。对于顶盖和底环上的固定止漏环，一般采用上、下端焊接或一端焊接、一端插入的办法固定；或采用过盈配合，用干冻的办法(如隔河岩水电站)使之牢固地贴紧在顶盖和底环上。

东方电机股份有限公司制造的固定止漏环，无论是上、下端焊接的结构，还是冷冻的过盈配合结构，都经受住了长期运行的考验。当采用上、下端焊接和顶盖与底环焊接的结构时，固定止漏环背部虽然存在间隙，但止漏环间隙处的脉动压力可由上、下两道整圈焊缝承担；当采用过盈配合结构时，固定止漏环背部无间隙，径向压力脉动已直接由顶盖或底环承担，切向力由过盈配合中的内应力承担。因此，这两种结构即使由于转动止漏环与固定止漏环的材料存在硬度差而可能引起擦伤，但不致造成止漏环严重损坏。

紫坪铺水电站机组的固定止漏环采用的是上、下端焊接结构，与底环或顶盖牢固地固定为一体。除焊接残余应力不大于工作水头 5%的水压脉动应力(计算值小于 0.1MPa)外，不受功率传递影响。

(2)止漏环之间间隙值的取值问题。止漏环最小设计间隙是根据轴系在给定的水力不平衡力、机械不平衡力和电磁不平衡力作用下产生的摆动度，并综合考虑转轮在运行中由离心力和水压力作用引起的膨胀以及盘车结果确定的。发电机组轴系的临界转速直接影响机组的安全运行，同时也影响机组的寿命。在机组轴系临界转速处其振动最大，要想使机组安全运行，就必须使轴系临界转速远离工作转速。东方电机股份有限公司采用转子动力学程序 ARMD 对紫坪铺水电站机组轴系的临界转速进行了计算，并得出了机组轴系一阶临界转速和一阶振型。在主轴径向振动响应结算中，该公司综合考虑了转子磁不平衡力、转轮径向水力不平衡力以及发电机转子和转轮处机械不平衡力。计算结果表明，机组轴系的一阶临界转速(597r/min)为飞逸转速(300r/min)的 1.99 倍，进一步证明轴系的临界转速远离机组工作转速。因此，机组运行及飞逸状态不会使机组因共振而产生较大振动，机组能够安全稳定运行。

对于止漏环设计间隙，国内一般取 0.5/1000，且上冠处略小些，下环处略大些。根据东方电机股份有限公司提供的图纸，紫坪铺水电站机组固定止漏环与顶盖和底环间采用的是间隙配合，直径方向上的最大间隙按图纸公差要求为 0.2mm。转轮直径为 4.85m，上冠止漏环处的最小设计间隙为 1.9mm，约为 0.39/1000，下环处的最小设计间隙为 2.1mm，约为 0.43/1000。

紫坪铺水电站机组与国内外其他机组的设计间隙值比较情况见表 8-2。从表 8-2 可以看出，国内外一些制造厂对上、下止漏环之间间隙的取值很接近，取值原则是，在所有运行工况下，转轮与固定止漏环之间不接触。紫坪铺水电站机组根据轴系动态特性计算得出的止漏环处转轮摆度综合值远小于止漏环处的最小设计间隙值，其在甩负荷工况和飞逸工况下没有发生固定止漏环和转动止漏环接触的可能性，止漏环设计间隙值是合理的。

表 8-2 国内外一些电站的基本参数及其上、下止漏环间隙值

电站名称	机组出力/MW	转轮直径 D_1/m	水头 H/m	上止漏环间隙/mm	下止漏环间隙/m	间隙设计值来源
五强溪	240	8.300	44.5	4.0	5.0	Voith(福伊特)
天生桥Ⅰ级	300	5.775	126.6	2.25	2.5	Alston(阿尔斯通)
隔河岩	300	5.630	108.9	2.5	3.5	GE(通用电气公司)
白山	300	5.500	112.0	2.0	2.0	HEC(伟训科技)
紫坪铺	190	4.850	100.0	1.9~2.3	2.1~2.5	DFEM(东方电机)

8.3.2 制造方面的影响

由于顶盖止漏环上、下端部在厂内装配焊接时易发生质量问题，从而可能会埋下隐患。而在制造加工过程中，由于工艺和技术水平的限制，可能导致实际加工的部件不能完全达到相关技术规范的要求。例如，止漏环与顶盖的装配间隙过大，运行中止漏环的受力是靠焊接而不是直接传到顶盖上。但由于现场损坏严重，对于这种情况的鉴定有相当大的难度。

8.3.3 现场安装方面的影响

紫坪铺水电站 2#机组于 2006 年初完成安装，2006 年 3 月首次起动运行。机组安装完毕后，在现场监理人员的监督下实际测量了上、下止漏环的间隙值，其均在设计值范围内。

2008 年 4 月进行了一次检查性大修，检修中也进行了转轮上、下止漏环间隙的测量，测量数据也在设计值范围内，故基本上可以排除安装方面的影响。

8.3.4 运行环境方面的影响

紫坪铺电站机组从一般意义上讲运行难度不大。因为从装机容量上看，其单机容量只有 190MW；从部件尺寸看，其转轮直径只有 4.85m，不算很大。但该电站具有一个特点，其最大水头为132.76m，最小水头为68.40m，比值高达 1.94，且其容量跨度为 100~240MW，比因运行范围宽而引起全国广泛关注的三峡水电站机组有过之而无不及（三峡水电站水头变幅为 113m/61m=1.852，容量变幅为 852MW/497MW=1.714）。本书在仔细分析其参数后发现，该机组的运行具有相当难度。因此，在主机招标过程中，紫坪铺水电站对机组超宽运行范围内的稳定性给予了充分关注，最终选择由东方电机股份有限公司来生产水轮发电机组，其水轮机转轮整体从俄罗斯 LMZ 公司进口，水力设计也由俄罗斯 LMZ 公司提供。

对于紫坪铺水电站机组这样水头和负荷变化大的机组，应该把安全稳定运行放在首位。从 PO140 型转轮的特性看，在水头小于 80m 时，其 50~85.5MW 出力区间内有一个压力脉动较大的区域，该区域内主频下的最大压力脉动达 7%，属水力不稳定区。紫坪铺水电站机组在运行时应尽量注意以下问题：①水轮机在低水头 35%~45%预想出力范围内及在高水头 40%~70%预想出力范围内的压力脉动较大，因此，应尽可能避免在该区域内运行；②在高水头区域，应尽可能运行在大负荷工况下。

但实际情况是，紫坪铺水电站作为四川电网中主要的调频调峰电厂，处于成都负荷中心，开机和停机次数较多；为满足下游供水要求，遵循电调基于水调，机组长时间运行在振动边缘或压力脉动大的区域内，故未能在运行中注意避免恶劣工况，完全做到水轮机良好运行。这或许是造成（或加剧）顶盖止漏环损坏的一个重要原因。

2#机组上一次 B 修时间为 2008 年 4 月 3 日，当时未发现止漏环有间隙异常和焊缝开裂现象。2008 年 5 月 12 日汶川发生了 8 级特大地震，距离震中仅 17km 的紫坪铺水电站的基础设施和机电设备遭受了重大损失。其中2#机组受地震外力影响最大，这可以从地震后设备移位程度看出。1#~4#主变本体因地震均有不同程度移位，其中以 2#主变本体移位最大，其移位长度沿-X 方向达 80mm 左右，说明地震对电厂设备在 X 方向上有一个较大的外力。这与地震后在对 2#机组的检修中实测+X 方向上转轮止漏环的间隙为 0.15mm（最小设计值为 1.9mm）且焊缝开裂脱空存在某种必然的联系。

8.3.5 综合因素的影响

由于制造及安装偏差和运行环境变化，因地震外力而产生的综合性影响因素是导致机组顶盖在实际运行中严重损坏的一种最有可能的原因。

8.3.6 处理措施

东方电机股份有限公司根据止漏环开裂和开裂所造成的顶盖止漏环与顶盖产生空隙

并造成顶盖止漏环与转轮止漏环间隙变小的情况，拟定了以下 3 种处理方案。

(1)方案一：直接在现有位置进行焊接处理，及时对开裂部位进行修复。该方案能在较短的时间内对开裂部位进行焊接处理，使机组尽快恢复运行，但焊接位置较差，且无法解决止漏环间隙过小及开裂后顶盖止漏环与顶盖之间产生空隙的问题，存在再次开裂的隐患，需要以后经常进行检查。

(2)方案二：将顶盖取出后对焊缝进行处理，加工内圆，满足间隙要求。对整条焊缝进行清理后重新焊接，再对顶盖止漏环内圆进行加工。该方案能暂时解决止漏环间隙问题，但从长期运行来看，留下了一定隐患且现场不具备焊接条件。

(3)方案三：用备品止漏环更换现有止漏环。采用备品更换现有止漏环，能解决目前止漏环存在的问题，焊接和加工质量能满足图纸的要求，不足之处是工期相对较长。

根据止漏环开裂以及开裂造成的顶盖止漏环和转轮止漏环间隙变小的情况，为防止长期运行造成转轮磨损，并进一步加剧设备损坏，影响机组正常运行，危及电网安全，紫坪铺水电站最终研究决定采用第三种处理方案：拆除顶盖并返厂，用备品更换现有止漏环，从而彻底解决了 2#机组止漏环存在的问题。

按照东方电机股份有限公司的设计意见，测量了备品止漏环的内、外径尺寸和转轮上止漏环的尺寸，并根据该尺寸进行后续加工。其中，将备品止漏环下端尺寸从 $\Phi4470$ 改为 $\Phi4460$，增大了下端封焊坡口。同时，焊接备品止漏环时考虑了消应力措施，焊接后焊缝按 ASTM（American Societyfor Testing and Materials，美国材料与试验协会）标准作磁粉探伤检查，以保证处理后的顶盖止漏环间隙达到设计值，从而确保机组安全运行。所有工作按照第三种方案进行工期排序，具体排序如下：拆除返厂旧止漏环工期为 5 个工作日；转序立车对安装止漏环的基准面找正工期为 2 个工作日；备品止漏环尺寸检查（不占直线工期）和水轮机总装平台套装止漏环工期为 3 个工作日；止漏环与顶盖焊接工期为 9 个工作日；立车加工工期为 3 个工作日。根据东方电机股份有限公司确定的顶盖止漏环更换时间（30 天）和机组拆卸及恢复时间（30 天），2#机组从 B 修转为 A 修。

处理意见：将机组转入 A 修，拆除顶盖并返厂，用备品止漏环更换现有止漏环，彻底消除事故隐患。

顶盖返厂后进行加工处理。原顶盖止漏环焊角为 15mm，若安装抗磨板时借用焊角尺寸，将导致原有焊角变小，使该处开裂脱空的可能性增大。因此，更换新的顶盖止漏环时增大了该处焊角。处理后焊接深度为 30mm 左右，原设计深度为 15～20mm。

紫坪铺水电站在 2012 年汛后 2#机组 C 修中对机组转轮进行探伤检查时发现，机组转轮上冠、下环与转轮叶片的焊缝有多处裂纹，其中 6#叶片进水边处裂纹较严重，通过超声波探伤发现，有 580mm 长、深 37mm 左右的裂纹。由于该裂纹较深，电厂为了确保检修质量和工艺，特邀请东方电机股份有限公司技术人员到现场进行查看。

在技术人员对现场进行查看后，电厂组织水电五局、东方电机股份有限公司人员进行了技术交底，就施工期间的工艺要求进行了讨论，确定了以下技术方案：

(1)清除缺陷的方式：①采用机械方式打磨，打磨工具使用电动角磨机和抛光片；②碳弧气刨，采用该方式气刨前预热 80℃，采用火焰加热的方式，需对裂纹及两侧 150mm 范围进行预热。需从裂纹两端向中间进行刨除，根据探伤结果离裂纹端头 20mm 处开始气刨。清理深度需大于探伤深度 5mm。气刨后需对坡口进行打磨，需打磨至见金属光泽。

（2）对裂纹处进行 PT 探伤，确认裂纹清理干净。

（3）对裂纹及周边 150mm 范围预热不低于 100℃，采用火焰加热的方式，焊接材料使用 E309D3.2 焊条，焊接电流控制在 100～130A，底层焊缝可采用分段焊接，分两段。焊接过程中温度不得低于预热温度。层间温度不得高于 200℃。焊后需采用石棉被覆盖缓冷。焊接后部位不得有焊瘤、夹渣、气孔，并清除飞溅。裂纹修补 24h 后，对焊缝进行打磨，打磨前对焊缝进行外观检查，是否存在气孔等缺陷，如有缺陷需重新进行处理。焊缝外观检查确定无误后，对焊缝进行打磨处理，再使用 PT 探伤仪对焊缝及周围 200mm 的范围进行探伤检查，确保加热区域没有新裂纹的出现。

返厂处理好的 2#机组顶盖，通过 5 个多月的运行观察，未发现异常，机组振动和摆度及各部位轴承温度实测正常。

8.4　特定水头及功率下的高频振动

8.4.1　1#机组在特定水头和出力下出现异常高频振动的问题

2019 年 6～7 月，1#机组 1#、2#、3#、4#、6#和 7#推力冷却器相继出现水箱盖裂纹和进水管及排水管焊缝裂纹。检查发现，1#机组在特定工况范围内，其推力冷却器管路振动大，尾水管及机坑基部异常振动大，机组其余各部位的振动和摆度正常。1#机组 B 修期间，紫坪铺水电站对推力冷却器进行了技术改造，并更换了大轴补气阀（设计开启真空度为-0.003MPa，设计全开真空度为-0.15MPa，调整补气阀 21kg 开启）。B 修完成后，经过巡检及试验发现，推力冷却器异常已消除，但尾水管及机坑基部异常振动仍存在。

尾水管和机坑基部振动剧烈，但机组转动部件的振动和摆度幅值等各项监测数据基本无变化。现象发生过程和预防措施如下。

（1）现象发生过程。2019 年 3 月 19 日，1#机组在水头为 101.30m 且尾水位为 744.80m 时有异常声响，其随负荷变化的情况如下：负荷为 181MW 时出现，负荷为 187MW 时最大，负荷为 191MW 时消失（过程为逐渐达到峰值后逐渐消失）。

从 2019 年起，紫坪铺水电站开展了有针对性的跟踪记录和试验。长期统计结果表明，振动多发生于水轮机运行的最佳工况区域，该区域运行效率在 94%以上，尾水位为 744.00～745.70m，水头为 99.70～104.30m，有功负荷为 175～193MW，流量为 190～210m³/s。

水电站已经进行多次强制补气试验，人员分点监视各设备运行状态。检查发现：补气阀在各工况下运行正常；往尾水管中强制补气时，异常振动消失；往顶盖强制补气时，共振现象有逐渐增大的趋势。

当水头由 100m 左右逐步降低至 90m 时，振动出现的区间发生了变化，最强振动所对应的负荷由 187MW 降低为 172MW，流量基本无变化。当水头低于 94m 后，未再次观测到异常振动。

（2）预防措施。已经采取的措施有：日常运行过程中加强巡视，细化跟踪记录（表 8-3～

表 8-7）；多次试验，在不同工况下记录机组振动特性，采用避开较差工况的方式避免该现象的发生；为进一步查明原因，积极向科研院所、厂家及调试所等的专家进行咨询，或邀请其到现场查看。

水电站计划采用向尾水管强制补气的方法避免共振的形成；在条件具备的情况下，对机组进行全面检查，并对尾水锥管各部位进行有针对性的探伤和混凝土脱空检查工作。

表 8-3 1#机组巡回记录（1）

序号	时间	水头/m	尾水位/m	导叶开度/%	有功功率/MW	无功功率/MW	励磁电流/A	异响	振动
1	2019-7-26 8:30	103.00	745.57	84.50	175.36	3.60	1117	有振	中
2	2019-7-26 16:30	104.00	745.55	80.30	180.20	5.69	1070	有振	中
3	2019-7-27 8:40	105.00	745.60	84.90	190.80	18.50	1147	有振	中
4	2019-7-27 16:15	105.00	745.60	85.16	190.60	16.80	1146	有振	中
5	2019-7-28 8:55	104.00	745.59	86.30	192.94	0.75	1074	有振	中
6	2019-7-29 8:50	104.60	745.60	85.69	190.50	4.50	1088	有振	中
7	2019-7-29 16:27	104.30	745.60	86.61	191.30	1.87	1076	有振	中
8	2019-7-31 9:46	104.00	745.60	84.80	185.10	20.17	1157	有振	小
9	2019-7-31 14:43	102.80	745.70	84.92	183.60	18.07	1132	无	小
10	2019-8-1 8:21	102.30	745.70	88.20	190.50	15.50	1146	有	中
11	2019-8-1 14:52	102.00	745.60	86.42	184.00	22.10	1154	有	小
12	2019-8-2 8:35	103.00	744.70	66.78	136.28	9.30	1008	无	无
13	2019-8-2 9:25 运行试验	180μw 以下无异响振动		180—180μw 异响振动逐渐增加			180μw 以上异响振动中		
14	2019-8-4 9:15	103.00	745.60	68.70	143.90	9.09	1031	无	小
15	2019-8-4 14:25	103.00	745.60	87.90	190.00	14.40	1132	无	小
16	2019-8-5 8:44	102.00	745.60	27.23	13.77	13.60	896	无	小
17	2019-8-5 16:16	102.00	745.60	88.62	190.10	13.50	1128	有	小
18	2019-8-6 8:33	102.00	745.60	38.61	44.40	17.50	926	无	无
19	2019-8-6 16:55	102.00	745.60	86.37	190.40	20.80	1159	有	中
20	2019-8-7 8:52	102.00	745.60	65.80	140.67	22.30	1074	无	无
21	2019-8-8 15:00	107.90	744.80	77.80	180.80	25.80	1137	无	无
22	2019-8-9 8:30	108.30	744.90	66.30	14.72	21.50	1071	无	无
23	2019-8-9 16:24	108.00	745.40	72.07	165.70	17.50	1094	无	无
24	2019-8-10 9:35	108.00	744.80	72.70	171.40	28.10	1153	无	无
25	2019-8-12 8:29	109.20	744.80	38.49	47.30	7.53	891	无	无
25	2019-8-12 16:07	108.40	745.50	79.70	187.40	19.50	1139	无	无

注：180μw 以下无异响振动，180—180μw 异响振动逐渐增加，180μw 以上异响振动中，下同。

表 8-4　1#机组巡回记录（2）

序号	时间		水头/m	尾水位/m	导叶开度/%	有功功率/MW	无功功率/MW	励磁电流/A	异响	振动
1	2019-8-13	8:38	107.90	745.40	80.43	187.20	16.00	1125	无	无
2	2019-8-14	8:31	108.00	745.40	68.00	151.00	14.40	1022	无	无
3	2019-8-15	9:10	108.00	745.30	30.20	34.60	13.97	909	无	无
4	2019-8-15	16:16	104.80	745.80	85.60	190.50	20.00	1153	有	小
5	2019-8-16	8:48	104.40	745.50	70.59	150.44	12.10	1032	无	无
6	2019-8-16	16:00	103.70	745.60	85.90	188.00	11.80	1115	有	小
7	2019-8-19	9:04	100.30	745.70	93.40	190.10	19.20	1150	无	无
8	2019-8-19	17:24	100.00	745.60	85.16	167.40	12.90	1075	无	无
9	2019-8-20	8:54	103.00	745.60	81.86	178.70	19.50	1117	无	无
10	2019-8-20	15:15	104.20	745.80	81.82	182.30	33.50	1197	无	无
11	2019-8-21	8:40	106.50	745.40	78.39	179.26	22.56	1141	无	无
12	2019-8-22	9:12	106.90	745.50	76.17	187.50	22.00	1152	无	无
13	2019-8-23	9:04	104.90	745.90	83.68	187.90	25.20	1173	无	无
14	2019-8-23	15:38	104.70	745.80	85.46	190.10	23.30	1167	有	小
15	2019-8-24	9:05	104.00	745.60	84.80	187.70	23.21	1175	无	小
16	2019-8-24	14:40	104.00	745.60	84.60	187.30	23.06	1175	无	小
17	2019-8-25	14:40	103.00	745.70	85.50	188.50	28.66	1215	无	小
18	2019-8-26	8:06	103.70	745.60	86.60	190.20	16.40	1137	有	中
19	2019-8-27	9:58	103.40	745.60	86.89	189.40	9.40	1101	有	中
20	2019-8-27	16:04	103.10	745.60	88.01	190.90	11.00	1115	有	中
21	2019-8-28	9:00	102.80	745.50	88.37	190.50	14.00	1116	有	中
22	2019-8-28	16:07	102.30	745.70	89.28	190.30	10.30	1115	有	中
23	2019-8-29	9:08	101.90	745.70	89.75	190.20	18.40	1145	有	小
24	2019-8-30	8:55	102.40	745.10	83.50	180.20	33.30	1188	无	无
25	2019-8-31	9:49	102.00	744.90	69.10	141.50	29.30	1114	无	无
26	2019-8-31	16:00	103.00	744.90	69.00	142.90	27.70	1102	无	无
27	2019-9-1	9:06	103.0	744.90	68.00	142.40	20.00	1057	无	无

表 8-5　1#机组巡回记录（3）

序号	时间		水头/m	尾水位/m	导叶开度/%	有功功率/MW	无功功率/MW	励磁电流/A	异响	振动
1	2019-9-2	8:54	104.00	745.50	84.70	190.90	20.10	1148	有	中
2	2019-9-2	16:42	103.40	745.70	87.47	190.60	19.70	1145	有	中
3	2019-9-3	8:48	103.20	745.70	87.09	190.00	24.60	1172	有	中
4	2019-9-3	15:48	103.10	745.40	86.54	186.90	17.10	1129	有	中
5	2019-9-4	8:58	102.40	745.50	89.38	190.80	9.70	1098	有	中
6	2019-9-4	15:54	101.90	745.50	90.62	186.10	3.20	1074	有	小
7	2019-9-5	9:16	101.10	745.70	82.85	180.80	17.40	1111	无	无
8	2019-9-6	8:48	100.30	745.60	91.70	189.20	34.10	1208	无	无
9	2019-9-6	15:02	100.00	745.50	91.52	187.20	23.40	1165	无	小

序号	时间	水头/m	尾水位/m	导叶开度/%	有功功率/MW	无功功率/MW	励磁电流/A	异响	振动
10	2019-9-9 9:02	98.90	745.40	79.78	152.80	28.38	1154	无	无
11	2019-9-10 8:56	99.50	745.60	91.86	186.60	29.40	1186	无	无
12	2019-9-11 9:07	101.00	745.50	84.76	178.30	22.40	1142	无	无
13	2019-9-13 10:22	104.00	744.90	41.80	54.50	19.60	935	无	小
14	2019-9-15 9:11	113.00	744.60	66.80	160.70	24.20	1119	无	无
15	2019-9-16 8:54	115.40	745.30	35.12	31.80	18.50	930	无	无
16	2019-9-18 9:01	117.40	745.50	64.45	158.40	16.80	1071	无	无
17	2019-9-19 10:06	118.70	745.20	26.20	23.70	14.70	892	无	无
18	2019-9-20 8:42	119.20	745.20	34.94	37.00	9.80	886	无	无
19	2019-9-23 8:43	121.40	745.40	67.60	163.70	13.70	1097	无	无
20	2019-9-23 16:28	121.40	745.30	24.12	24.90	14.90	100	无	无
21	2019-9-25 8:53	120.10	744.90	18.90	1.67	1.00	1.0	无	无
22	2019-9-26 9:10	119.80	745.40	67.50	183.90	0.90	1052	无	无
23	2019-9-29 9:29	123.00	745.20	64.84	150.30	17.70	1083	有	中
24	2019-9-30 9:37	123.00	745.00	61.60	158.60	19.90	1131	无	小
25	2019-10-10 10:32	130.00	744.80	63.70	174.92	19.26	1134	无	小

表 8-6　1#机组巡回记录(4)

序号	时间	水头/m	尾水位/m	导叶开度/%	有功功率/MW	无功功率/MW	励磁电流/A	异响	振动
1	2019-10-14 8:44	129.00	745.60	63.19	178.40	12.10	1095	有	小
2	2019-10-15 10:24	130.00	745.30	63.62	183.60	15.10	1117	有	小
3	2019-10-17 9:04	130.10	745.30	63.25	181.20	24.70	1157	有	小
4	2019-10-18 8:49	130.90	745.20	59.77	165.40	22.70	1123	无	小
5	2019-10-21 8:56	131.60	745.30	63.29	183.60	14.10	1103	无	小
6	2019-10-22 8:57	131.70	745.30	62.50	179.50	9.90	1087	无	小
7	2019-10-23 9:16	131.00	745.20	53.90	147.70	9.20	1014	无	小
8	2019-10-25 8：25	131.20	745.30	65.20	192.45	15.72	1134	无	小
9	2019-10-28 9:00	131.00	745.10	63.69	186.10	22.70	1152	无	中
10	2019-10-30 8:48	131.00	745.30	64.30	189.70	15.60	1132	无	中
11	2019-11-1 8:57	130.40	745.30	62.57	175.20	−6.30	1016	有	小
12	2019-11-4 8:47	130.00	745.30	63.80	184.80	21.20	1154	有	中
13	2019-11-6 8:55	129.00	745.30	65.50	190.00	12.40	1132	无	中
14	2019-11-11 8:38	131.20	744.90	64.62	184.10	3.50	1065	无	中
15	2019-11-13 8:42	131.20	744.20	64.53	179.70	21.10	1134	无	中
16	2019-11-15 8:43	130.60	744.40	60.47	185.40	−5.70	995	有	中
17	2019-11-18 8:49	129.80	744.50	23.62	15.40	28.70	974	无	无
18	2019-11-20 9:06	128.00	744.70	63.30	179.20	30.40	1164	无	无

表 8-7　1#机组巡回记录(5)

序号	时间	水头/m	上游/下游水位/m	有功功率/MW	无功功率/MW	导叶开度/%	励磁电流/A	异响振动	其他
1	2020-3-18　08:50	102.90	847.40/744.50	189.03	-2.83	88.06	1057	有	锁锭管路抖动较大,负荷降至170MW后异响消失
	2020-3-18　15:24	103.20	847.20/744.00	190.00	-3.60	88.40	1047	有	189.4MW时异响明显减小
2	2020-3-19　09:10+	101.80	846.80/745.00			181MW 开始,187MW 最大,191MW 消失		—	
3	2020-3-21　10:50+	101.30	846.10/744.80			177MW 开始,183~185MW 最大,190MW 消失		—	检查到补气阀有补气声
4	2020-3-22　10.55+	100.80	845.20/744.30			183~187MW 最大		—	检查到补气阀有补气声
5	2020-3-30　10:00+	103.60	847.80/744.20	—	—	150~195MW 无		—	
6	2020-4-01　11:00+	103.70	848.50/744.80			189~192MW 有		—	补气阀有补气声,较小
7	2020-4-3　11:00+	104.30	849.20/744.90			182~192~195MW		—	轻微补气,增加无功情况,异响声拉长
8	2020-4-4　09:00+	—	848.80/744.65			189~193~195MW		—	首次尾水管进口补气,异响消除
9	2020-4-9　09:00+	—	848.80/744.65			189~193~195MW		—	尾水管进口补气后,异响消失,效果明显。异响最大时,补气管补气量微小
10	2020-4-9　09:00+	—	844.70/745.00			175~183~188MW		—	尾水管进口补气,异响消失;顶盖补气,异响增大。异响最大时,补气管补气量微小
11	2020-4-10　17:00+	—	—			—		—	
12	2020-4-11	—	842.50/744.90			175~180~185MW			
13	2020-4-13	—	841.70/745.10			175.8		—	补气试验,异响消失
14	2020-4-13	—	840.80/745.00			173			自2#尾水管测压管取水,补水无效
15	2020-4-15　15:00+	95.40	839.75/744.37	总 300		173MW 但声音小			
16	2020-4-15　16:00+		839.62/744.98	总 500		173MW			
17	2020-4-19　—	92.00	836.60/744.40			—			最大负荷为160MW,无异常
18	2020-4-20　—	90.00	835.65/745.23	—		—			最大负荷为158MW,无异常
19	2020-4-21　—	—	834.30/745.08	—		—			—

下面简述 2019 年进行的 2 次强制补气试验的过程。

(1)2019 年 4 月 4 日,1#机组负荷稳定在 193MW,上游水位为 848.80m,下游水位为 744.65m。尾水进入门处振动较大时，在低压气罐旁临时用气阀门接软管至 1#机组水车室外尾水管真空压力测压管，进行多次通气试验：在全开临时用气阀门进行强制补气过程中，尾水进入门处异响逐渐消失；停止补气后，尾水进入门处异响逐渐出现并增大。

（2）2019 年 4 月 9 日，1#机组负荷稳定在 183MW，上游水位为 844.70m，下游水位为 745.00m。尾水进入门处振动较大时，在低压气罐旁临时用气阀门接软管至 1#机组水车室外尾水管真空压力测压管，进行多次通气试验：在全开临时用气阀门进行强制补气过程中，尾水进入门处异响逐渐消失；停止补气后，尾水进入门处异响逐渐出现并增大。在顶盖强制补气时，异响增大。

试验表明，通过顶盖测压孔强制补气，振动更加剧烈；通过尾水管进口测压管补气，可有效消除振动异响。

8.4.2　引起异常高频振动的因素

1. 机械方面的因素

（1）转轮等旋转部件与静止部件相碰撞，引起激烈振动并伴有声响。

（2）转动部分重量不平衡。随着速度上升，振动增大，而与负荷无关，这是常见的现象，特别是在焊补转轮或更换桨叶后更容易发生。这类振动的特点是振动频率与水轮机转动频率一致，发电机上、下机架及导轴承横向振动的振幅与转速的平方成正比。

对于机械原因引起的振动，只要查清振动原因，并采取相应的措施(如通过动平衡、调整轴线或调整轴瓦间隙等)，就能消除。

2. 水力方面的因素

（1）尾水管中水流涡带所引起的压力水脉动，引起水轮机振动。混流式水轮机在偏离最优工况运行时，其尾水管中将出现涡带，由此引起水轮机振动，并伴有声响，这种情况常发生在 30%～60%额定负荷范围内。强烈的涡带可能引起厂房振动，若由涡带引起的尾水管中的低频压力脉动频率与引水管固有频率接近，则可能引起引水管强烈振动，若压力脉动频率和水轮机的转动频率接近，则可能引起功率摆动。例如，狮子滩电站存在涡带引起的振动，因此常在转轮出口附近的尾水管上部装十字架补气装置，或采取轴心补气，还有的采取加长泄水锥或加同轴扩散型内层水管段来解决。近年来，一些大中型电站在尾水管入口处加装导流瓦和导流翼板等都可使涡带引起的振动减轻或消失。

（2）卡门涡列引起的振动。当水流流经非流线型障碍物时，在其垫面尾流中会分裂出一系列变态旋涡，即卡门涡列。这种涡列交替地做顺时针方向或逆时针方向旋转。其在不断形成与消失的过程中，会在垂直于主流的方向上引起交替变化的振动力。当卡门涡列的频率与叶片固有频率接近时，叶片动应力急剧增大，有时发出响声，甚至使叶片根部断裂。卡门涡列一般发生在 50%以上额定出力的某种工况下。采用改变卡门涡列频率或叶片固有频率的办法，可以减轻卡门涡列振动。例如，将叶片出水边削薄或改型，可使正、背面的交流旋涡抵消或削弱，并同时提高卡门涡列的振动频率，使其远离叶片自振频率，避免产生共振，但是叶片削薄改型部分不宜太长，否则会影响翼型的特性，降低效率；尾端圆角应满足强度的要求，不应太小。

（3）转轮止漏环间隙不均匀引起的振动。为减少高水头水轮机转轮的容积损失，通常采用梳齿形止漏装置，当结构不合理或间隙过小时，引起止漏环的压力变化和波动，间隙大的地方流速较小且压力较大，间隙小的地方则相反，从而造成间隙内的压力不均匀分布和产生侧向水推力，引起转轮偏心变大和振动，其振动频率与止漏环偏心运动的频率相同。实践证明，适当增大外止漏环间隙，可使转轮偏心运动对转轮背压和止漏环间隙中压力的影响明显减弱，从而减小振动。例如，鱼子溪水电站4#机组运行半年后出现振动过大现象，后将上、下止漏环间隙从 1mm 增加到 2.5mm，振幅便减小至规定范围内。

8.5　冷却器冷却水管开焊

推力冷却器水箱盖及进出水管作为发电机组轴承冷却系统的重要组成部分，需要具备优良的换热性能和可靠的质量保证，从而对发电机组的运行安全和稳定起到保障作用。紫坪铺水电站 1#机组推力冷却器水箱盖及进出水管至今已运行十余年，目前有水箱盖本体出现裂纹和管路连接处焊缝漏水等问题，可能会影响机组安全可靠运行。为确保机组的运行安全，对 1#机组推力冷却器水箱盖及进出水管进行改造。

改造后的进出水连接管、U 形连接管、法兰和弯头等的焊缝处内外满焊或进行坡口焊，不能满焊时焊脚尺寸不小于 5mm。改造后的管路应在出厂前做耐压试验，水压为 0.6MPa，保压时间为 1h，以确保无渗漏及其他缺陷。

将水箱盖进出水连接管由冷拔钢管[20（L）Φ108×4]更改为无缝不锈钢管[0Cr18Ni9（L）Φ108×7]，以提高该管路的强度及抗腐蚀能力。U 形连接管及法兰的材质选用不锈钢材（06Cr19Ni10），以提高该管路的抗腐蚀能力。

表面处理：1#机组推力冷却器水箱盖及进出水管涂装工艺仍按原图纸进行加工，所有焊缝表面应光滑，无气孔和夹渣等缺陷。

8.6　水轮发电机组制动闸板及闸墩振动现象

有 12 件制动块（3F7846）用于 4#机组，在使用过程中陆续出现因振动过大而造成制动器气管焊缝开裂的情况。从现场情况来看，制动器气管管路系统振动严重。有资料表明，摩擦材料的硬度对制动噪声和摩擦稳定性都有较大影响，一般情况下硬度与摩擦材料的耐磨性成反比，当摩擦材料的硬度小于等于 35HB 时，摩擦材料在制动时能与对偶件紧密贴合，基本实现"软制动"，降低制动噪声并减轻对偶件的损伤。

试验结果表明，单件制动块的摩擦系数和磨损量参数值的变化不大，都在国家标准规定的范围内；只有布氏硬度值稍大一些，但也在国家标准规定的范围内。

综合以上因素，哈尔滨动力发电配件有限公司认为此次问题的出现可能是布氏硬度值较大造成的。

从原材料厂家提供的报告中可以看出，2017 年重新更换的 24 件制动块的布氏硬度值均小于35HB，且比 2016 年供货的制动块的布氏硬度值下降较多，由此可避免制动时振动较大的问题。但目前的情况是振动仍存在，可能是机组的水力振动和结构振动引起的。

8.7 水轮机大轴补气阀问题

紫坪铺水电站水轮发电机组大轴中心补气阀采用的是东方电机股份有限公司生产的Φ430 平板橡胶密封补气阀，如图 8-7 所示。当机组在非最优工况区运行时，转轮下方会形成旋转涡带，尾水管内的水流脉动加剧，真空度增加，导致机组的振动和摆度增大。此时补气阀在大气压的作用下，克服阀体弹簧力开启，给转轮室下方的真空区进行自然补气，防止产生尾水管涡带及空化。补气阀下方设有浮筒，用于紧急停机或其他情况导致出现反水现象时。此时，浮力将浮筒升起，浮筒与补气阀阀盘紧闭，从而防止转轮室的水通过大轴中心孔流出，发生事故。

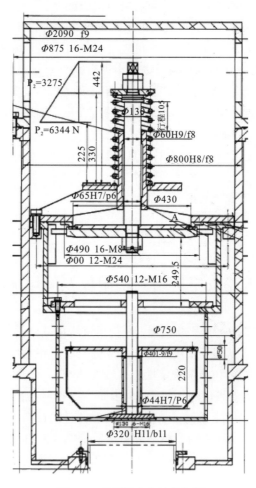

图 8-7　紫坪埔水电站补气阀

电厂机组大轴补气阀投运时间如下：3#和 4#机组，2005 年 10 月；2#机组，2006 年 3 月；1#机组，2006 年 6 月。电厂机组至今已运行近 10 年，该补气阀暴露出如下问题：机组运行过程中，补气阀工作时啸叫声较大，阀体零部件损坏较为严重，故障频次最多的是补气阀阀轴，其出现磨损严重、轴套磨损脱落、阀盘橡胶密封环磨损脱落和阀轴弹簧压盖的锁紧螺母脱落等。具体情况如下。

（1）2007 年 4 月 3 日，在 4#机组大修过程中，将阀罩拆除后检查，发现补气阀中弹簧压盖和锁紧螺母均脱落，补气阀处于常开状态。

（2）2007 年 6 月 27 日，2#机组运行中补气声异常，检修后发现补气阀因阀体弹簧压盖和锁紧螺母等脱落而处于全开状态。

（3）2007 年 8 月 11 日，3#机组运行中补气声异常，检修后发现补气阀的薄螺母脱落，阀轴磨损严重，轴套已磨坏，补气阀整体损坏较为严重。

（4）2011 年 2 月，在 1#机组检修中发现补气阀弹簧断裂。

（5）2011 年 3 月，在 2#机组检修中发现补气阀的轴套和阀轴磨损严重。

紫坪埔水电站机组运行水头变幅较大，最低水头为 68.40m，最高水头为 132.76m，变幅达到 64.36m；同时由于电厂机组在系统中主要承担调峰和调频任务，因此机组的运行工况相对较为恶劣，机组转轮室补气较为频繁。

电厂原装补气阀为平板橡胶密封，当阀轴轴套磨损且弹簧轴发生偏移时，密封面中心发生移位，补气阀出现动作后不能可靠复位；同时，由于补气阀随大轴一起运行，在补气阀动作复归期间，因为阀轴与大轴运行不同步，造成密封面与补气阀阀盘间旋转摩擦，磨损特别严重。另外，现有的补气阀未设置缓冲部分，在补气阀复归过程中，活塞盘与阀盘猛烈撞击，加剧了补气阀零部件的损坏。

现有的机组补气阀有损坏严重和零部件损坏等问题，在每年的机组检修中，补气阀的检查和零部件更换已成例行工作，增加了现场的检修和维护工作量。

设置机组大轴补气阀的主要目的是当机组在非最优工况下运行且机组尾水管内出现低压真空区时，补气阀自动向尾水管内补入空气，以破坏低压区，预防或减少气蚀的发生，减小机组过流部件因气蚀受到的损坏，提高水轮机的效率。电厂机组现使用的补气阀，由于其结构导致零部件易损坏，常处于较差作业状态，不能较好地达到补气设计的要求，对机组过流部件特别是转轮的气蚀也起不到较好的预防效果。

补气阀技改原则上应满足转轮室真空区的原设计补气量需求，保证技改后的补气阀阀轴、轴套、阀盘密封环、螺母和弹簧等零部件的可靠性，保证机组长期安全稳定运行。

改造后的大轴补气阀应实现：当机组在非最优工况下运行且机组尾水管内出现低压真空区时，该补气阀自动向尾水管内补入空气，以破坏低压区，预防或减少气蚀的发生，减小机组过流部件因气蚀受到的损坏，提高水轮机的效率；除此之外，该补气阀须满足能快速开启和缓慢关闭，保证阀轴同心度，避免因阀盘剧烈冲击而导致的轴套磨损和密封环损坏等不良后果。

改造后的补气阀须满足的主要技术指标如下：阀门最大设计行程为 110mm，当真空度为-0.005MPa（试验挂重 74kg）时，阀门开始开启；当真空度为-0.015MPa（试验挂重 260kg）时，阀门全开。

当前，水电机组应用较为广泛的补气阀有浮球式补气阀、油缓冲补气阀、气缓冲补气阀和平板橡胶密封补气阀等。

(1)浮球式补气阀。其结构如图8-8所示。优点：结构简单，价格低廉。缺点：没有任何缓冲装置，且抗水锤能力较差，阀口密封效果不好，浮球在弹簧力的作用下长时间剧烈撞击会破坏阀口密封环，甚至使阀轴断裂、浮球变形或弹簧损坏，导致补气阀不能正常、可靠地工作，更不能进行合理补气，起到预期的破坏气蚀和减少裂纹的作用。

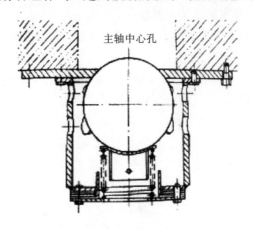

图8-8　浮球式补气阀示意图

(2)油缓冲补气阀。优点：具备一定的缓冲功能，可解决补气阀关闭时的部分振动和噪声问题。理论上，其工作效果好于不具备缓冲功能的浮球式补气阀和平板橡胶密封补气阀。缺点：实际应用时会有同轴度较差和补气阻力大等问题。同时，因为增加了一套油缓冲系统，其可能发生缓冲油的泄漏，造成机组运行环境污染，增加检修和维护工作量。

(3)气缓冲补气阀。XBF系列空气压缩缓冲补气阀是哈尔滨盛迪电力有限公司生产的，如图8-9所示。优点：该补气阀具有快补、速回及到位缓慢关闭(国家专利技术)的特点，以空气作为缓冲介质，在缓冲活塞上装有缓冲逆止阀，当真空度达到补气阀设定值时，补气阀打开，补气过程中缓冲逆止阀也打开，以消除补气阻力，达到快速补气的目的。补气阀关闭反弹时，缓冲逆止阀关闭，被密封的空气起到缓冲作用后迅速释放，阀体在弹簧力的作用下关闭，达到快补、速回及到位缓慢关闭的技术要求。另外，阀体采用自润滑防泥沙密封轴套，阀口的密封效果较好。通过阀门稳定可靠的工作，能有效破坏气蚀，减少气蚀面积和转轮裂纹数量，降低相应的机组振动和摆度。同时，该阀门采用了万向连接器，阀杆和活塞的同轴度好，避免了阀体出现卡塞等现象。缺点：价格偏高。

综合上述几种补气阀的优缺点，本书推荐选用XBF系列气缓冲补气阀作为紫坪埔水电站机组大轴技改补气阀。该补气阀目前在国内水电站中应用较为广泛，如三峡水电站、向家坝水电站和云峰水电站等，其中三峡水电站于2007年3月在首台机组(14F)上进行了大轴补气阀改造，将原有的ALSTON补气阀(该补气阀采用液压油作为缓冲介质)改造成XBF气缓冲补气阀。三峡水电站原设计安装ALSTON大轴补气阀，其在运行以及检修中出现的现象均与紫坪埔水电站现有的大轴补气阀较为类似。三峡水电站于2008～2009年的年度机组大修中将改造后的机组大轴补气阀吊出检查，阀体各部件均未出现明显损坏。

同时，电站还针对补气阀的补气量做了监测，监测结果显示，改造效果较为明显。

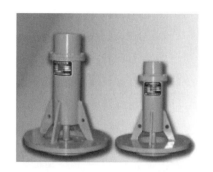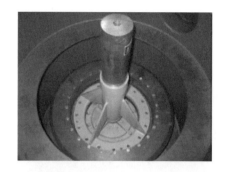

图 8-9　XBF 系列气缓冲补气阀示意图

对于紫坪埔水电站大轴补气阀的改造，建议保留原设计补气阀，以防止因紧急停机或其他情况而导致的反水现象，即保留原设计浮筒，仅对现补气阀的平板橡胶密封部分进行技改，如图 8-10 所示。建议厂家技术人员到现场针对 4#机组补气阀的实际安装尺寸进行补气阀的设计及安装。

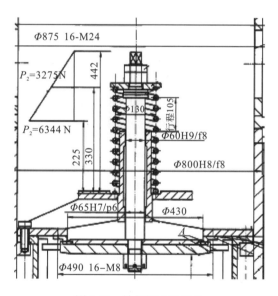

图 8-10　补气阀改造部分

8.8　水轮机底环在检修时不能被拆出的问题

底环是导水机构的支撑机构之一，是水轮发电机组重要的结构功能部件，与顶盖一起形成过流通道，其上安装有导叶下轴套，以支撑导叶传动机构。底环加工周期长，材质相对较软，备件长期存放，可能产生塑性变形；拆卸吊装时易产生变形和损坏，为易损件。机组在安装或大修时，其中心线是以底环止漏环中心为基准，因此，底环的状况是否良好直接决定了机组的检修质量和运行水平。

规程和规范中对底环检修未做特殊规定,若无异常,一般不需吊出。

在 3#机组 A 修过程中发现,底环抗磨板无严重刮痕和气蚀,焊缝未开裂,导叶下轴套中有 5 个损坏,对已损坏的下轴套和轴衬进行了更换。同时,检修人员在经过用液压千斤顶对称顶起和主厂房桥机吊拉等反复尝试后未能拆除底环。考虑到底环的材料和结构特点(材质相对较软,几何形状呈扁平状),若强拆,易造成变形、损坏甚至报废等后果。为避免此种情况发生,在测量并确定底环水平度及圆度合格、下固定止漏环探伤合格和底环抗磨板状况良好的情况下,未对底环进行拆卸。

根据 3#机组底环现状,初步分析造成底环难以拆卸的原因可能为以下方面:"5•12"汶川大地震等地质灾害发生后,机组状况存在较多不确定因素,但根据3#机组底环定位销和螺栓均较容易拆除的情况判断,底环出现变形的可能性较小,其无法拆除是由于锈蚀导致的。

根据实际情况,若机组底环存在问题且难以拆卸,则只能采取强行拆除或破坏性拆除的方式。但强行拆除容易造成底环变形、损坏甚至报废,从而很难对其进行修复甚至无法修复。同时,因为机组中心线以底环止漏环中心为基准,由此将导致机组检修工作无法正常进行。

若底环水平度合格、下止漏环圆度合格且抗磨板状况良好,则底环无须拆下检修,其不会影响机组安全运行和其他正常检修维护;若底环抗磨板磨损较严重或下固定止漏环焊缝开裂较多,则必须将底环吊出并按图纸要求对其进行修复处理,否则其会对机组的检修和运行产生重大影响。

若有底环备品,则可在机组大修时更换有问题的底环,工期在 20 天左右,不会影响机组的检修工期和正常运行。为避免其他机组出现因底环影响而无法进行正常检修和运行的情况,有必要采购底环备品。

8.9 水轮机技术供水减压阀更换

2007 年 11 月 6 日 9:00,接运行人员通知,4F 机组技术供水减压阀后压力高,达到 0.55~0.60MPa。检修人员立即配合运行人员到现场检查,此时 2F 机组技术供水由蜗壳取水供给,备用水源联络阀关闭;1F、4F 和 3F 机组技术供水备用供水联络阀打开,以给备用水总管提供水源,1F 和 4F 技术供水压力达到 0.55~0.60MPa。关闭 1F 机组备用水源联络阀后,对 1F 机组单独进行技术供水检查,水压正常。因此技术人员判定,4F 机组技术供水减压阀损坏,需拆卸检修。

检修人员于 2007 年 11 月 6 日 11:00 办理工作票,运行人员做好安全措施后,对 4F机组技术供水减压阀进行拆卸检修。他们将阀芯拆出后检查,发现损坏情况非常严重:6个导向爪上均有一圈严重磨损痕迹,并且有两个导向爪已断裂,操作杆已断裂成 3 节,橡胶隔膜已损坏,底座密封圈已脱落。减压阀更换情况如图 8-11 所示。

图 8-11　减压阀更换

8.9.1　减压阀容易损坏的原因

（1）减压阀容易损坏的直接原因为机组水头在 68.40～132.76m 变化，DOROT（多若特）减压阀在该水头范围内的最低调节水压为 0.40MPa，而经现场运行检验，水压范围在 0.25～0.30MPa 最为合适，因此，该减压阀用在目前的技术供水系统中超出了其正常工作调节范围，长期工作在恶劣工况区。

（2）减压阀容易损坏的另一个主要原因是受技术供水系统运行方式影响。技术供水系统备用水源采用尾水管取水，该系统不可靠。主变冷却用水取自备用技术供水总管，而机组技术供水备用水源由 4 台机组主用水源通过联络阀 1231D～4231D 联络提供，由于每台机组减压阀后压力不完全一致，造成减压阀长期参与调节，影响了使用寿命。同时，机组开、停机时的水压变化非常大，其对联络运行的机组减压阀产生的瞬间调整冲击也非常大。

通过观察机组减压阀损坏情况，从结构上分析减压阀的损坏是一个逐渐加剧的过程。第一步损坏是由于导向爪与底座密封圈之间存在一定间隙，机组运行时水力波动使导向爪产生磨损，6 个导向爪上均出现一道磨痕。第二步损坏是以第一步损坏为基础，机组经常进行开、停机操作，在导向爪上下移动的过程中，磨损痕迹的出现使导向爪对底座密封圈产生一定的拉伸力，从而使导向爪断裂和底座密封圈脱落。第三步损坏是由于导向爪断裂后，操作杆无法保证做中心垂直运动，从而出现偏斜和卡涩现象，最后出现断裂，且橡胶隔膜损坏，导致减压阀无法正常工作。

机组运行两年以来，先后出现了 3#、4# 和 2# 机组技术供水系统减压阀损坏的现象。技术供水减压阀损坏后，将造成技术供水管路水压无法控制，水压异常升高，这对空气冷却器、上导冷却器、推力冷却器和水导油槽冷却器造成极大危害，甚至会造成冷却器铜管爆裂。另外，损坏的导向爪和小螺母等被冲入技术供水管路后，水流的作用使导向爪和螺母与水管摩擦碰撞，长时间的作用将使冷却水管耐压强度降低，甚至爆管，给技术供水管路今后的安全运行带来极大的隐患，因此有必要对技术供水系统减压阀进行改造。

8.9.2　技术供水减压阀损坏的后果

技术供水减压阀损坏后，将造成供水水压无法控制，水压可能达到与蜗壳水压一样大，对空气冷却器、上导冷却器、推力冷却器和水导油槽冷却器构成极大危害，甚至造成冷却器铜管爆裂。同时损坏的导向爪和小螺母等被冲入技术供水管路后，给技术供水管路今后的安全运行带来极大的隐患。

因此，将1#～4#机组技术供水系统中的DN350和DOROT减压阀更换为DN350活塞式减压阀，并对减压阀两端的法兰连接重新配管和焊接。

8.9.3　活塞式减压阀的技术要求

(1) 紫坪铺水电站机组技术供水系统使用了减压阀，机组技术供水为非单元供水方式，每台机组的技术供水减压阀除给本机组供水外，还通过联络管为备用技术供水总管提供水源，以及为4台主变压器提供冷却水源。由于机组技术供水联络式运行，不可避免地在机组开停机时需要减压阀进行调节，因此减压阀应满足以下运行要求。

(1) 紫坪铺水电站最高水头为132.76m，最低水头为68.40m，减压阀运行工况应适应此水头变化范围。

(2) 在机组运行条件下，不管进口压力和阀后流量如何变化，减压阀通过一级减压将阀后压力减小为0.25～0.45MPa范围内任一给定值，且该给定值可根据需要方便地进行调整。减压阀单机供水流量为1000m^3/h左右，考虑到电厂无备用技术供水水源，此减压阀应为两台机组提供长时间稳定可靠的冷却水水量。

(3) 减压阀应设置安全可靠的双反馈控制回路，一主一备，以在一条控制回路(如因水质原因)出现阻塞时自动平稳地切换到备用控制回路，无故障地不间断运行。

(4) 减压阀应带安全锁定杆，以确保当减压阀失灵时阀后压力不会升高到0.50MPa以上。

(5) 减压阀若为软密封结构，须可进行静态密封试验，在规定的时间内，减压阀不得有渗漏；减压阀为硬密封结构时，也须可进行静态密封试验，在规定的时间内，减压阀渗漏量不得超过减压阀最大流量的0.5%。当减压阀进行动态试验时，阀后出口压力表升压值，采用软密封结构时应为0，采用硬密封结构时不得超过0.2MPa/min。

(6) 减压阀应调节灵敏，无卡阻、异常振动及压力波动现象。减压阀在稳定流动状态下，当出口压力一定且进口压力变化时，其出口压力偏差值不得超过5%，出口流量偏差值不得超过10%。当进口压力一定且出口流量从该工况下最大流量的20%升至100%时，出口压力负偏差值不得超过10%。减压阀应设有节流装置，以在相对较大的压力损失情况下具有较宽的流量范围。

(7) 减压阀的弹簧、橡胶膜片和橡胶密封圈的使用寿命应在80000h以上，导阀及其他控制部件的使用寿命应在100000h以上。

(8) 减压阀前后应各配备一块防震压力表。

(9) 所有设备部件在出厂前应清扫干净，并根据设备部件的特点分别采取防护措施。

(10) 即将进行涂层的表面应除去所有油迹、油脂、污垢、锈斑、热轧氧化皮、焊渣、熔渣、溶剂积垢和其他异物。

(11) 所有未加工的表面均需涂漆。涂漆应遵守有关工艺标准，涂层有效期不低于5年。

(12)减压阀运行一年后,择机对其中一台减压阀进行解体检查,以确认减压阀是否满足合同技术条款的要求。

8.9.4　活塞式减压阀的特点

(1)减压比大。一般减压阀的减压比为 2∶1 或 3∶1,活塞式减压阀可达到 10∶1,高水头水电站不需多级减压,一台减压阀即可达到所需的出口压力。

(2)调压范围大。活塞式减压阀的出口压力可在 0.15~1.20MPa 范围内任意调节,以满足不同水头段和不同压力下机组的供水要求。

(3)过流量大。活塞式减压阀的过流设计具有独特的结构,其过流面积比同口径的管道大,过流能力完全可以适应设计管道的需要。

(4)出口压力稳定。采用大刚度弹簧加载和射流泵技术,不管进口压力和出口流量如何变化,减压阀始终能够保证出口压力的稳定。

(5)对水质的适应能力强。过流面采用特殊的结构和材料,并在辅助控制阀上装有排污装置,减压阀可以适用于任何水质,不会产生气蚀、磨蚀和堵塞现象。

(6)可靠性高。减压阀装有双反馈系统和出口压力自锁定装置,可保证在工作状态下反馈系统相互切换,出口压力不超限值,以及阀后设备的安全。

(7)使用寿命长。活塞式减压阀内部主要部件均采用 1Cr18Ni9Ti 型材料,主弹簧不与水接触,主阀无橡胶受力件等良好结构,所以其使用寿命是其他减压阀无法相比的。

8.9.5　对机组技术供水系统减压阀进行改造后能够达到的效果

(1)机组技术供水系统能安全可靠地运行。

(2)减压阀正常工作压力为 0.25~0.30MPa,可调节压力范围为 0.20~0.50MPa,流量满足机组技术供水要求。

(3)减压阀结构合理,使用寿命长。

(4)活塞式减压阀在天生桥一级与二级水电站、小浪底水电站和华能太平驿水电站等多家电站中使用效果良好。

改造机组技术供水系统减压阀的具体步骤为:先在 2#机组大修中对 2#机组技术供水系统减压阀进行更换,更换后按运行试验期限进行检验,检验完毕后如工作正常、可靠,并符合电厂安全生产要求,则再对其余 3 台机组进行更换。

8.10　空气冷却器的改造

8.10.1　空气冷却器

紫坪铺水电站空气冷却器通过螺栓压板固定在定子机座壁上,沿圆周等距离分布 8台,各台冷却器采用并联方式并通过阀门连接至环形进出水管上。在机组 A 级检修中发现,承管板和水箱盖均存在不同程度的锈蚀,而且随着机组运行时间的增加,锈蚀程度呈现上升趋势；部分空气冷却器铜管磨损，铜管胀口凹陷，胀口与承管板不均匀暴露，存在漏水风险；阀门存在内漏和外漏风险；原空气冷却器为针刺管结构，清理和维护极为不便。

因此，亟须对定子空气冷却器进行升级改造。将原定子针刺式空气冷却器更换为热交换量大的穿片式空气冷却器；对定子空气冷却器进排水管重新配管并更换管路上的阀门；将原空气冷却器排气管路手动球阀更换为自动排气阀；优化空气冷却器端板与端盖间的密封方式。

1. 主要技术创新

(1) 冷却器(图 8-12)采用穿片式结构，可降低风阻，提升换热效率。

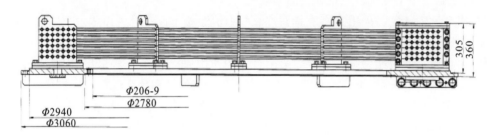

图 8-12　冷却器(单位：mm)

(2) 冷却器端盖密封采用凹槽密封条，从而可有效避免因端盖紧固螺栓受力不均而导致的组合面间隙渗水。

(3) 将原排气管路更改为自动排气阀结构。水箱顶部采用自动排气阀，既可确保水箱内气体随时排除，又可避免水溢出；同时，在自动排气阀上加装防护罩(防护罩可有效防止水喷入定子)。

2. 主要技术指标

(1) 新冷却器换热容量为 400kW，是原空气冷却器换热容量的 1.2 倍。

(2) 冷却器换热管材料采用铜管 T2，壁厚大于 1.5mm；换热片材料采用 0.15 铜带 T2(M)。

(3) 冷却器应能满足现场 0.2～0.6MPa 的长期工作压力要求。

(4) 承管板表面及胀接孔的内壁表面粗糙度(Ra)不低于 6.3μm，胀接孔不得有贯通的刻痕；水箱端盖和密封槽的表面粗糙度不低于 6.3μm。

(5) 冷却器水管里的水流流速应不小于 2.0m/s，但在发电机组处于额定工况下且一个冷却器退出时，环管中的水流流速应不超过 3.0m/s。

(6) 水箱进排水口法兰的中心距误差允许为±1mm，水箱加工面对法兰平面的不平行度不得大于法兰外径的 1%。

(7) 冷却器整体进行喷砂防锈处理时，应喷涂两道防锈底漆、两道面漆。其中，面漆为米黄色环氧漆。

3. 主要技术措施

(1)拆除管路时，及时对预埋的管口进行封堵，防止焊渣或异物掉入管内。

(2)定子空气冷却器吊装时所使用的卸扣和钢绳应处于安全工作范围内，并符合相关规程的规定。

(3)吊装空气冷却器时，两端卸扣应锁牢，并用手拉葫芦进行调整，防止因滑动或重心偏移而伤到人。

(4)作业现场必须配消防器材，采取防火措施，并对附近设备进行防护。

8.10.2　主变冷却器

紫坪铺水电站总装机容量为 4×190MW，发变组为单元式接线，变压器冷却方式为强迫油循环水冷。变压器型号为 SSP8-240000/500，容量为 240MV·A，额定电压为 525/13.8kV。主变冷却器型号为 YSPG-315，自 2004 年投运以来，目前处于超期运行状态。受当时生产技术、工艺及材料的限制，以及环境空气湿度大和水管管路内外壁温差大的影响，管路结露严重，管路与阀门锈蚀严重。此外，密封件老化严重，各阀门处存在不同程度的渗漏，栅管内部有淤积污垢，影响热交换及冷却效果，排积水设施不完善，存在安全隐患。

1. 主变冷却器技术改造

亟须对主变冷却器实施技术改造，具体如下。

(1)主变冷却器进水总阀至主变冷却器排水总阀之间的管路和阀门(不含进水总阀和排水总阀)。

(2)主变冷却器(含盘式油泵、阀门、逆止阀、油温传感器、油流继电器和渗漏报警器)。

(3)进油联管至出油联管之间的管路和阀门(不含进油联管和出油联管)。

(4)端子箱。

2. 冷却器的技术要求

冷却器技术要求不能低于国家相关标准，应选择密封性能优良，冷却效率高，使用寿命长，抗老化，水压耐受能力强，真空度裕度大，机械强度高，可靠、稳定、安全和成熟的双重管冷却器设备。

3. 主要技术指标

冷却器的主要技术指标见表 8-8。冷却器结构外形图如图 8-13 所示。

表 8-8　冷却器的主要技术指标

参数	指标值	备注
额定冷却容量/kW	315	裕度大于30%
额定油流量/(m³/h)	80	—
额定水流量/(m³/h)	35	—

续表

参数	指标值	备注
变压器油压力/MPa	0.08	—
设计水压力/MPa	1.0	—
最大承受压力/(MPa/h)	1.5	—
真空度/Pa	<50	—
入口油温/℃	70	—
入口水温/℃	30	—
盘式油泵扬程/m	7	—
盘式油泵转速/(r/min)	<1000	轴承等级不低于 E 级
密封强度/MPa	2.0	—

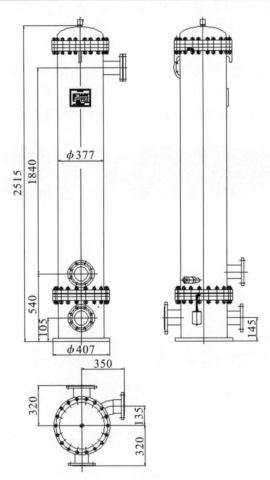

图 8-13　冷却器结构外形图

8.11　重要螺栓的在线检测系统

近年来，随着大数据、智能传感器与人工智能等先进技术的不断涌现，国内主要的电力企业纷纷启动智慧企业和智慧电厂的建设进程，且进展十分迅速，使得电厂逐渐向信息化、自动化和智慧化的方向发展，电站主设备逐步由计划检修过渡到状态检修。

智慧电站建设的一个核心基础是机组设备离线和运行状态的全面感知，尤其是精确的量化感知。螺栓连接是水轮发电机组主要的连接方式，其可靠性关系到整个机组的安全运行。目前，重要螺栓受力状态的在线监测是水轮发电机组的监测盲点。

8.11.1　设备温度在线监测的必要性

温度是表征设备正常运行的一个重要参数。设备连接部位，由于气候冷热变化以及设备基础性部件变化、加工工艺水平不高、受到环境污染、严重超负荷运行和触点氧化等原因造成其压接不紧、压力不够和触头接触部分发生变化，最终导致设备损坏或降低设备使用寿命，时时刻刻威胁设备的安全运行。

目前，针对设备温度的监测大都采用传统的示温蜡片法和用红外测温仪定期测量的方式，但这两种方式存在以下问题。

(1)示温蜡片法，示温蜡片易老化和脱落，温度指示范围窄，精确度低，需人工操作，无法实现自动化管理。

(2)红外测温仪只能进行直线点检测，测量精度受环境影响，且经常因受遮挡而无法测量。

(3)需人工定期巡视，工作强度大，需近距离测温，安全系数低。

(4)非在线式温度监测，不能反映温度的变化过程和及时发现设备异常。

因此，传统的离线式温度监测方法已经无法满足如今高效生产以及安全可靠运行的要求，迫切需要寻找在线监测技术手段，以对设备运行温度进行在线监测，及时发现设备运行温度异常状况，避免设备损坏和事故的发生。同时，对设备温度进行在线监测，可进一步完善设备状态在线监测范围，为设备状态检修提供表征设备运行状况的重要参数，其对于设备甚至整个系统的安全运行具有重大意义。

8.11.2　设备温度在线监测技术发展趋势

设备温度在线监测技术一般由先进的传感器技术、通信系统、计算机与信息处理技术、专家分析系统及系统数据信息库组成。随着科学技术的不断发展，设备温度在线监测技术向着自动化、智能化和实用化的方向发展。

1. 物联网技术的应用

物联网技术被视为继计算机和互联网之后新一轮信息技术的引擎，我国已经将物联网产业作为国家新兴战略产业之一，并明确提出将物联网融入智能电网的建设中。所谓物联网，即通过射频识别（radio frequency identification，RFID）和全球定位系统（global positioning system，GPS），以及激光扫描器等信息传感设备，把物体与互联网相连接，进行信息交换和通信，以实现对物体的智能化识别、跟踪、监控和管理，其具有对系统及环境实时信息全面感知，通过网络的融合与协同进行信息的实时传输和共享，实现可靠互联，以及对海量的感知信息进行智能分析处理的特征。

面向设备温度在线监测的物联网架构分为 3 层：感知层、网络层和应用层。

感知层采集设备的实时温度数据，其基础技术主要包括传感器技术和短距离传输技术等。传感器技术主要涉及各种温度传感器，如接触式温度传感器和红外温度传感器等，温度传感器直接安装在设备上；短距离传输技术需要考虑高低压绝缘隔离。设备温度监测系统主要采用无线通信技术，如 Zigbee 和 2.4G/433M 等。

网络层支撑感知层和应用层之间的信息传输以及数据通信。网络层与感知层之间通过无线通信技术获取感知层温度传感器的信息；对于网络层与应用层中的通信，鉴于对数据安全性、传输可靠性和数据实时性的要求，物联网的信息传递主要依靠通信网来实现，其以光纤网为主，以线载波通信网和数字微波网为辅。

应用层对采集到的各设备的温度数据进行分类、综合、转换、分析、决策和共享，其重点是构建能为不同应用提供服务的智能化平台，以及提供各种异常报警、趋势分析、在线诊断和数据共享等服务。

物联网技术的应用，是实现设备温度在线监测的基础，同时也可以提高设备温度在线监测系统的可靠性、安全性和实时性。

2. 无源传感技术取代电池供电

设备温度在线监测技术中的传感器是实现温度感知的部分，采用无线通信技术的温度传感器供电渠道以电池为主。温度传感器通常工作在高压大电流的环境下，电磁环境恶劣，这对电池的工作寿命有较大的影响，且电池容量有限，需要定期更换和维护。另外，电池在高温环境下容易出现爆炸事故，有一定的安全隐患。因此，温度传感器的供电问题严重制约了设备温度在线监测技术的发展。

随着传感器技术的发展，为了突破电池供电带来的问题和障碍，采用电场供电、磁场供电、射频供电、温差供电和声表面波技术等的无源传感技术脱颖而出，其已经被视为设备温度在线监测传感器的技术发展方向。无源传感器技术不需要电池供电，优势明显，具体如下。

(1)采用无源传感器技术的温度在线监测传感器可以在设备生命周期内免于维护，这提升了设备温度在线监测系统的可靠性。

(2)不需要电池，没有高温下爆炸的安全隐患，安全性高；同时，能够持续对设备的高温进行监测，让用户能够在事故发生前及时发现设备隐患和故障。

(3)无源传感技术的应用，能够大量减少电池的使用，以及电池带来的各种污染，对环境保护做出贡献，具有一定的社会价值。

3. 点线面结合，温度全面监测

所谓点线面结合，实际上是根据不同设备的特点和重要程度，对其采用不同的温度监测方式，以此来实现最优的解决方案。

点测温，主要针对开关柜内的触头、母线和电缆的连接点等位置，这些地方容易出现温度异常且难以通过外部设备进行温度监测。在这些地方安装温度传感器，可以实现温度在线监测。

线测温，主要针对高压电缆类设备的温度在线监测。发电厂和变电站的电缆夹层、电缆沟，以及大型电缆隧道的高压电缆，如果温度过高，则可能发生火灾，从而导致电缆烧损，设备被迫停机，短时间内无法恢复生产，造成重大经济损失。目前，针对电缆的温度在线监测主要采用分布式光纤测温技术。光纤具有绝缘、耐腐蚀、耐高温和不受电磁干扰等特点，分布式光纤测温技术可实现对整条高压电缆的温度在线监测，其测量精度和灵敏度高，并能对各个测温点进行定位，一旦温度异常，能够快速找到故障点，避免火灾等事故的发生。

面测温，主要针对发电机组和变压器等重要设备，其采用红外热成像技术实现对整个设备的温度监测。红外热成像技术具有直观、全面、高效和防漏的特点，能够监测设备的整体温度分布，快速发现温度异常点，为设备检修提供依据。由于红外热成像技术造价高，通常只对重要的设备进行红外热成像温度在线监测。

4. 移动应用 App 随时随地监测设备状态

随着移动通信网络带宽的不断提高以及手机和平板电脑等移动终端设备功能的强大化，特别是目前的 5G 时代，智能手机应用全面崛起，它们将我们带入一个崭新的移动信息化社会。移动应用作为移动信息化的一个重要组成部分，其移动性、便捷性、及时性和个性化的特点目前已经被大量应用到各种企业的运营管理中。

企业的运行和检修等诸多管理和生产活动的高效率和规范化是企业健康运营的核心，各种设备的优良运作关系到企业的生存和经济效益，也是安全生产的基本条件。将设备状态监测信息通过互联网和移动网络共享至移动应用平台，在手机或平板电脑上安装设备状态监测移动应用 App，借助手机和平板电脑的各种软硬件配置（如 GPS、陀螺仪、摄像头和二维码等），可以带来以下益处。

(1) 打破传统的使用企业内网办公系统的模式，通过设备状态监测移动应用 App 查看设备状态信息不再受时间和空间的限制，可随时随地对设备状态信息进行监视。

(2) 针对设备巡检工作，设备状态监测移动应用 App 可以方便地实现记录、拍照和定位等工作，解决传统人工巡检存在的效率低、管理成本高和人员无法定位等问题，实现巡检工作移动化、信息化和智能化，提升移动作业管理的效率和质量。

(3) 遇到紧急状况时，设备状态监测移动应用 App 可以帮助技术人员快速定位设备故障点，查看最新的故障情况和历史数据，快速解决故障点，减少停电时间和停电范围。设备状态监测移动应用 App 的应用，突破了时间与空间的限制，能够提高企业运行管理的效率和质量，提升设备的安全运行水平，有利于企业的健康运营和发展。

现阶段，螺栓的检测主要是在离线状态下以人工复检的方式进行。这种方式的缺点如下：一方面，实施难度大，特别是针对大预紧力和安装空间紧张的重要螺栓；另一方面，人工检查的覆盖率低，容易出现漏检。更为重要的是，现有的检测手段多为螺栓扭矩等间接方式，其无法精确获知螺栓预紧力，更无法对工作状态下的螺栓进行实时在线监测。

因此，对机组重要螺栓实施在线监测与全生命周期管理，可进一步精确感知机组设备运行安全状态，大幅度降低电站运营工作量，提高工作的准确性和数字化管理水平。

在线监测的主要内容至少应包括以下几个方面。

(1)水压脉动。蜗壳、尾水管和顶盖(导叶后、转轮前区域)。

(2)机械振动。顶盖垂直、径向，水导轴承径向，下机架垂直、径向，上机架垂直、径向，定子垂直、径向，发电机层楼板振动等。

(3)摆度。水导、下导、推力和上导轴承处 X 及 Y 方向。

此外，为了获得水轮机转轮的动应力特性，应对转轮叶片动应力进行测试及分析。转轮动应力测量结果对于分析转轮疲劳破坏和预估转轮寿命，具有无可替代的作用。但目前国内在原型机转轮上进行动应力测试尚不多见，仅 VOITH 公司在小浪底水电站机组上进行了短暂测试，且结果并不理想。在紫坪铺水电站转轮上如何进行测量，特别是应变片在转轮上的固定方法以及信号采集和传输方法等，均有待于进一步深入研究。

电站机组中重要的螺栓主要包括蜗壳进入门连接螺栓和顶盖-座环连接螺栓。

电厂部署的螺栓轴力在线监测与安全评估软硬件系统应具备以下功能。

(1)实现上述螺栓的实时轴力在线监测，螺栓轴力测量精度误差小于等于±3%。

(2)螺栓松动和断裂故障的实时预警。

(3)基于螺栓轴力监测历史数据，实现螺栓剩余疲劳寿命和更换期的自动评估。

(4)基于螺栓监测数据的法兰连接系统状态安全评估。

(5)螺栓信息的管理，包括螺栓的预紧安装信息、更换记录和探伤记录等。

螺栓连接方式使螺栓具有结构简单、方便装卸和维护等优点，螺栓广泛应用在水轮发电机组结构中。一旦螺栓失效，可能导致严重的后果。导致螺栓失效的因素很多，而螺栓预紧不足或不均匀和螺栓松动是其中非常重要的原因。

先进的螺栓超声波测力传感器，其测力方式不影响原连接结构，为无损监测方式。它能对水轮机重要螺栓在各个工况下的轴力进行在线监测，并能通过智能诊断系统实现对螺栓及其连接系统工作状态的安全评估。螺栓在线监测传感器技术原理如图 8-14 所示。新增测点见表 8-9。

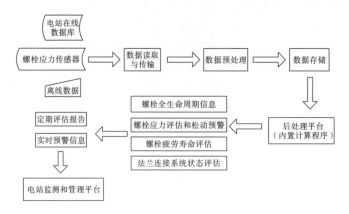

图 8-14　螺栓在线监测传感器

表 8-9　新增测点列表

序号	螺栓位置	螺栓数量/规格	测点数量	螺栓测力传感器类型
1	顶盖-座环	60/M80	20	超声波测力传感器
2	顶盖法兰(振动监测)	—	8	垂直振动传感器
3	蜗壳进入门	20/M36	8	超声波测力传感器

软硬件的部署方式为电厂现场部署,其系统框架图如图 8-15 所示。

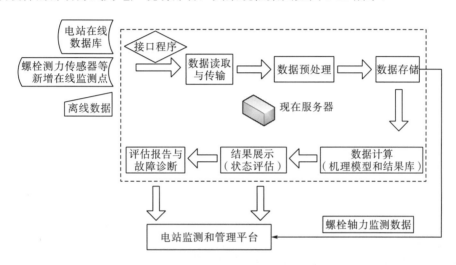

图 8-15　软硬件系统框架图

5. 数据接口协调

螺栓安全评估系统数据流示意图如图 8-16 所示。

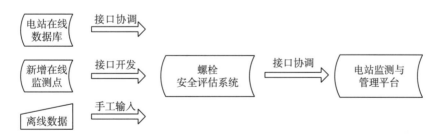

图 8-16　螺栓安全评估系统数据流示意图

螺栓安全评估系统数据接口协调包括以下几个方面。

(1)与电站在线数据库的通信接口协调。螺栓的受力情况与机组运行工况和设备运行状态密切相关,因此,除了螺栓轴力实时超声波监测数据,螺栓安全评估系统还需引入机组工况(水头、出力、流量和尾水位)和状态监测实时数据(顶盖下腔压力、压力脉动、顶盖振动、蜗壳压力及压力脉动等)。

(2)新增传感器的数据接入。

(3) 离线数据接入。离线数据包括螺栓的性能信息、更换信息、预紧安装值和探伤检查记录等，此部分内容需人工输入或导入，开发软件时会预留相关接口。

(4) 与电站监测与管理平台的通信接口协调。螺栓安全评估软件系统的螺栓轴力实时监测数据、实时预警信息和定期安全评估报告，需实时且单向地传输至电站监测与管理平台，其通信接口需双方进行进一步的协调。

第9章　基于逆向工程的紫坪铺水电站混流式转轮三维模型构建

9.1　逆　向　工　程

逆向工程，通俗的说法为"抄数"，它是与正向工程相对而言的。它从现有的已经研发出来的优秀产品或样件出发，在对产品或样件的设计思想和理念充分吸收后，对其原型进行三维坐标数据采集，继而对采集的数据进行处理，然后进行模型重构，得到实物的数字化模型，并在此基础上进行生产加工或二次开发。逆向工程设计有别于传统的正向设计过程，它是一个"认识原型、再现原型和超越原型"的过程。逆向工程的这种设计思想使得它能够更加充分地继承原有产品的优势，继而实现理论和实践上的创新。因此，它能够大大提高企业的创新力，缩短新产品的研发周期，使企业在当今知识经济时代的市场竞争中处于优势地位。逆向工程的基本流程如图9-1所示。

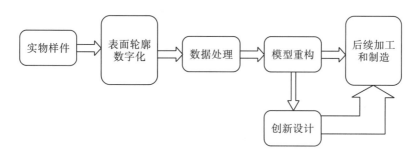

图 9-1　逆向工程的基本流程

9.1.1　逆向工程的关键技术

逆向工程的关键技术包括以下几个方面。

（1）数据采集：就是运用一定的测量设备和测量方法对实物样件进行测量，以获取样件表面信息，得到三维坐标。它是逆向工程的首要环节，主要有接触式和非接触式两大类测量方法。

（2）数据处理：就是对采集到的数据进行多视拼合、噪声去除、精简和修补等处理工作。它是进行模型重构工作前的必要准备，在整个逆向工程流程中十分关键。

（3）模型重构：通常就是运用一定的逆向工程软件对点云数据进行处理，以最终生成实物样件的三维数字化模型。它是逆向工程中最为关键的环节，是逆向工程技术在工程应用中的主要体现。

9.1.2　逆向工程的国内外研究现状

逆向工程这一概念是在 20 世纪 80 年代初分别由美国 3M 公司、日本名古屋工业研究所和美国 UVP 公司提出的。自诞生以来,逆向工程技术以其显著的优势受到学术界和工业界越来越多的重视。在测量方法和测量设备方面,传统的三坐标测量机(coordinate measuring machine,CMM)的速度和精度不断提高。20 世纪 60 年代,英国费南梯(Ferranti)公司研制出三坐标测量机。1973 年,德国蔡司(Zeiss)公司推出 UMM500 测量机。这两款测量机已经成为机械式测量方法的代表。随着声、光和电磁技术的发展,出现了越来越多的测量方法,如激光测量、超声波测量和电磁测量等。

在曲线曲面重构理论方面,19 世纪 60 年代晚期,皮埃尔·贝塞尔(Pierre Bezier)应用数学方法为雷诺公司的汽车制造描绘出了贝塞尔曲线,贝塞尔曲线是一种基于三角域的结构,具有构造灵活和适应性好等优点。1963 年,美国波音公司的费格森(Ferguson)提出用参数化形式对形状数学描述的方法。1964 年,美国麻省理工学院的孔斯(Coons)提出一种用给定的封闭曲线的 4 条边界定义曲面的方法。1971 年,法国雷诺公司的贝塞尔使用控制多边形设计曲线的方法。1974 年,戈登(Gordon)和里森费尔德(Riesenfeld)提出 B 样条方法。1975 年,美国雪城大学的 Versprille 对 B 样条理论进行推广,并首次提出非均匀有理 B 样条(non-uniform rational B-spline,NURBS)理论。后来经过 Piegl 和 Tiller 等的努力,B 样条理论融入 NURBS 理论中,使 NURBS 曲面造型方法成为现代主流设计方法。在逆向工程软件方面,主要有美国 EDS 公司出品的 Imageware 软件和英国 Delcam 公司的 CopyCAD 软件等。这些软件都具有较强的点云数据处理功能和强大的曲线曲面造型功能。

国内的逆向工程技术与国外相比还存在很大的差距,尚处于应用和消化阶段,但是这对我国逆向工程的发展是一个很大的机遇。

立足于国外的发展成果,我国的逆向工程技术得到了迅速的发展。在测量设备研制方面,1982 年,北京机床研究所推出了 CLW63 型万能测量机和带气动导轨的 CLZ864 型手动三坐标测量机。20 世纪 90 年代末,深圳翕晶实业有限公司推出了第一台拥有部分自主知识产权的三维激光线扫描机。此外,华中科技大学等国内众多高校和科研院所也相继研发出逆向工程测量设备,这些设备得到了广泛的应用。曲面理论和逆向工程软件研发也取得了很大的发展。北京航空航天大学对非均匀有理 B 样条和 NURBS 理论做了更为深入的研究。浙江大学开发出了基于 CAD 中心三角面建模的商业逆向软件。

9.1.3　逆向工程应用领域及发展趋势

逆向工程的应用领域及发展趋势包括以下几个方面。

(1)产品仿制。其是逆向工程应用的初级阶段,处于逆向设计思想的引进和消化阶段。这个阶段较为简单,只要求获得样件的三维模型,而不必进行创新设计。因此,这种设计方法被中小型企业广泛采用。

(2)对产品进行改型设计。对产品的改型设计与产品仿制相似,它只是在获得三维模型后对外形做简单的修改,如尺寸等。因此,改型设计也相对简单。产品仿制与产品改型设计因具有相对简单和设计成本低等优势而得到广泛应用，但均处于逆向设计的低级阶段。

(3) 开发新产品。运用逆向工程技术研发新产品处于设计的高级阶段，也是市场竞争的必然要求。企业要提高自己的竞争优势，必须不断地推出新产品，缩短产品的研发周期。新产品的研发方式主要分为两种：一种是在已有产品的基础上获得它的三维模型，然后在三维模型的基础上进行创新设计，开发出新产品；另一种是在汽车和飞机等需要进行风洞试验的行业，先设计出产品的油泥和木制模型等，然后通过逆向工程技术得到模型。新产品研发是逆向设计的高级阶段，也是市场对企业发展的必然要求。

(4) 对磨损的零件进行还原。有些大型设备经常会因某个零部件的损坏而停止正常工作，而这些零部件又不是标准化零部件，这时就需要采用其他方式快速生产出这些零部件。采用逆向工程方法可以快速生产出这些零部件的替代品，恢复设备的正常运转，减少停产损失。

(5) 文物保护。逆向工程在文物保护中的应用与对磨损零件的修复类似，历史文物往往存在因年久失修而出现破损的情况，或者有时需要对考古文物进行复制，这时就可以采用逆向工程技术对文物进行修复或复制，以恢复它们原来的面目。

(6) 医学应用。逆向工程在医学中可用于人体器官的复制，如假肢制造。此外，某些对人体仿生性要求较高的特种设备，如按摩椅、宇航员制服和头盔等也需要对人体表面信息进行采集，以生成几何模型。

逆向工程技术在测量设备的开发和数据处理以及逆向工程软件方面都取得了长足的发展。但是目前逆向工程流程中的各个阶段联系并不十分紧密，甚至可以说比较孤立，如测量过程对模型重构与后续加工制造的要求就考虑得很少。因此，逆向工程技术在未来的发展仍会十分活跃，主要体现在以下几个方面。

(1) 开发逆向工程领域的专用测量设备和技术。这样就能够根据模型重构和后续加工制造的要求选择合理的测量方式，并对测量路径进行合理规划。非接触式、高精度和自动化的测量设备和技术仍是主要的发展趋势。

(2) 数据处理过程的高精度化和自动化。目前在数据处理过程中，速度和精确性不能达到一个很高的水平。为了提高处理的精度，往往需要加入较多的人工干预，这样就使得处理的速度变慢。而当采用自动化程度较高的数据处理方式时，处理精度又不能达到要求。因此，未来的数据处理过程应着眼于调和速度与精度的矛盾，做到精度和自动化程度同时提高。

(3) 模型重构的智能化。目前的曲面重构工作仍需要大量的人工干预，尤其是曲面实体造型的修改工作。模型重构作为逆向工程中最为复杂的环节，其工作量很大，其智能化对逆向工程的速度会有明显提升。模型重构的速度和精度一直是逆向工程发展的瓶颈。模型重构技术在未来的发展趋势就是在保证精度的前提下提高智能化程度。

(4) 发展逆向工程的集成技术。开发包括测量技术、模型重构技术以及基于网络的协同设计和数字化制造技术的逆向工程集成系统。

9.2   数据测量方法及设备

9.2.1   数据测量方法

数据测量工作是逆向工程工作流程中的第一阶段，后面的工作都要在此基础上来完成。如果获取数据时所得到的测量数据存在误差，那么在模型重构中所生成的模型就不可能足够准确，并且会最终导致生产出来的产品不能够如实地反映原来的实物模型。数据测量是整个逆向工程技术的基础。常用的测量设备主要分为二维和三维两种，大多数测量设备属于三维测量设备，二维测量设备主要用于测量平面数据信息(如孔的直径和中心的定位)，其测量数据较为精确。反求技术所采用的测量方法主要有两种：接触式测量法和非接触式测量法。

(1)接触式测量法。接触式测量是指利用接触式测量设备对实物外表面进行数据采集。工作时，传感器测量探头与被测量物体直接接触，从而产生一个记录信号，然后通过一定的存储设备记录下来。接触式测量根据测量原理的不同分为点位触发式数据采集和连续式数据采集两种。点位触发式数据采集的工作原理是，测量设备具有一个采样测头，测量时，采样测头的测针与实物模型的表面进行接触，测针尖受力后产生微小的变形，并触发测头中的开关，使得测针尖此时的坐标值被设备的数据采集系统记录下来，而测针根据测量路径逐点移动，最终得到样件模型表面信息的整体坐标值。

点位触发式数据采集方法的工作原理决定了它的测量速度比较慢，测量精度和效率也比较低，且对凹面的测量不敏感，因此多用于回转体表面的测量。基于点位触发式测量原理的设备主要是机械手。国外的机械手发展水平相对比较高，在定位精度和自由度控制方面遥遥领先。国内机械手方面的研究也大有进展，中国科学院在机械手研究方面取得了许多重要成果。

连续式数据采集的测量头采用模拟量开关，当悬挂在三维系统中的测针位置发生偏移时，电容电感产生相应的变化，以完成机械信号和电信号的转换。测量头的测针沿着样件模型表面做切向移动，并相应地产生各个位置的电信号。连续式数据采集的测量过程是连续进行的，因此其测量速度和精度较点位触发式数据采集有很大的提高。此外，由于接触力较小，它还可以进行对较软材料的测量。三坐标测量机就是一种典型的连续式数据采集设备，它在接触式测量法中应用最为广泛。

接触式测量法是一种传统的测量方法，应用十分广泛，其测量技术已经发展得十分成熟。它的突出优点是测量精度高，对被测模型的材质和颜色等要求不高；在测量前，可以对测量路径进行人工规划，从而大大降低了数据处理的难度。但是由于测量过程中与样件表面直接接触，其测量头容易损伤，并划伤样件的表面，不能对易碎和软质材料进行测量。而且其对具有复杂内部结构的样件不易进行测量，测量过程中也需要较多的人工干预，自动化程度较低，这些都在很大程度上限制了其适用范围。

(2)非接触式测量法。随着测量技术的不断发展，接触式测量法已经不能满足测量市场的需要，因此产生了非接触式测量法。非接触式测量就是根据光学、声学和磁学等领域的基本原理，利用某种与物体表面发生相互作用的物理现象，如光、声、磁等模拟量信号转化为样件模型表面的坐标信息，从而完成对样件表面的数据采集。近年来，随着科学技术的发展，出现了多种非接触式测量法，主要有以下几种：投影光栅法、超声波法、工业 CT 扫描法、逐层切削照相测量法、深度图像三维测量法、核磁共振法和自动断层扫描法等。

下面对其中部分测量法做简要介绍。

（1）投影光栅法。其基本原理是先将光栅条纹或干涉条纹投影到被测样件的表面，由于受到样件表面形状的调制，条纹会产生变形，这样就使得变形后的条纹带有被测样件的表面信息，然后通过摄像机的记录和计算机的处理，解调变形后的条纹，得到被测样件的表面信息。采用光栅投影法进行数据采集，其测量范围大、速度快、成本低而且易于实现。但是它的测量精度较低，表面复杂的物体在陡峭位置会发生相位畸变，导致测量精度大大降低。

（2）超声波法。其原理是向被测样件发射超声波脉冲，当超声波到达样件表面时会发生反射，且不同的位置会产生不同的时间间隔，通过测量带有被测样件表面信息的时间间隔就可以完成对样件的测量。这种方法操作简单，抗干扰性能强，但是测量速度较慢，测量精度不稳定。其应用领域十分广泛，主要用于物体的无损检测和壁厚测量。

（3）工业 CT（industrial computed tomography）扫描法。工业 CT 技术是一种射线成像检验技术，根据图像完成三维模型重构。医学领域率先应用了这种技术，其后来迅速被推广到工业领域。工业 CT 扫描法是目前最先进的非接触式测量法，它可以测量具有复杂内部几何结构的物体，这是其他测量方式无法比拟的。利用工业 CT 技术可以直接获取被测件的截面数据，其与快速成型技术十分匹配。但是工业 CT 扫描法的空间分辨率较低，测量时间较长，而且 CT 机的造价高，对运行环境的要求也较高。

（4）逐层切削照相测量法。逐层切削照相测量是近些年兴起的一种断层测量技术。它的测量原理是以极小的厚度对被测实物进行逐层切削，并利用摄像机对每一断面进行照相，获得被测件的截面图像。其测量精度很高，可达±0.02mm，但是它的测量成本只有工业 CT 技术的 70%～80%。不过它的缺点是易损坏被测件。美国 CGI 公司生产的层切扫描测量机能够对被测件的内外尺寸进行快速准确的测量，其切削厚度可达 0.013mm。在国内，逐层切削照相测量技术也有很大的发展，西安交通大学与海信技术中心工业设计所合作研制的层切扫描三维测量机已经达到国际领先水平。在未来的逆向工程测量领域，逐层切削照相测量和工业 CT 技术将会占据主导地位，并得到越来越广泛的应用。

（5）磁共振（magnetic resonance imaging）法。磁共振技术的理论基础是核物理学中的磁共振理论，它是一种新型的医疗诊断影像技术，可以得到人体的断层影像。磁共振提供的信息量远远大于其他成像技术。它的突出优点是能够深入物体内部且对物体没有任何损害，因此在医学上得到了广泛的应用。但是它的造价极高，不适用于非生物材料，这就限制了它的适用范围，一般只用于医学上的测量。

9.2.2　数据测量设备

1. 全自动三坐标激光测量机

全自动三坐标激光测量机(简称三坐标测量机)属于典型的接触式测量设备,也是一种高精密度测量仪器,其数据采集精度很高,应用十分广泛,如图9-2所示。全自动三坐标测量机被广泛应用到机械制造、汽车、航空航天和电子等行业中。它具有通用性强、精度高、效率高和能与柔性制造系统相连接等优点,被称为"测量中心"。

图9-2　全自动三坐标激光测量机

三坐标测量机是一种高效率的三维测量仪器,包含机械主体、电气控制系统和计算机硬件等组成部分。机械主体由3个相互垂直的测量轴(x轴、y轴和z轴)以及各自的长度测量系统组成。对应3个测量轴,它还具有3个方向的标尺,通过比较被测量与标准量来完成测量。测量时将被测件放置在工作台上,机械系统带动测头对空间任意位置的测量点进行瞄准,瞄准后,传感器测头发出信号,测量系统便采集到被测点的坐标值。

三坐标测量机大体上由机械系统、电气系统组成及一个重要部件测量头组成。机械系统包括构成机体的总体框架和实现测量头运动的传动系统等。电气系统用于完成对测量头运动的控制以及对测量数据的记录和保存等。测量头是完成数据采集工作的传感设备。下面对三坐标测量机的3个组成部分做简要介绍。

(1)机械系统。①主体框架:构成测量机的总体框架,包括工作台、立柱、横梁、支撑结构和壳体等。②标尺系统:它是机械系统的重要组成部分,提供了用于与被测量进行比较的标准量,包括线纹尺、光栅尺、同步感应器、丝杠传动装置和数字显示装置等。③导轨:测量头在3个测量轴上实现三维运动要通过导轨来完成。④驱动装置:提供测量头运动的传动装置,其精密性直接影响测量头的定位准确性,继而影响测量点的精确性。

(2)电气系统。①电气控制系统:用于完成对测量头运动的伺服控制。测量头是否能够根据规划的路径精确测量取决于电气控制系统。②计算机系统：包括软硬件两部分，用于完成测量数据的存储，并通过数据处理软件处理数据。其通过测头检验及坐标转换工作，以及测量点的空间坐标值计算出被测对象的几何尺寸、形状和位置。

（3）测量头。它是三坐标测量机最关键的部件。数据采集工作就是靠测量头与被测件的接触完成的。测量头实际上是一种传感装置，它在瞄准测量点后发出信号，主要实现瞄准和测微两项功能。

2. HandySCAN 3D 便携式三维扫描仪

HandySCAN 3D 便携式三维扫描仪是由加拿大 Creaform 公司生产的，作为典型的非接触式扫描测量设备，其以动态参考、多条激光十字线和自动网格生成为特点，具有携带方便、高精确性和高可靠性等优点。扫描仪及其部件都可在测量期间移动，且依然可以确保扫描精确和高质量，同时，可提供高分辨率和可追踪的结果。其测量精度高达 0.025mm，体积精度为（0.020+0.040）mm/m。图 9-3 所示为 HandySCAN 3D 便携式三维扫描仪。

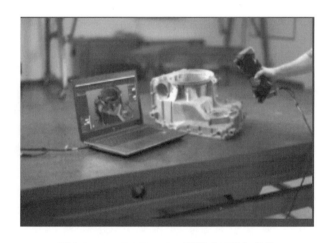

图 9-3　HandySCAN 3D 便携式三维扫描仪

激光三角形法的测量原理和测量精度的影响因素如下。

（1）激光三角形法测量原理。激光三角形法是目前最成熟且应用最广泛的一种非接触式测量方法，也是一种基于三角测量原理的结构光扫描技术。它的基本原理是，激光器发射出具有规则几何形状的激光束，激光束投射到样件表面上，同时模拟探针沿样件表面连续扫描，被测件表面形成的漫反射光点（光带）由安装在特定位置上的图像传感器接收并成像，根据光点在物体上的成像的偏移情况，按照三角几何原理，测出测量点的空间坐标。

（2）激光三角形法测量精度的影响因素。激光三角形法具有测量效率高、精度高且对被测件的材质没有限制等优点。但是它对被测件表面的物理情况（表面粗糙度、漫反射率和倾角等）反应比较敏感，其测量不到激光束照射不到的位置，在深孔和台阶等突变结构处容易发生测量数据丢失。另外，其扫描结果中有大量的冗余数据，需要进行复杂的数据处理工作。综合来说，激光三角形法的测量精度会受到测量系统本身误差、被测件表面特征和测量环境 3 个因素的影响。

1) 测量系统本身误差

数据测量阶段，测量精度往往会受到测量系统本身的限制，这在激光三角形法中主要体现在光学系统的误差上。激光三角测量法是通过激光束的中心线构成三角形来完成的，因此，激光线的提取精度十分重要。此外，图像传感器分辨率的高低也是影响测量精度的关键因素。

2) 被测件的表面特征

激光束经过被测件的表面时会发生漫反射，形成反射光束，因此，被测件表面特征情况将直接影响反射光束的精确性，进而影响测量结果。被测件的表面特征主要包括物体表面的光泽度和粗糙度等。为了改善被测件的表面特征情况，在实际测量中，往往对物体表面喷射白色显像剂。

3) 测量环境

测量环境主要指环境温度。环境温度的变化会引起光学元件特性的变化。因此，应当对设备的使用温度范围加以限制。

在实际测量中，需要首先使用样板对仪器进行校正，以实现测量仪两个镜头的匹配。其次，为了改善成像效果，需要对被测件表面进行喷洒白色显像剂处理。这里要重点说明在测量阶段对多视点云的对齐工作。我们知道，多视点云对齐属于数据处理内容，一般要通过逆向软件来完成，但是如果在数据测量阶段就实现对齐，则可以减少数据处理的工作量，并提高对齐精度。一般的处理办法是，在被测件表面贴上标签，然后仪器根据标签自动对齐。具体操作 9.3 节会有相应说明。

9.3　PO140 混流式转轮模型重构

模型重构是整个逆向工程中最重要和最关键的环节，因为无论采用什么先进的加工制造手段，都要以重构的模型为基础。整个逆向工程技术的最终目的就是通过模型重构技术来生成实物样件的模型。只有具备了产品的三维几何模型，我们才能够在此基础上运用数控技术、快速成型技术或者生成模具等来完成产品的生产以及结合正向设计思路完成产品的再设计。模型重构技术是运用相关的逆向工程软件对测量到的点云数据进行处理，并最终生成实物样件的三维几何模型。也就是说，将测量到的点云模型转换为曲线曲面模型和实体模型。其中要涉及一系列工作，包括逆向工程软件的选取、点云的预处理、选取合适的模型重构方法、点云数据的特征提取、曲线曲面的拟合与编辑修改和实体的重构等。

9.3.1　数据采集

1. 仪器校正

测量环境对三维扫描仪光学元件的特性影响较大，所以每到一个新的测量环境需首先对仪器进行校准。本次扫描地点为水轮机组过流部件内部,其位置处于地下约 30m 处。与常规户外环境相比,其温度较低且湿度较大,所以为保证测量数据的准确性,需要在过流部件内部现场通过样板对扫描仪进行校正。

2. 转轮前处理

本次扫描对象为俄罗斯 LMZ 公司所生产的适用于水头大变幅情况的 PO140 混流式转轮,转轮前处理的主要任务是通过对扫描对象的尺寸及结构进行分析,得出最合适的扫描方案,并对转轮进行显像剂喷涂及标签点粘贴工作,转轮基本参数见表 9-1。

表 9-1　PO140 混流式转轮基本参数

参数名	参数值
水轮机型号	HLPO140-LJ-485
叶片数(Z)	11
进口直径(D_1)/mm	4850
出口直径(D_{CK})/mm	4807

由表 9-1 可知,转轮进口直径约为 5m,为较大型转轮,全局扫描工程量较大,所以选择扫描单流道,然后通过后续模型重构对转轮进行整体建模。考虑到叶片高度约为 3m,所以将单流道分成 6 个部分进行扫描,区域划分方式如图 9-4 所示。

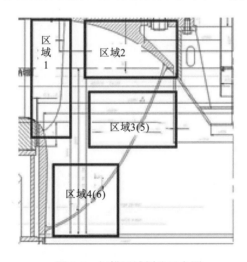

图 9-4　扫描区域划分示意图

由图 9-4 可知,下环区域及上冠区域分别为一个单独部分,工作面和相邻叶片背面各分为两部分进行扫描。区域 1 和区域 2 可通过蜗壳进入门至活动导叶区域进行扫描,叶片工作面(区域 3 和区域 4)以及叶片背面(区域 5 和区域 6)可以通过在尾水管搭脚手架(图 9-5)进行扫描。针对流道内部分区域太过狭窄,激光探头无法伸入并采集数据的情况,可在点云数据处理时通过缺失数据修复等方式进行修复。

在逆向零件的表面喷涂的白色粉末称为显像剂。三维扫描时通过对被测物体表面喷涂显像剂，可使被测物体表面呈现出良好的漫反射状体，有效改善被测物体由于各种颜色造成的扫描数据质量差和反光严重等缺陷，使被测物体更易于扫描，并获取高质量的点云数据。显像剂喷涂完毕后进行标签点粘贴(图 9-6)，标签点粘贴原则为等距均布，在曲率大的位置(如叶片进出口边和焊接处等)可适当增加标签点数量。

图 9-5　尾水管搭建脚手架　　　　　图 9-6　粘贴标签点后的转轮叶片

3. 点云数据采集

点云数据采集时，首先通过手持式激光探头对叶片上的标签点进行识别，识别完毕后开始进行扫描工作。扫描时应注意保持探头垂直对准被扫描部位，并保持 100mm 左右的距离匀速移动。同时，应注意计算机界面的点云生成情况，若发现数据缺失，应返回并再次进行扫描及补上数据，数据采集操作如图 9-7 所示。

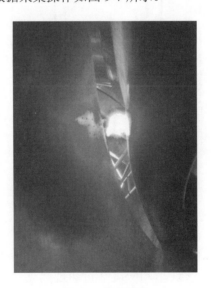

图 9-7　数据采集

9.3.2　基于逆向工程软件的点云数据处理

混流式水轮机叶片属于空间扭曲叶片，且背面及工作面扭曲程度不同，所以其表面形状比较复杂，很难找出特征线，而且需要具有很好的光顺性。由于本次扫描点云数据(约有 300 万个)庞大，所以选取 Geomagic 软件，通过直接拟合点云的方式进行数据处理。

1. 噪声点去除

噪声点是指获得的测量数据中存在的偏离被测样件表面的坏点、超差点和错误点。噪声点的存在直接影响测量数据的精度，而测量数据的精确性是准确进行模型重构的基础。因此，点云去噪工作十分必要。噪声点的产生原因来自多个方面，主要有以下几种。

(1)被测样件表面特征(表面粗糙度、漫反射率、波纹度和材质颜色等)所引起的噪声点。非接触式测量方法受此因素影响较大，表面特征情况会影响激光的精度，继而产生测量误差。

(2)测量系统本身引起的误差。由于测量设备精度(摄像机的分辨率和设备的振动)的限制，会产生一定的噪声点。

(3)当采用人工测量时，由于操作人员的熟练程度不同，会产生测量误差。

(4)测量环境的变化。

考虑到点云数据量巨大，所以首先对各扫描区域文件进行各部件噪声点去除，然后进行对齐工作。针对空间中距离较远的噪声点，采用手动删除点的方式消除，然后通过 Geomagic 软件中的减小噪声命令分别对各部位的点云文件进行噪声点消除。具体操作如图 9-8 所示。

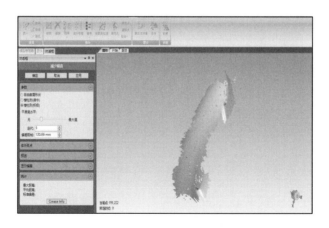

图 9-8　点云噪声点消除示意图

2. 点云对齐

点云对齐主要有两种方式：①测量对齐，即在测量过程中，利用先进的测量装置，采用统一的测量坐标系(零件坐标系)，直接进行对齐；②测量完成后通过数据处理进行对齐。第二种方式又可以分为两种：基于点云的直接对齐和基于几何特征的对齐。基于点云的直接对齐是指直接对数据点集合进行处理，最后获得完整的点云信息。基于几何特征的对齐是指对不同坐标系下的测量数据分别进行造型，然后根据造型图形的几何特征进行对齐，因此也可以称为基于图形的对齐。这种对齐方式的适用范围较广，但是要求被测样件具有明显的几何特征。

Geomagic 软件采用的最近点迭代算法是一种典型的基于点云对齐的直接对齐算法，这种算法对齐精度较高，适于处理密集点云。在扫描时其各区域的扫描结果都有重叠部分，方便后期的对齐工作。对齐后的结果如图 9-9 所示。

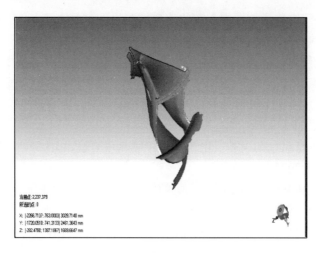

图 9-9　点云对齐结果示意图

3. 缺失数据修复

使用各种扫描设备获得点云数据后，将点云数据在逆向工程软件中打开，此时会发现点云表面存在一些孔、洞等数据缺失现象。这些孔、洞的存在会使曲面建模工作变得异常困难，因此，在曲面建模之前需要对它们进行必要的处理，将这些缺失的数据信息补充完整。这就是所谓的缺失数据修复，也可称为数据修补。

无论是在点云处理界面还是在多边形处理界面，均有填充孔这一命令。总体来看，本次扫描数据较为完善，所以考虑在点云对齐后进行数据修复，局部修复前后对比图如图 9-10 所示。

4. 数据精简及分块

(1)数据精简。本次扫描数据点近 300 万个，直接对如此庞大的测量点集进行处理十分困难，计算机的计算时间会变得很长，效率会很低，过程的可控性会变差，有时候会严重影响曲面重建的效率和质量。况且，并不是所有数据都是模型重建所必需的，因此，在能够保证重构模型精度的情况下，应尽量对数据进行精简处理。

(2)点云分块。就是按照实体外形的结构特点，将属于同一个曲面的点划分出来，构成单独且比较小的点云。这样，原始的数据点云就被划分成若干个小点云(小点云的数量由实体外形的表面曲面片数决定)。在曲面造型时，对每个小点云进行分别造型，并拟合

 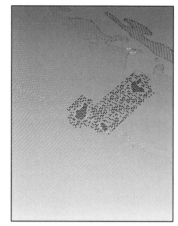

(a)修复前   (b)修复后

图 9-10　点云修复前后对比

成小的曲面片，然后通过逆向工程软件中的过渡、桥接、剪裁、倒圆角和合并等曲面编辑功能，将各个曲面片缝合起来组成一个整体，最终完成整个曲面的造型。

采用非均匀网格法对数据进行简化，并将简化后的点云数据分块及封装，将封装后得到的多边形转化为曲面，最终结果如图 9-11 所示。将结果保存为 IGS 片体格式后导出，至此点云数据处理全部完成。

图 9-11　点云处理最终结果

9.3.3　基于正向 CAD/CAM 软件的模型重构

专用的逆向工程软件虽然其点云处理功能十分强大，曲线拟合质量较高，线面检查分析功能完善，但是线面编辑功能不强，曲面及实体造型功能较弱。而正向软件的逆向工程模块虽然发展还不完善，其点云处理及曲线拟合功能也不太丰富，但是它可以灵活地对曲线曲面进行动态编辑，易于控制造型精度，而且其发展已经十分成熟的曲面及实体造型功能是专用逆向软件不可比拟的。所以，在模型重构方面采用正向 CAD/CAM 软件，而运用正、逆向软件综合进行逆向设计也是当今逆向工程业界主流的设计方式。

1. 基于近似流面的转轮叶片重塑

重塑过程如下。

(1)模型导入。打开 NX10.0 并创建标准建模工程文件，将 Geomagic 处理好的模型结果文件导出为 IGS 格式并导入 NX10.0。

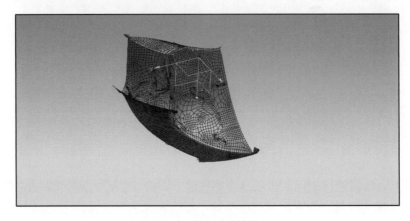

图 9-12 单流道片体导入

(2)分块片体缝合。导入的单流道模型为片体格式，单流道由上冠部分、下环部分和某叶片工作面及其相邻叶片背面 4 个部分组成。前期进行点云数据处理时，为保证数据处理的准确性，对点云进行分块造面。在保证造面准确性的同时，将整个单流道划分为近 2900 个小片体，为提高 NX10.0 识别速度，需将小片体依据其所处位置大致缝合为几个大片体。操作方法如图 9-13 所示。

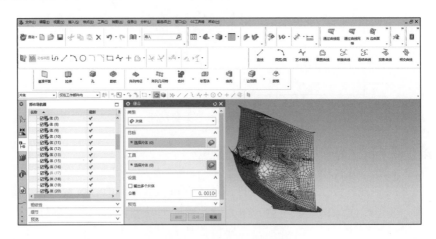

图 9-13 小片体缝合示意图

(3)单流道转化为叶片。前期处理结果为单流道，而模型重构所需模型为完整叶片。由于转轮叶片数为 11，所以将叶片背面旋转对应的度数(360/11°)以构成一个完整叶片。操作方法如图 9-14 所示。

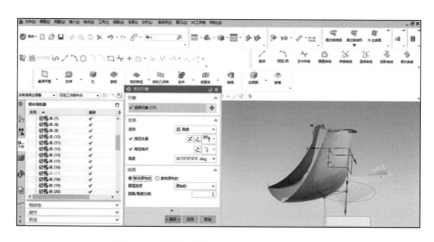

图 9-14　单流道转化为单独叶片图示意图

(4)基准检查。由于扫描结果为单流道，存在基准偏差问题，因此，通俗地讲就是需要叶片放正，而转轮未放正将导致叶片安放角出现偏差，影响扫描结果的准确性，甚至严重影响转轮的性能。可根据转轮进出口直径等参数以及借助轴面投影图绘制辅助面对转轮基准位置进行检查，具体操作如下：首先从水轮机剖面图中提取出轴面投影图并导入NX10.0，然后将上冠线、下环线以及叶片进出口边线绕 Z 轴旋转以作辅助面，通过旋转和移动等方式将扫描结果与辅助面进行匹配，最后删除上冠和下环位置处无关的片体，只留下叶片。匹配前后对比图如图 9-15 所示。

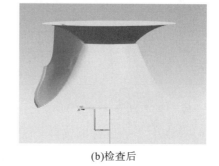

(a)检查前　　　　　　　　　　　　　　　　　(b)检查后

图 9-15　基准检查对比图

(5)翼型轮廓线重塑。为方便后期重新造面，选择绘制近似流线并将其旋转成流面，以对扫描叶片进行分割，然后在分割断面上进行翼型轮廓线重塑。此方法可以对数据采集阶段缺少的数据进行补充。需要注意的是，为了尽可能获取叶片表面特征，轴面投影图中绘制的近似流线应具有一定数量，且叶片下半部分扭曲程度最大，所以需布置更多流线，而叶片进口处的上半部分可以适当少布置一些。流线布置示意图如图 9-16 所示。

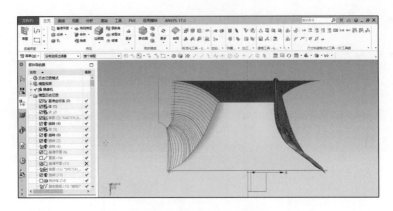

图 9-16　流线布置示意图

将流线绕 Z 轴旋转，形成流面，然后以流面切割叶片，获得断面形状，再通过艺术样条重新拟合叶片工作面及背面型线。翼型切割操作示意图如图 9-17 所示。

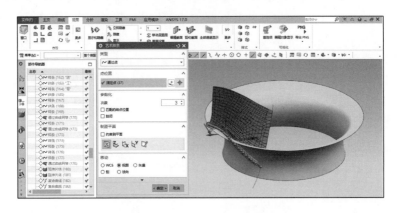

图 9-17　翼型切割操作示意图

拟合过程中需要注意的是，在进口边叶片头部此类曲率较大的地方应添加更多拟合点，同时可以跳过叶片不光滑的位置并进行拟合点布置，以保证最终拟合出一条光滑的空间曲线。拟合结果如图 9-18 所示。

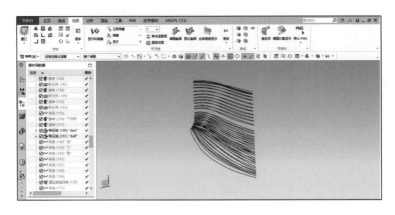

图 9-18　叶片翼型型线片拟合结果

（6）叶片实体造型。通过 NX10.0 提供的多种曲线造面方式进行叶片曲面重构，NX10.0 提供的曲线造面功能有曲线组、网格曲面和 N 边曲面等，这里采用网格曲面命令进行曲面塑造。工作面及背面塑造结果如图 9-19 所示。

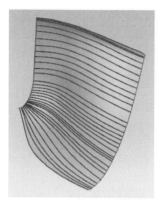 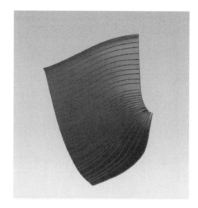

(a)叶片工作面　　　　　　　　　　　　　(b)叶片背面

图 9-19　叶片曲面塑造结果

提取叶片与上冠和下环连接处轮廓线并填充为片体，将叶片工作面、叶片背面、出口倒圆面、下环连接面和上冠连接面 5 个曲面缝合为实体叶片。缝合后单个叶片实体如图 9-20。

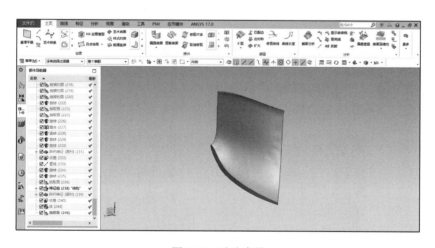

图 9-20　叶片实体

2. 叶片木模图绘制

叶片重塑好后进行转轮叶片木模图绘制。将一组平行于 XY 平面的等高线绕 Z 轴旋转成面后切割叶片，获得断面型线，为了保证图纸的精确性，等高线间距为 100mm，共 20 条。将断面型线、叶片进出口边和下环线投影到 XY 平面后便可获得混流式转轮叶片木模图，等高线布置示意图及木模投影图分别如图 9-21 和图 9-22 所示。

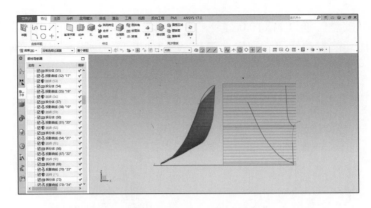

图 9-21　等高线布置示意图

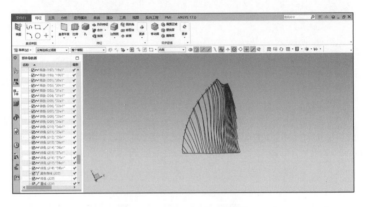

图 9-22　叶片木模投影图

将通过 NX10.0 得到的木模型线图导出为.dwg 格式二维图，并将等高线图、轴面投影图和木模型线图导入 CAD，选择 A0 图框，同时对轴面投影图及每一个断面型线进行标注，最终可得到完整木模图，完整图纸如图 9-23 所示。

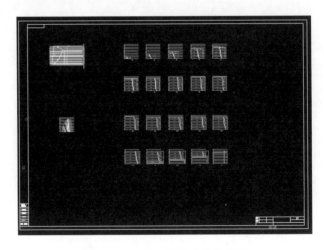

图 9-23　PO140 转轮叶片木模图

第10章　紫坪铺水电站全流道多工况数值模拟分析

10.1　计算模型的建立

通过对单个叶片进行环形阵列排列，得到转轮的 11 个叶片，同时将轴面投影图型线绕 Z 轴旋转为实体，再将两者做差，得到最终的转轮计算域水体模型及结构模型，结果如图 10-1 所示。

(a)转轮水体　　　　　　　　　(b)转轮结构

图 10-1　转轮水体及结构模型

蜗壳、固定导叶、活动导叶和尾水管 4 个过流部件的水体模型根据电站提供的二维图纸进行建模。将各过流部件二维图纸导入 UG10.0，并通过一系列线面编辑命令构建出各过流部件水体模型，最终的全流道计算域水体模型如图 10-2 所示。

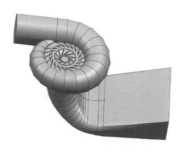

图 10-2　全流道计算域水体模型

采用 ANSYS 自带的网格划分程序 ICEM 对各计算域水体进行网格划分。网格主要分为结构网格及非结构网格两大类，两类网格各有特点。结构网格存储的信息量少，同等网格数量下其计算速度优于非结构网格。而非结构网格没有网格节点的结构性限制，在控制网格的数量、大小和位置等方面其灵活性优于结构网格，但计算时占用的资源更多。综合考虑本书研究重点及模型结构特点，采用全流道结构网格的方式进行数值模拟，蜗壳及固定导叶水体采用非结构网格，活动导叶水体、转轮及尾水管水体采用结构网格。在进行划分时，对全流道内的关键位置(导叶头部及尾部、叶片进出口边和尾水管涡带位置等)通过网格大小调整或节点数量控制等方式进行网格局部加密，以提高网格质量，并对各计算区域指定名称和类型，方便后续给定模型的物理属性、边界条件及初始条件。网格划分结果如图 10-3 所示。

(a)蜗壳　　　　(b)固定导叶　　　　(c)活动导叶　　　　(d)转轮　　　　(e)尾水管

图 10-3　计算域网格

网格的质量直接影响数值模拟的准确度及计算速度。通常来讲，网格数量越多，网格质量越高，需要的计算时间越长。相反，网格数量过少会缩短计算时间，但计算精度得不到保证。所以，需要通过网格无关性验证来选择合适的网格数量，在保证计算精度的条件下应选用尽量少的网格，以节省计算资源。本书以设计水头下最优开度工况为例进行网格无关性验证，结果见表 10-1。

表 10-1　网格无关性验证表

总网格数/个	流量/(m³/s)	出力/MW	效率/%
1206485	196.04	177.99	92.64
2046861	196.28	179.48	93.31
4153504	199.67	183.07	93.56
6998426	201.78	186.06	94.39
9836523	201.84	185.86	93.96

由表 10-1 可知，当总网格数达到 6998426 个时，网格数量的变化对水轮机外特性基本无影响，故综合考虑后确定本次计算总网格数为 6998426 个，其中蜗壳水体网格数为 1048465 个，固定导叶水体网格数为 895465 个，活动导叶水体网格数为 995173 个，转轮水体网格数为 2295615 个，尾水管水体网格数为 1763708 个。与电站所提供的转轮运转综合特性曲线相比，设计水头最优工况下模拟得出的流量及出力均偏大 2.5%左右，效率偏差约为 1%。该机组多年运行期间转轮多次修补，其叶片表面型线与出厂时相比有所变化，从而引起计算误差偏大，但误差值总体仍在可接受范围内。

10.2　计算工况点的选择

为分析本书所研究的大变幅混流式水轮机在特定水头和出力下的异常高频振动原因，我们对电站近几年的检修报告及空转试验结果进行了分析，发现定转子气隙及各导轴承间隙均在合理范围内。从近期电站的变负荷试验结果来看,异常振动仅发生在机组高效区附近,且不同水头下振动初生点有所不同,据此判定机组异常振动是水力振动,而非电磁或机械原因引起的振动,部分变负荷试验结果见表 10-2。选取特定水头(98m)下异常振动初生点、异常振动最强点和异常振动消失点 3 个计算工况点(分别命名为 A-、A 和 A+点)。对以上所选的 3 个工况点进行单相定常及非定常流动数值模拟后,再将计算结果作为初始条件进行空化非定常流动数值模拟。根据线性插值的方式计算运转综合特性曲线,确定工况点对应的活动导叶开度、流量以及模型综合特性曲线上的空化系数。计算工况点基本参数见表 10-3。

表 10-2　机组变负荷试验数据表

水头/m	振动描述	出力/MW	开度/%	流量/(m³/s)	上机架振动/μm +X	+Y	下机架振动/μm 水平		顶盖振动/μm 水平		楼板振动/μm
104.32	开始	188.00	85.54	204	42	44	7	6	8	21	28
	持续振动	192.00	87.50	206	42	44	6	6	7	16	50
101.67	开始	180.00	87.00	191	42	43	7	6	9	24	35
	最强	185.00	88.20	200	42	45	8	6	12	29	53
	结束	190.00	91.70	206	44	45	6	9	15	27	29
99.33	开始	181.00	88.40	205	41	43	8	12	14	19	29
	最强	183.00	89.90	206	43	45	7	6	10	14	46
	结束	187.00	92.60	211	44	44	6	9	8	15	30
98.00	开始	176.00	88.27	199	43	44	7	12	10	37	31
	最强	180.50	90.54	204	44	46	7	22	10	18	40
	结束	183.51	92.57	206	45	45	7	9	8	15	29
96.64	持续振动	175.00	90.80	204	45	48	7	6	12	7	70
94.64	开始	167.90	89.70	194	41	42	6	10	8	25	28
	最强	171.90	91.56	202	41	43	7	14	10	31	33
	结束	173.80	94.50	205	41	44	7	11	8	37	31

表 10-3　计算工况点基本参数

工况点名称	水头/m	出力/MW	流量/(m³/s)	活动导叶开度/mm	空化系数
A-	98	176.00	199	386	0.060
A	98	180.50	204	396	0.064
A+	98	183.51	206	405	0.066

10.2.1　单相定常模拟条件设置

首先进行各过流部件计算域定义,其中将转轮水体定义为旋转域,其余过流部件水体均定义为静止域,完成计算域定义后进行湍流模型的修正。对 RNG k-ε 模型的湍流黏度系数进行修正，在表达式界面编辑好密度函数公式，并在定义 RNG k-ε 湍流模型参数时将其导入，其余参数选择默认值。定义计算域时将转轮设为旋转域，转速设为 −150r/min，其余计算域设为静止域，参考压力为 1atm，输送介质为 25℃ 清水。

转轮进口边界条件选择总压进口，出口边界条件选择静压出口，根据空化系数进行进出口压力值计算：

$$P_{\mathrm{out}} = \left(\sigma H + h_{\mathrm{z}} + \frac{P_{\mathrm{v}}}{\rho g} \right) \rho g \tag{10-1}$$

$$P_{\mathrm{in}} = P_{\mathrm{out}} + \rho g H \tag{10-2}$$

式中，σ 为空化系数；ρ 为密度；P_{out} 为尾水管的出口静压值，Pa；P_{in} 为蜗壳的进口总压值，Pa；h_{z} 为水轮机吸出高度，m；H 为工作水头，m；P_{v}=3170Pa，为饱和蒸汽压。

相邻计算域通过设定交界面来实现数据传递，由于转轮为旋转部件，转轮计算域(活动导叶计算域、转轮计算域和尾水管计算域)采用冷冻转子格式的动静交界面，其指定节距角设为 360°，残差精度设为 0.00001，计算步数初始设为 3000 步。同时，在蜗壳进口处设置流量监测点，后续可根据实际计算过程中流量的波动情况来判断单相定常计算的收敛情况并适当调整计算步数。

10.2.2　单相非定常模拟条件设置

进行单相非定常计算设置时，在单相定常设置的基础上将计算分析类型由稳态(steady State)改为瞬态(transient)，非定常计算按每旋转 3° 进行一次，即单步时长设为 0.00333333s。为保证计算结果的准确性，总计旋转 20 圈，即计算总时长为 8s，取最后 5 圈的计算结果用作分析。流体的压力脉动是诱发机械设备振动的主要原因之一，根据目前水轮机水力稳定性理论，引起机组水压脉动的主要原因通常有 4 种：尾水管螺旋涡带、卡门涡列、叶道涡和动静干涉(rotor-stator interaction，RSI)。因此，需要对尾水管、转轮流道和活动导叶与转轮间的无叶区等处进行监测点设置。由于机组运行工况不同，尾水管涡带呈周期性扰动的螺旋涡带及稳定的近似沿尾水管轴心线分布的涡柱，因此监测点需设在尾水管近壁处及轴心线上。考虑到不同运行工况下叶道涡位置会有所不同以及卡门涡列的脱落涡主要出现在转轮进口处，故在转轮某一单流道内以及活动导叶尾部均匀布置足够多的监测点，并将流道内的监测点设置为随转轮一起旋转，后续再根据具体情况选择具有代表性的监测点进行分析。具体设置位置如图 10-4 所示。

另外，运行过程中转轮所受到的不平衡径向力和轴向水推力也是导致水轮机振动的激振力，故在计算时对转轮和尾水管等部件的轴向及径向受力进行监测。

图 10-4　监测点布置图

10.2.3　空化两相流动模拟条件设置

空化两相流动模拟选择基于输运方程的 ZGB 空化模型，设置时首先需添加第二相介质(25℃气泡)，并将进口液相体积分数设为 1，气相体积分数设为 0；空化模型中，参数表面张力取 0.072N/m，气泡直径取 10^{-6}m，蒸发系数及凝结系数分别取默认值 50 和 0.01，饱和蒸汽压取 3170Pa，气核点体积分数取 5×10^{-4}。

10.3　流场计算结果

10.3.1　各水头下水轮机能量特性

各水头下水轮机的能量特性如图 10-5 所示。

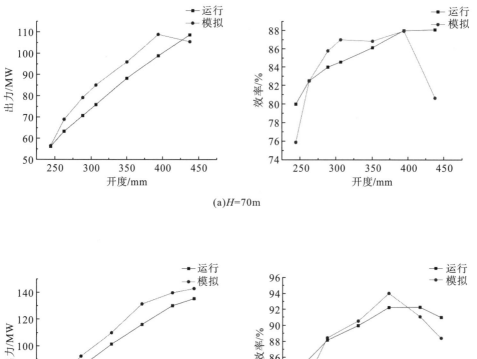

(a)H=70m

(b)H=80m

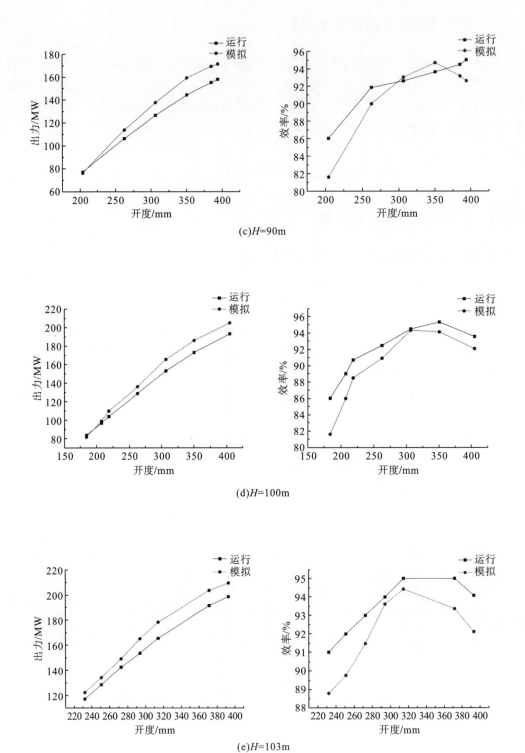

(c)H=90m

(d)H=100m

(e)H=103m

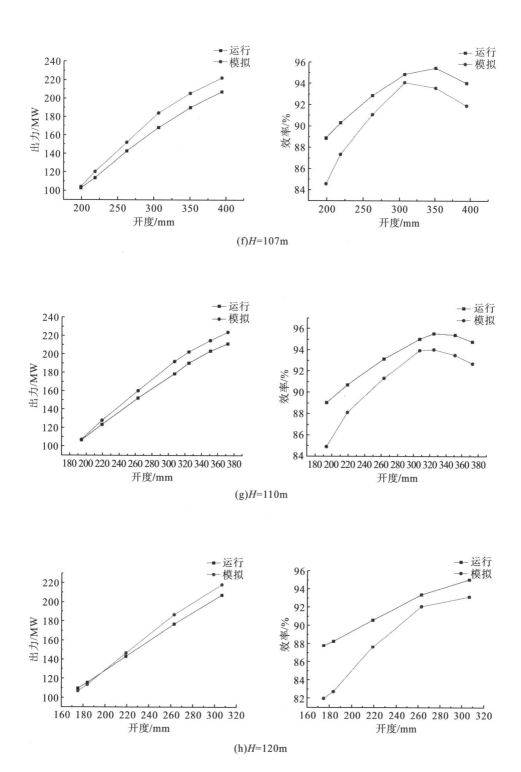

(f)H=107m

(g)H=110m

(h)H=120m

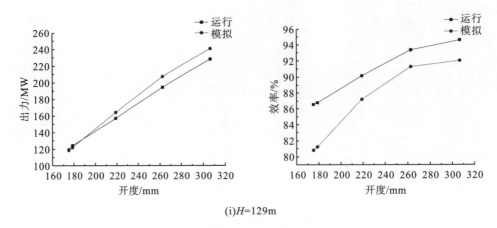

(i)H=129m

图 10-5 各水头下水轮机的能量特性

10.3.2 定常流动下水轮机全流道流线分布

各水头下全流道流线的分布如图 10-6 所示。

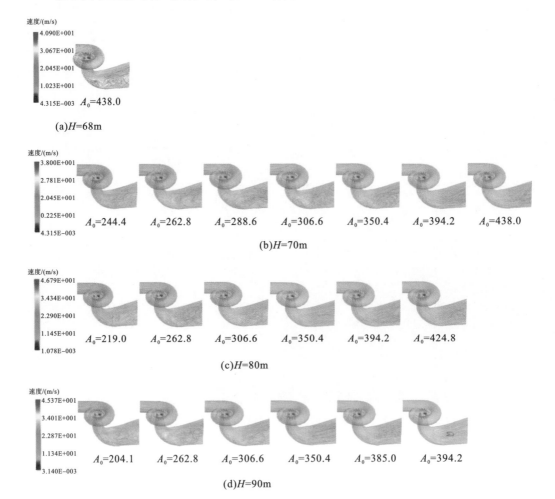

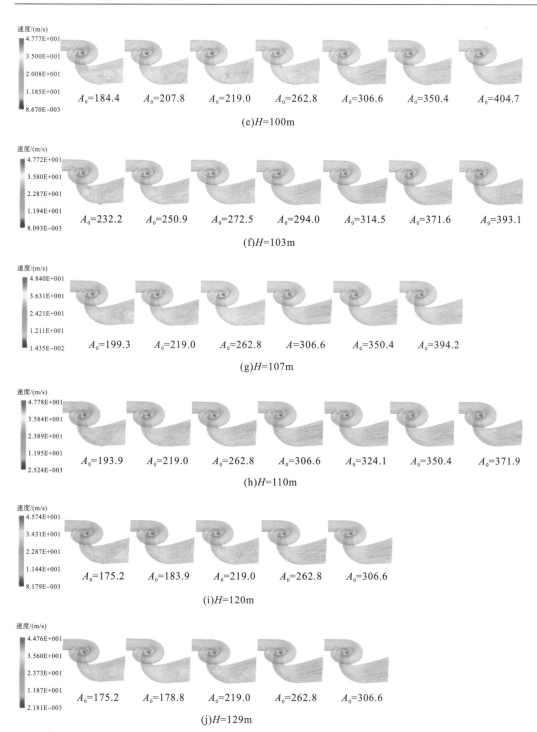

速度/(m/s)
4.777E+001
3.500E+001
2.008E+001
1.185E+001
8.670E-003

$A_0=184.4$　$A_0=207.8$　$A_0=219.0$　$A_0=262.8$　$A_0=306.6$　$A_0=350.4$　$A_0=404.7$

(e)$H=100$m

速度/(m/s)
4.772E+001
3.580E+001
2.287E+001
1.194E+001
8.093E-003

$A_0=232.2$　$A_0=250.9$　$A_0=272.5$　$A_0=294.0$　$A_0=314.5$　$A_0=371.6$　$A_0=393.1$

(f)$H=103$m

速度/(m/s)
4.840E+001
3.631E+001
2.421E+001
1.211E+001
1.435E-002

$A_0=199.3$　$A_0=219.0$　$A_0=262.8$　$A=306.6$　$A_0=350.4$　$A_0=394.2$

(g)$H=107$m

速度/(m/s)
4.778E+001
3.584E+001
2.389E+001
1.195E+001
2.524E-003

$A_0=193.9$　$A_0=219.0$　$A_0=262.8$　$A_0=306.6$　$A_0=324.1$　$A_0=350.4$　$A_0=371.9$

(h)$H=110$m

速度/(m/s)
4.574E+001
3.431E+001
2.287E+001
1.144E+001
8.179E-003

$A_0=175.2$　$A_0=183.9$　$A_0=219.0$　$A_0=262.8$　$A_0=306.6$

(i)$H=120$m

速度/(m/s)
4.476E+001
3.560E+001
2.373E+001
1.187E+001
2.181E-003

$A_0=175.2$　$A_0=178.8$　$A_0=219.0$　$A_0=262.8$　$A_0=306.6$

(j)$H=129$m

图 10-6　定常流动下水轮机各水头全流道流线图

10.3.3　蜗壳静压分析

各水头下蜗壳截面静压分析如图 10-7 所示。

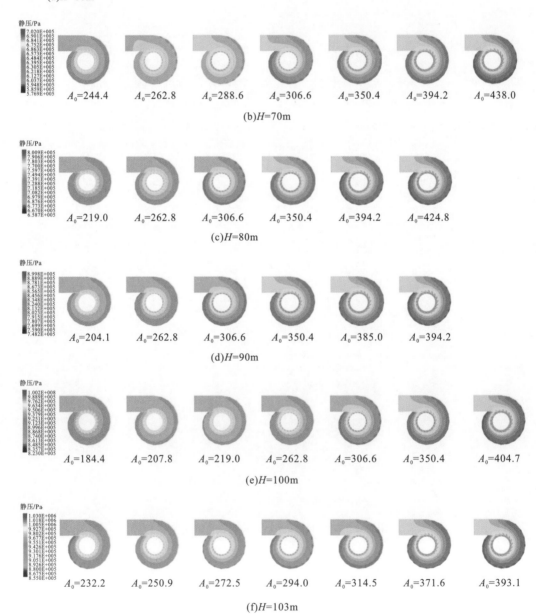

(a)H=68m

(b)H=70m

(c)H=80m

(d)H=90m

(e)H=100m

(f)H=103m

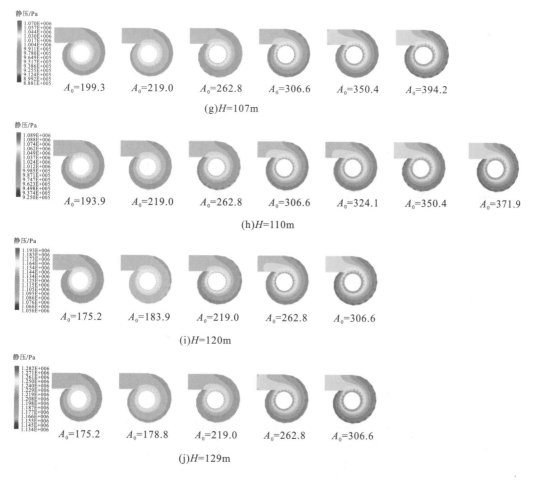

(g)H=107m

(h)H=110m

(i)H=120m

(j)H=129m

图 10-7　各水头下的蜗壳截面静压分析

10.3.4　活动导叶速度分布

活动导叶速度分布如图 10-8 所示。

(a)H=68m

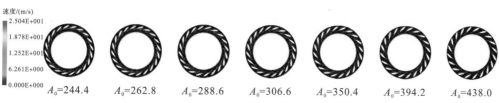

(b)H=70m

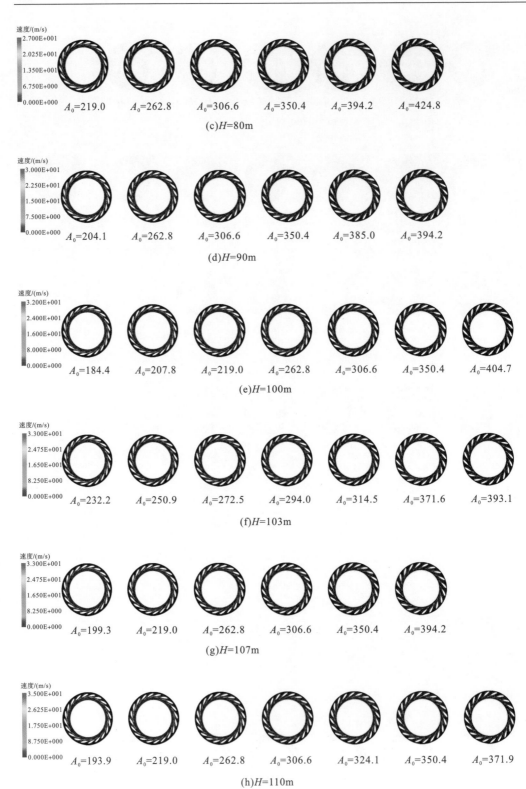

(c)$H=80$m

(d)$H=90$m

(e)$H=100$m

(f)$H=103$m

(g)$H=107$m

(h)$H=110$m

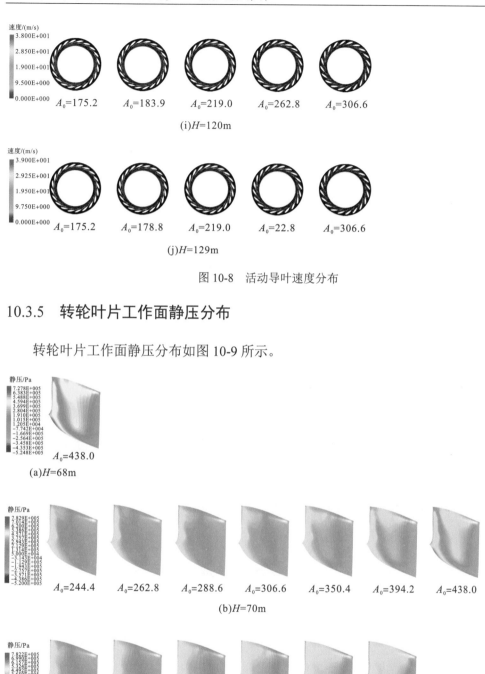

图 10-8　活动导叶速度分布

10.3.5　转轮叶片工作面静压分布

转轮叶片工作面静压分布如图 10-9 所示。

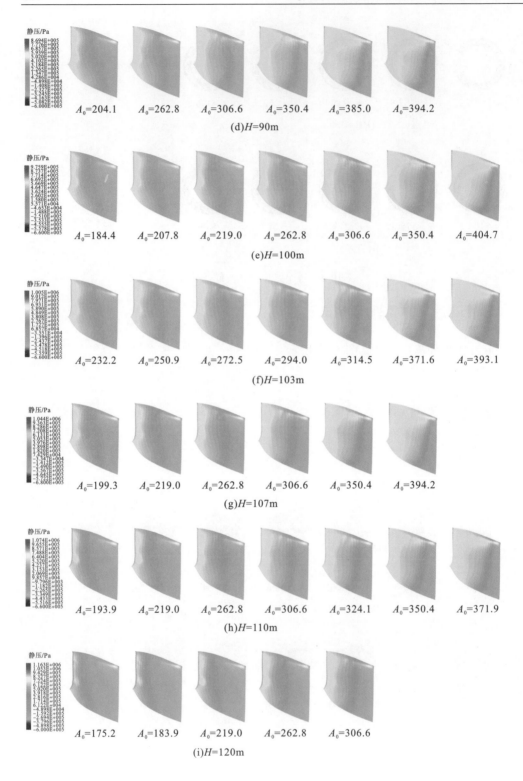

静压/Pa

$A_0=204.1$　　$A_0=262.8$　　$A_0=306.6$　　$A_0=350.4$　　$A_0=385.0$　　$A_0=394.2$

(d)H=90m

$A_0=184.4$　　$A_0=207.8$　　$A_0=219.0$　　$A_0=262.8$　　$A_0=306.6$　　$A_0=350.4$　　$A_0=404.7$

(e)H=100m

$A_0=232.2$　　$A_0=250.9$　　$A_0=272.5$　　$A_0=294.0$　　$A_0=314.5$　　$A_0=371.6$　　$A_0=393.1$

(f)H=103m

$A_0=199.3$　　$A_0=219.0$　　$A_0=262.8$　　$A_0=306.6$　　$A_0=350.4$　　$A_0=394.2$

(g)H=107m

$A_0=193.9$　　$A_0=219.0$　　$A_0=262.8$　　$A_0=306.6$　　$A_0=324.1$　　$A_0=350.4$　　$A_0=371.9$

(h)H=110m

$A_0=175.2$　　$A_0=183.9$　　$A_0=219.0$　　$A_0=262.8$　　$A_0=306.6$

(i)H=120m

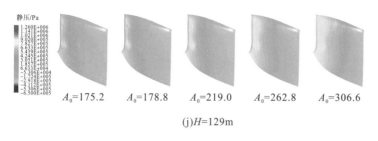

A_0=175.2 A_0=178.8 A_0=219.0 A_0=262.8 A_0=306.6

(j)H=129m

图 10-9　转轮叶片工作面静压分布

10.3.6　转轮叶片背面静压分布

转轮叶片背面静压分布如图 10-10 所示。

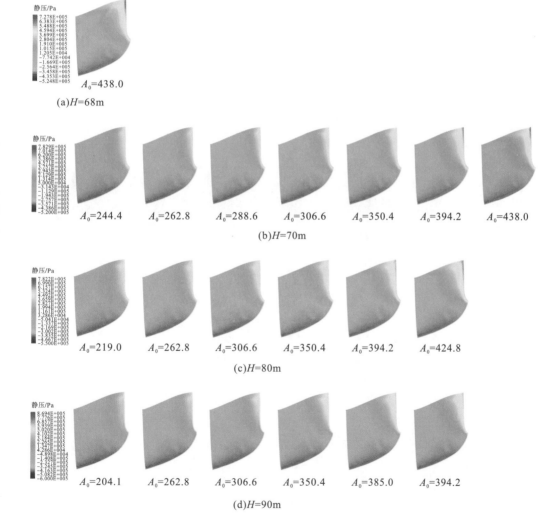

A_0=438.0

(a)H=68m

A_0=244.4 A_0=262.8 A_0=288.6 A_0=306.6 A_0=350.4 A_0=394.2 A_0=438.0

(b)H=70m

A_0=219.0 A_0=262.8 A_0=306.6 A_0=350.4 A_0=394.2 A_0=424.8

(c)H=80m

A_0=204.1 A_0=262.8 A_0=306.6 A_0=350.4 A_0=385.0 A_0=394.2

(d)H=90m

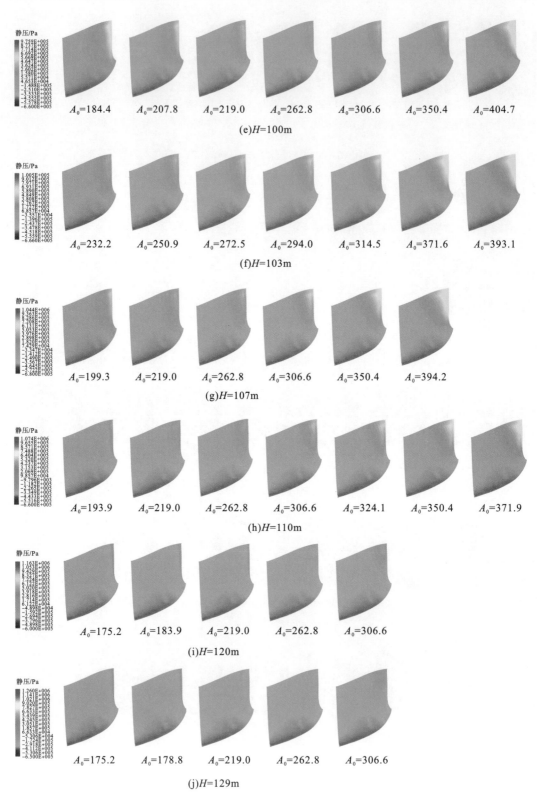

图 10-10 转轮叶片背面静压分布

10.3.7　蜗壳流线分布

蜗壳流线分布如图 10-11 所示。

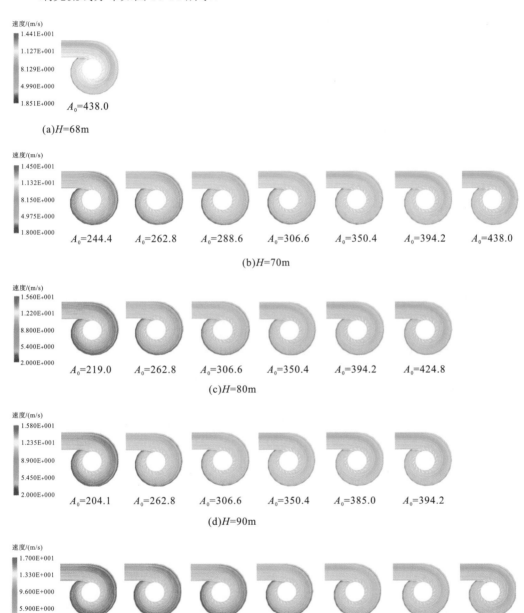

(a)H=68m

(b)H=70m

(c)H=80m

(d)H=90m

(e)H=100m

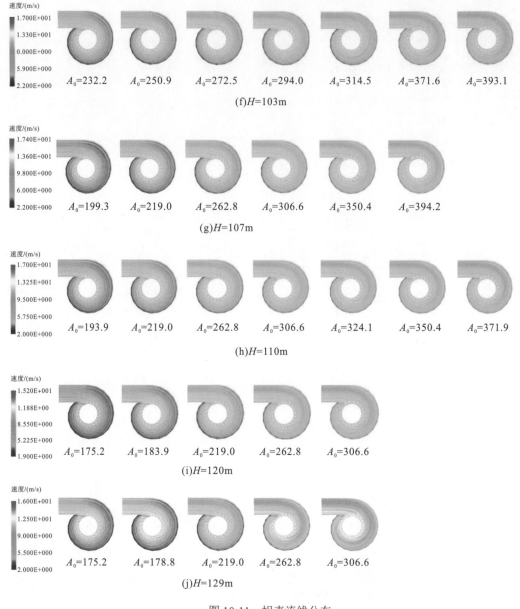

图 10-11   蜗壳流线分布

10.3.8   固定导叶流线分布

固定导叶流线图如图 10-12 所示。

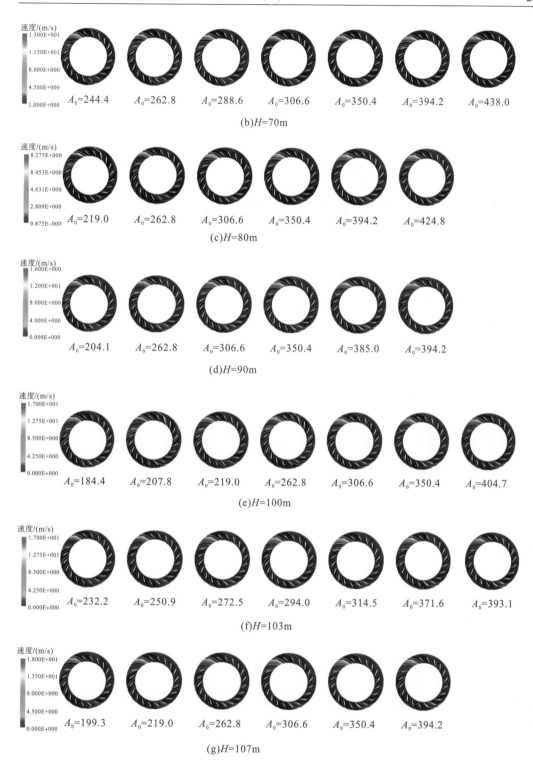

速度/(m/s)
1.500E+001
1.150E+001
8.000E+000
4.500E+000
1.000E+000

$A_0=244.4$　　$A_0=262.8$　　$A_0=288.6$　　$A_0=306.6$　　$A_0=350.4$　　$A_0=394.2$　　$A_0=438.0$

(b)H=70m

速度/(m/s)
8.275E+000
8.453E+001
4.631E+000
2.809E+000
9.875E−000

$A_0=219.0$　　$A_0=262.8$　　$A_0=306.6$　　$A_0=350.4$　　$A_0=394.2$　　$A_0=424.8$

(c)H=80m

速度/(m/s)
1.600E+000
1.200E+001
8.000E+000
4.000E+000
0.000E+000

$A_0=204.1$　　$A_0=262.8$　　$A_0=306.6$　　$A_0=350.4$　　$A_0=385.0$　　$A_0=394.2$

(d)H=90m

速度/(m/s)
1.700E+001
1.275E+001
8.500E+000
4.250E+000
0.000E+000

$A_0=184.4$　　$A_0=207.8$　　$A_0=219.0$　　$A_0=262.8$　　$A_0=306.6$　　$A_0=350.4$　　$A_0=404.7$

(e)H=100m

速度/(m/s)
1.700E+001
1.275E+001
8.500E+000
4.250E+000
0.000E+000

$A_0=232.2$　　$A_0=250.9$　　$A_0=272.5$　　$A_0=294.0$　　$A_0=314.5$　　$A_0=371.6$　　$A_0=393.1$

(f)H=103m

速度/(m/s)
1.800E+001
1.350E+001
9.000E+000
4.500E+000
0.000E+000

$A_0=199.3$　　$A_0=219.0$　　$A_0=262.8$　　$A_0=306.6$　　$A_0=350.4$　　$A_0=394.2$

(g)H=107m

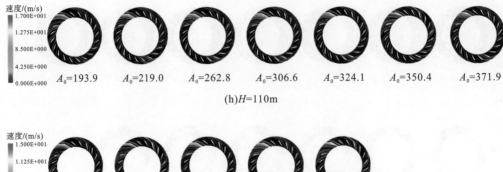

(h)H=110m

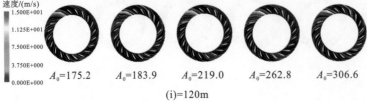

(i)=120m

(j)H=129m

图 10-12　固定导叶流线图

10.3.9　尾水管涡带

尾水管涡带如图 10-13 所示。

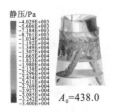

A_0=438.0

(a)H=68m

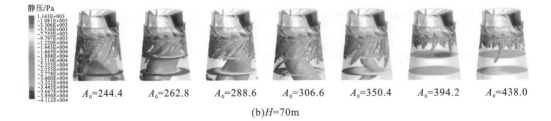

(b)H=70m

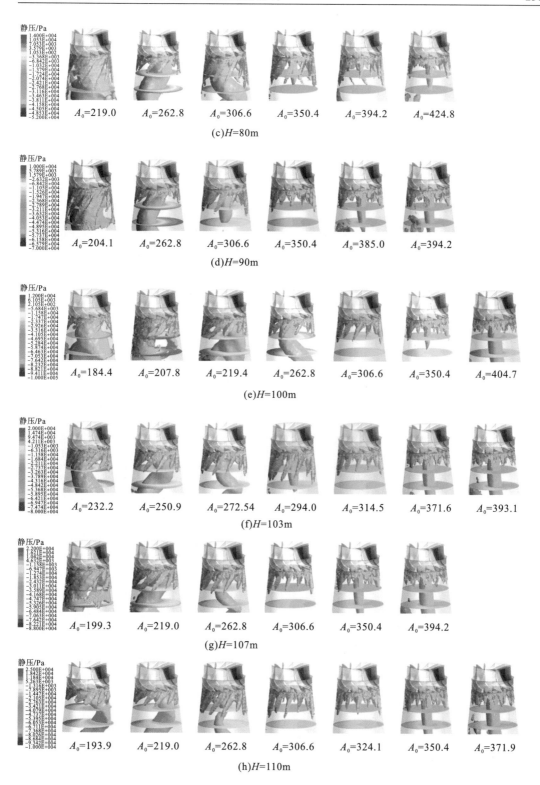

静压/Pa

$A_0=219.0$　　$A_0=262.8$　　$A_0=306.6$　　$A_0=350.4$　　$A_0=394.2$　　$A_0=424.8$

(c)$H=80$m

$A_0=204.1$　　$A_0=262.8$　　$A_0=306.6$　　$A_0=350.4$　　$A_0=385.0$　　$A_0=394.2$

(d)$H=90$m

$A_0=184.4$　　$A_0=207.8$　　$A_0=219.4$　　$A_0=262.8$　　$A_0=306.6$　　$A_0=350.4$　　$A_0=404.7$

(e)$H=100$m

$A_0=232.2$　　$A_0=250.9$　　$A_0=272.54$　　$A_0=294.0$　　$A_0=314.5$　　$A_0=371.6$　　$A_0=393.1$

(f)$H=103$m

$A_0=199.3$　　$A_0=219.0$　　$A_0=262.8$　　$A_0=306.6$　　$A_0=350.4$　　$A_0=394.2$

(g)$H=107$m

$A_0=193.9$　　$A_0=219.0$　　$A_0=262.8$　　$A_0=306.6$　　$A_0=324.1$　　$A_0=350.4$　　$A_0=371.9$

(h)$H=110$m

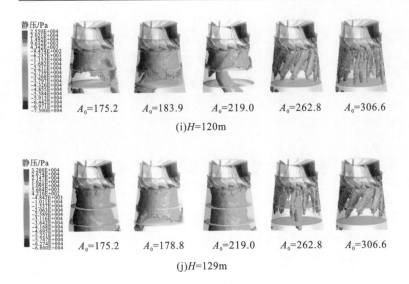

$A_0=175.2$　　$A_0=183.9$　　$A_0=219.0$　　$A_0=262.8$　　$A_0=306.6$

(i)H=120m

$A_0=175.2$　　$A_0=178.8$　　$A_0=219.0$　　$A_0=262.8$　　$A_0=306.6$

(j)H=129m

图 10-13　尾水管涡带

3 个水头下的外特性计算结果见表 10-4。

表 10-4　3 个水头下的外特性计算结果

水头/m	转速/(r/min)	开度/mm	流量/(m³/s)	扭矩/(N·m)	出力/MW	效率/%
68	150	350.4	157.65	5.72×10^6	89.86	85.53
100	150	350.4	201.33	1.19×10^7	186.37	94.45
129	150	350.4	229.5	1.66×10^7	260.92	89.93

10.3.10　全流道空化计算结果分析

由于所研究的混流式水轮机机组水头较高,运行范围较广,且经常在非最优区域运行,为分析机组在大变幅条件下运行时的内部空化流动情况,本书选取设计运行区间内低、中、高 3 种水头条件下的 3 种开度工况进行全流道空化模拟结果分析。

图 10-14 所示为水轮机数值模拟与机组实际运行外特性对比图。从图 10-14 可以看出,各水头下数值模拟得出的机组出力均略高于机组实际运行时的出力,而根据数值模拟结果计算出的效率又略低于机组实际运行时的效率,且同一水头下,随着开度的逐渐增大,误差变大。但总体来看,出力和效率的最大误差在可接受范围(约为 3%)内,说明本次模拟结果具有一定的真实性。

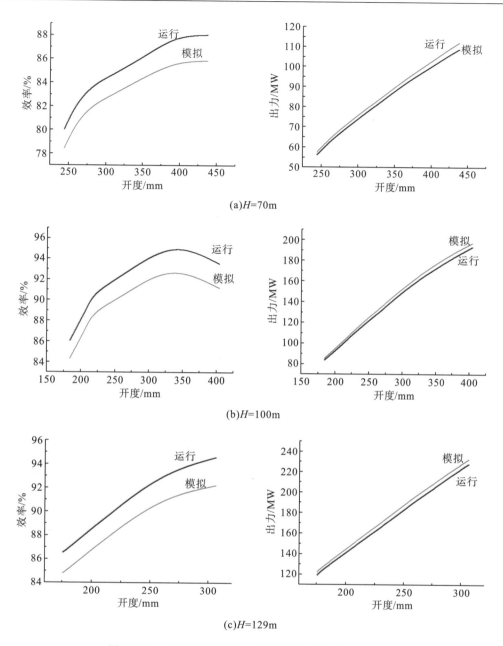

(a)H=70m

(b)H=100m

(c)H=129m

图 10-14　水轮机数值模拟与机组实际运行外特性对比图

1. 蜗壳及固定导叶空化流动分析

考虑到固定导叶有部分区域延伸到蜗壳内部，故对蜗壳及固定导叶区域进行整体分析。

由图 10-15 可知，每个工况下压力均是沿着水流流动方向减小，压力最大区域总是沿着蜗壳壁面附近分布，且在蜗壳各断面焊接处、蜗壳鼻端处以及固定导叶头部位置有由于流动受阻而产生的局部高压。这些地方同样也是蜗壳内局部水力损失最大的地方。各水头下，随着活动导叶开度的增加流量增大，但由于固定导叶间的过流断面面积是定值，所以在固定导叶处流速会随着活动导叶开度的增大而增大。具体表现如下：在压力分布上，导叶处同一位置的静压值随开度的增大而减小。同时，从各工况下的蜗壳及导叶内部最小静压来看，蜗壳及固定导叶区域未出现低于饱和蒸汽压的情况，所以不存在空化现象。

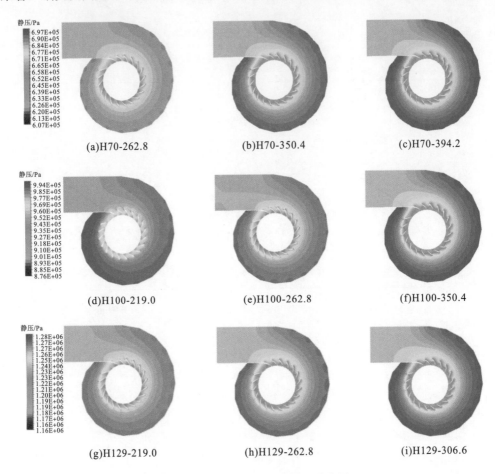

图 10-15　蜗壳及固定导叶静压分布图

由图 10-16 可知，各工况下湍动能主要集中分布在蜗壳壁面以及固定导叶表面，说明各工况下蜗壳及固定导叶内部的流态良好。尽管随着水头的增加湍动能分布位置基本无改变，但是其数值略有增大。

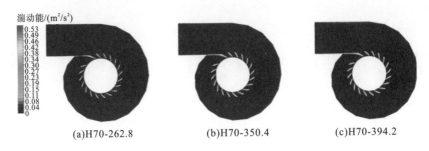

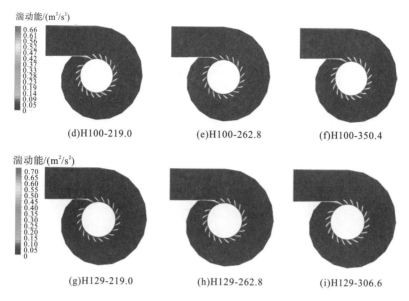

(d)H100-219.0　　　(e)H100-262.8　　　(f)H100-350.4

(g)H129-219.0　　　(h)H129-262.8　　　(i)H129-306.6

图 10-16　蜗壳及固定导叶湍动能分布图

由图 10-17 可知，高湍动能区域主要集中分布在固定导叶翼型下弧面中后侧以及上弧面前侧。在水头一定的情况下，随着开度的增大，上弧面叶片头位置湍动能会有较明显的增大，而下弧面高湍动能区域会向着叶片头方向扩展，这是由于流量的增大使得流体以更高的速度撞击固定导叶表面，脱流区域变大，进而造成导叶翼型表面湍动能增大。

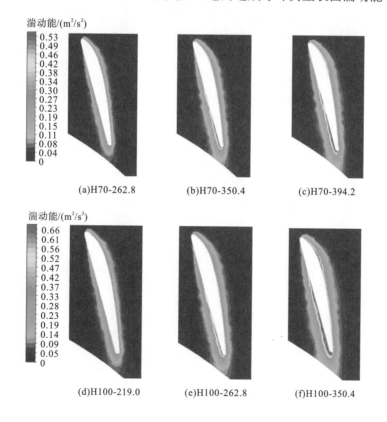

(a)H70-262.8　　　(b)H70-350.4　　　(c)H70-394.2

(d)H100-219.0　　　(e)H100-262.8　　　(f)H100-350.4

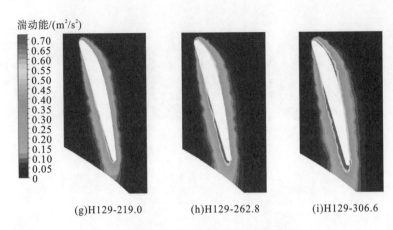

(g)H129-219.0   (h)H129-262.8   (i)H129-306.6

图 10-17　固定导叶局部湍动能分布图

　　图 10-18 所示为各工况下固定导叶出口压力值的圆周分布情况。从图 10-18 可以看出，各工况下固定导叶出口静压分布均受到活动导叶的影响，出现 20 个波峰，这是由于水流与活动导叶头部的撞击会使局部流域压力增大，进而使压力值在圆周上的分布呈周期性波动。同时，由于受蜗壳鼻端处水流流动的影响，圆周上 36° 位置处波谷的压力值较其他波谷更大。水头的增加主要影响压力值的大小，而压力分布的波动幅度受开度影响更大，开度越大，波动幅度越大。

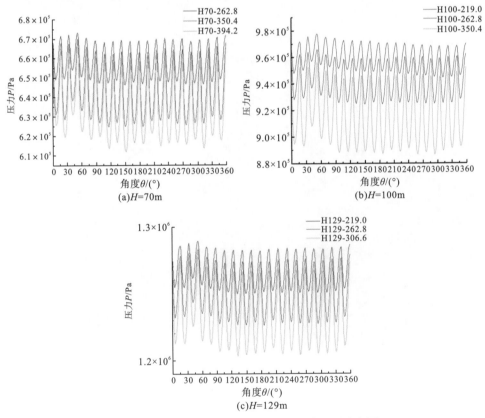

图 10-18　不同工况下固定导叶出口压力圆周分布图

2. 活动导叶区域空化流动分析

由图 10-19 可知，各工况下活动导叶高压侧均呈规律性的降压分布，且压力梯度较为均匀，而在低压侧则从叶片头部到叶片尾部呈现出先降压再增压的特点，低压分布较为对称，且各工况下最低压力都处于靠下侧位置。在水头一定的条件下，开度的增加仅会改变高压侧静压值的大小，对高压侧静压分布规律无明显影响；对于低压侧，虽然开度的增大不会改变低压区域出现的位置，但会使低压区域面积减小。根据活动导叶表面静压分布同样可以发现，活动导叶区域最小静压值大于饱和蒸汽压，所以同固定导叶及蜗壳区域一样，活动导叶区域也不存在空化现象。

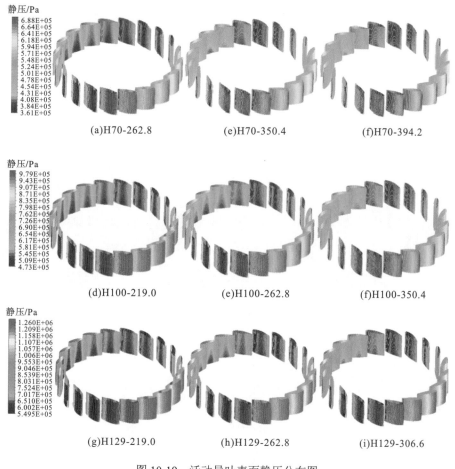

图 10-19　活动导叶表面静压分布图

由上一节分析可知，固定导叶区域湍动能主要集中分布在导叶表面附近，故提取活动导叶表面湍动能分布情况。

如图 10-20 所示，各工况下，湍动能主要分布在活动导叶的低压面，在活动导叶高压侧尾部有少量分布。对比 3 种水头下开度为 262.8mm 的湍动能分布情况可以发现，随着水头的增大，活动导叶低压侧湍动能强度逐渐增大；而对比同一水头下不同开度工况的活动导叶表面湍动能分布情况可以发现，随着开度的增大，低压侧湍动能分布情况没有明显规律性，且同一工况下不同位置的导叶表面低压侧湍动能分布有所不同。但对比同一水头不同开度下高压侧湍动能分布可以发现，随着开度的增大，较高湍动能区域逐渐由活动导叶尾部向活动导叶头部延伸。

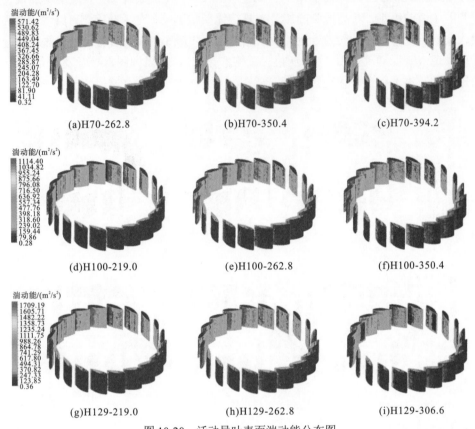

图 10-20　活动导叶表面湍动能分布图

　　由图 10-21 可知，随着水头的增大，活动导叶出口压力圆周分布整体趋于稳定。活动导叶出口压力圆周分布波动周期等于转轮叶片数，说明转轮旋转会对上游活动导叶区域的压力分布产生影响；同时，129m 水头时 3 种开度工况的峰值基本一致，说明 129m 水头下活动导叶出口压力圆周分布较为稳定。在水头为 70m 时，随着开度增大，压力圆周分布呈区域性稳定的趋势，但趋势不太明显；而在水头为 100m 时，随着开度从 219.0mm 增大到 262.8mm，活动导叶压力圆周分布明显稳定下来。在同时也可以发现，同一水头下，活动导叶开度变化对活动导叶出口压力值的大小有明显的影响，开度越大，压力值越大。

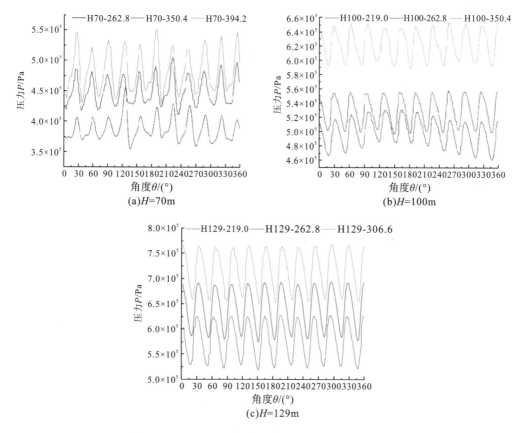

图 10-21　不同工况下活动导叶出口压力圆周分布图

图 10-22 所示为不同工况下活动导叶出口速度矩圆周分布。由图 10-22 可知，各工况下活动导叶出口速度矩圆周分布与活动导叶出口压力圆周分布一样受转轮旋转的影响，且速度矩分布与压力分布一一对应，即速度矩的波谷位置刚好对应压力圆周分布的波峰位置。在水头一定的情况下，速度矩随着开度增大而减小，这与压力分布规律恰好相反。同时，随着水头的增大，速度矩不仅数值增大，其分布也整体趋于规律化。

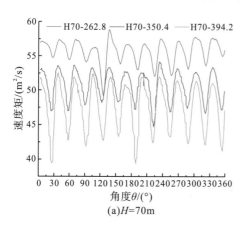

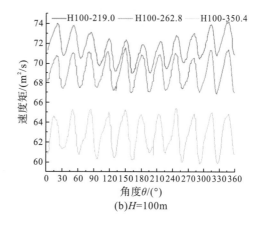

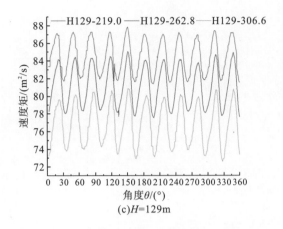

(c)$H=129$m

图10-22 不同工况下活动导叶出口速度矩圆周分布图

3. 转轮空化流动分析

转轮是水轮机的核心部件,同时也是最容易出现空化空蚀的地方。不同工况下水轮机装置的空化系数不同,所以水轮机在不同工况下运行时,其空化情况也有所不同。由于转轮叶片压力面为高压侧,通常不会发生空化,故仅处理得出各工况下转轮叶片吸力面气相体积分数分布图,如图10-23所示。

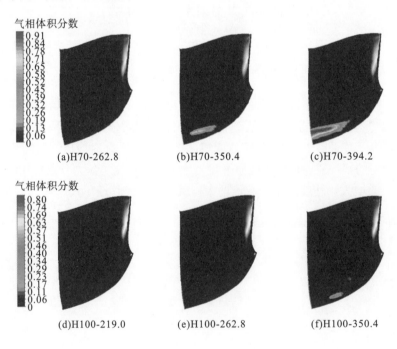

气相体积分数

(a)H70-262.8   (b)H70-350.4   (c)H70-394.2

气相体积分数

(d)H100-219.0   (e)H100-262.8   (f)H100-350.4

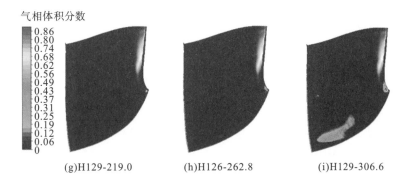

气相体积分数

(g)H129-219.0　　　　(h)H126-262.8　　　　(i)H129-306.6

图 10-23　转轮叶片吸力面气相体积分数分布图

由图 10-23 可知，不同工况下转轮叶片吸力面气相分布情况有所不同。整体来看，各工况下叶片吸力面出水边均有气相分布，在 3 种水头下，当开度较小时，除叶片出水边外，叶片吸力面其余位置基本无气相存在。随着开度的增大，各水头下叶片吸力面靠出口下环位置出现气相，且气相体积分数逐渐增大，气相逐渐往叶片出水边方向发展。最为严重的是 H70-394.2 工况，该工况下叶片吸力面出水边气相中部的体积分数已接近 1，说明该处空化情况最为严重。同时可以发现，当水头为 129m 时，随着开度的增大，叶片吸力面进口靠下环处出现局部空化现象，这与检修机组时发现的空蚀位置基本一致。现场拍摄的转轮进口下环空蚀情况如图 10-24 所示。

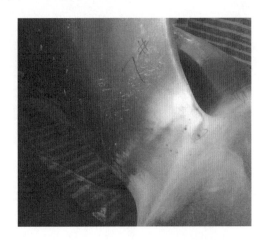

图 10-24　转轮进口空蚀位置图

由图 10-25 可知，转轮叶片压力面的静压分布总体符合压力从转轮进口到出口逐渐减小的规律，且各工况下均在叶片出口边靠下环处出现相对低压区。当水头为 70m 时，随着开度逐渐增大，在叶片压力面叶道涡位置出现一条局部低压带。这是由于叶道涡随着开度的增大逐渐变粗，并逐渐靠近叶片压力面，甚至贴附在压力面上，由此导致局部低压带出现。当水头为 100m 和 129m 时，未出现局部低压带，且这两个水头下的压力分布规律接近，进口处高压区均处于叶片进口与上冠和下环的连接处。

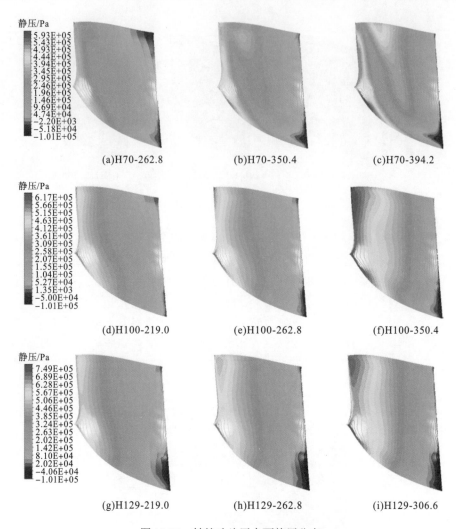

(a)H70-262.8　　　　(b)H70-350.4　　　　(c)H70-394.2

(d)H100-219.0　　　(e)H100-262.8　　　(f)H100-350.4

(g)H129-219.0　　　(h)H129-262.8　　　(i)H129-306.6

图 10-25　转轮叶片压力面静压分布

　　由图 10-26 可知，叶片吸力面压力同样符合从转轮进口到出口逐渐减小的规律。当水头为 70m 且开度为 262.8mm 时，叶片出口边上冠部分出现局部低压区，而在其余水头和开度工况下低压区主要集中出现在叶片靠下环处。随着开度的增大，下环处低压及负压区域逐渐增大，且向叶片出水边方向扩散。当水头为 129m 时，由于叶道涡贴附在叶片吸力面，所以吸力面靠下环处出现局部低压带，此现象在开度为 219.0mm 时最为明显。当开度为 262.8mm 时，叶片吸力面进口靠下环处有局部负压区域出现，且随着开度增大到 306.6mm，负压区域面积明显增大。

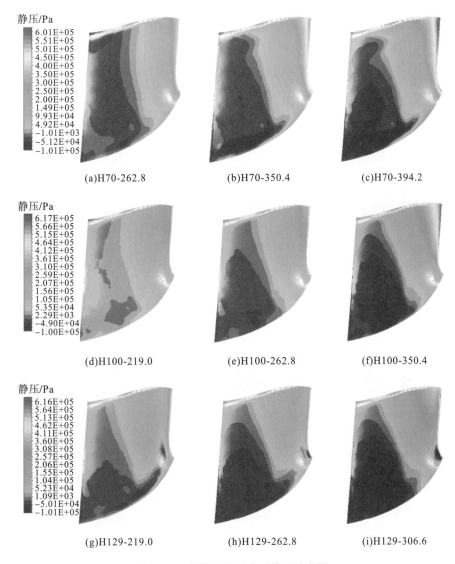

图 10-26　转轮叶片吸力面静压分布图

　　水轮机在不同工况下运行时会由于进口液流角的变化而产生叶道涡，叶道涡的存在不仅会影响转轮内部流态的稳定，甚至会导致机组振动，严重危及机组的安全运行，因此需要对不同工况下转轮内的叶道涡进行分析。各工况下转轮内的叶道涡分布情况如图 10-27所示。

　　利用 Q 准则识别出转轮内部漩涡分布位置，如图 10-27 所示。根据转轮内部三维流线形态与漩涡的贴合程度可知，使用 Q 准则进行漩涡识别时的阈值选取是合理的。由图 10-27可知，不同工况下转轮内部叶道涡分布情况有所不同。在水头为 70m 条件下，涡流从叶片压力面靠上冠处产生，并沿着叶片压力面延伸到相邻叶片吸力面处，且随着开度增大逐渐加粗；在水头为 100m 条件下，当开度为 219.0mm 及 262.8mm 时，叶片进口吸力面处存在一个未发展成形的漩涡区；当开度增加到 350.4mm 时，进口吸力面处漩涡区消失，同时叶道涡从叶片工作面往相邻叶片吸力面发展。与水头为 70m 时不同的是，在水头为 100m 时，随着开度的增大，逐渐形成一条从叶片进口开始贴着上冠往出口方向延伸的完整涡带；而在高水头(129m)时，水流进口冲角为正，脱流发生在叶片进口吸力面处，所以叶道涡出现在叶片吸力面。同时，在上冠处也形成了类似于水头为 100m 条件下的漩涡带。

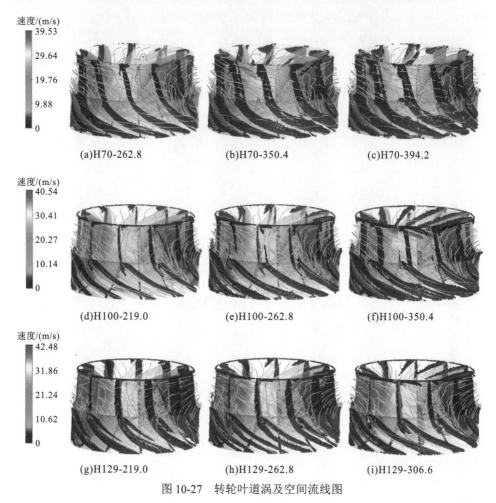

(a)H70-262.8	(b)H70-350.4	(c)H70-394.2
(d)H100-219.0	(e)H100-262.8	(f)H100-350.4
(g)H129-219.0	(h)H129-262.8	(i)H129-306.6

图 10-27　转轮叶道涡及空间流线图

4. 尾水管空化流动分析

沿 Y 方向提取尾水管进口断面空间直线并得到进口直线上水流速度矩变化，如图 10-28 所示。

由图 10-28 可知，在水头为 70m 时，各开度下直线上 $-Y$ 方向与 $+Y$ 方向的速度矩有较高的一致性；当水头为 100m 且开度为 219.0mm 时，近壁处 $+Y$ 方向位置点的速度矩大于 $-Y$ 方向距管壁同等距离的位置点，但直线上速度矩的对称性随开度的增大而增大。水头为 129m 时，随开度增大，直线上速度矩对称性逐渐降低，且开度为 219.0mm 时，近壁处出现速度矩拐点。本书推测，拐点出现的原因为流动受叶道涡的尾迹影响。总体来看，水头的增加会对近壁处速度矩产生影响。

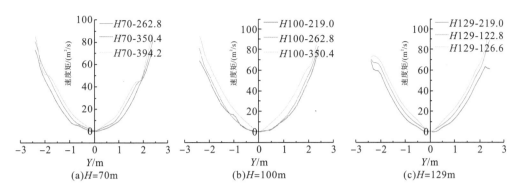

图 10-28　尾水管进口直线速度矩分布图

由图 10-29 可知，不同水头和开度下尾水管内部涡带形态有所不同。在小开度工况下，由于转轮出口的水流具有较大的圆周速度，所以在低水头下尾水管涡带为螺旋涡带。当水头为 70m 时，随着开度的增大，螺旋涡带的偏心距和直径都逐渐减小，到开度为 394.2mm 时，涡带基本消失。同时，在小开度工况下尾水管进口边壁处存在与转轮反向旋转的尾迹涡；尾迹涡也随着开度的增大而逐渐消失。在水头为 100m 时，小开度条件下的涡带规律与水头为 70m 时的类似，但有所不同的是在开度为 350.4mm 时，尾水管涡带为稳定的涡柱。这是由于随着开度增大，转轮叶片出口圆周速度逐渐减小，涡带稳定地绕尾水管轴心线旋转。在水头为 129m 且开度为 219.0mm 时，尾水管内的涡流几乎占满整个尾水管直锥段。在开度为 262.8mm 时，涡带基本消失，但由于近壁处水流圆周速度比中部更大，所以尽管涡带基本消失，近壁处依然存在尾迹涡。开度为 306.6mm 时，尾水管涡带形态为

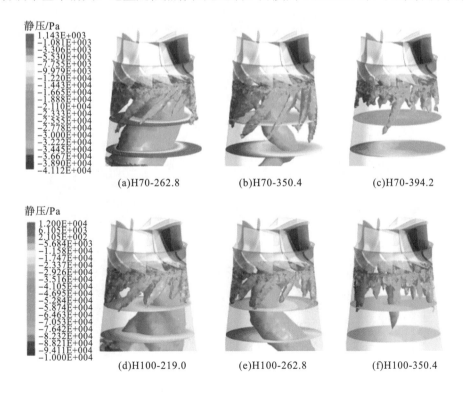

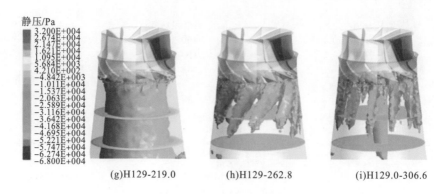

静压/Pa

3.200E+004	
2.674E+004	
2.147E+004	
1.621E+004	
1.095E+004	
5.684E+003	
4.210E+002	
-4.842E+003	
-1.011E+004	
-1.537E+004	
-2.063E+004	
-2.589E+004	
-3.116E+004	
-3.642E+004	
-4.168E+004	
-4.695E+004	
-5.221E+004	
-5.747E+004	
-6.274E+004	
-6.800E+004	

(g)H129-219.0　　　　　(h)H129-262.8　　　　　(i)H129.0-306.6

图 10-29　尾水管涡带图

稳定的涡柱。从尾水管径向截面压力分布来看，尾水管直锥段内部压力从进口到出口逐渐增加，同一水头下，各截面压力随活动导叶开度的增大而减小，且各断面高压区集中分布在管壁附近，中间涡带位置为低压或负压区。

　　由图 10-30 可知，在开度较小的工况下，尾水管进口截面流动低速区集中在尾水管进口截面中心位置，同时受叶道涡尾迹的影响，在尾水管进口截面近壁处出现数量与转轮叶片数相同的低速区。随着开度的增大，除尾水管进口截面流线逐渐发展出与尾水管涡带相对应的流态外，在近壁处还出现明显的漩涡，漩涡数量同样与转轮叶片数对应。这是由于开度的增大使尾水管进口处水流具有更大的速度环量，叶道涡脱落的尾涡对尾水管进口位置流态的影响逐渐增大。当水头为 100m 且开度为 350.4mm 时，除尾水管涡带及近壁处的叶道涡脱落涡外，两者间的流动区域内还出现 11 个漩涡。分析 H100-350.4 工况截面流线流动方向可以发现，主流区流动方向为俯视顺时针方向，近壁处尾涡区流动方向为俯视逆时针方向，主流区与尾涡区之间的漩涡处水流流向为俯视顺时针方向。与图 10-29 对比分析后可以发现，尾水管涡带及尾迹涡在随转轮旋转的同时，还存在与转轮旋转方向相反的自转现象。由于尾迹涡自转方向与主流区流向相反，在两者的共同作用下中间产生了额外的 11 个漩涡。H100-350.4 工况尾水管截面流线局部放大图如图 10-31 所示。

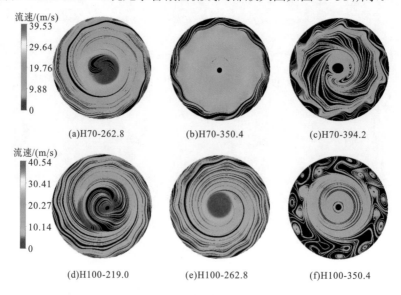

流速/(m/s)
39.53
29.64
19.76
9.88
0

(a)H70-262.8　　　　　(b)H70-350.4　　　　　(c)H70-394.2

流速/(m/s)
40.54
30.41
20.27
10.14
0

(d)H100-219.0　　　　　(e)H100-262.8　　　　　(f)H100-350.4

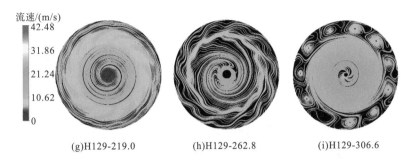

(g)H129-219.0　　　　　　(h)H129-262.8　　　　　　(i)H129-306.6

图 10-30　尾水管进口截面流线图

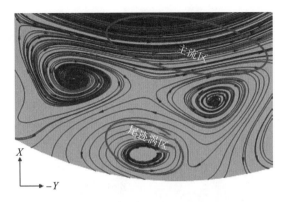

图 10-31　H100-350.4 工况尾水管截面流线局部放大图

前面分析了高水头大变幅混流式水轮机在运行范围内且在 3 种水头及 3 种开度共 9 种工况下的全流道空化流动特性。结果表明，水头和开度增大会使固定导叶及活动导叶的出口压力圆周分布值增大且均匀性增强。压力圆周分布与速度矩圆周分布对应，且波动周期均与相邻下游部件叶片数一致。活动导叶高压侧压力梯度均匀，而低压侧均呈现出压力先减小后增大的特点。不同水头和开度下转轮叶道涡形态有所不同，低水头下叶道涡在压力上冠处产生并沿流动方向延伸至相邻叶片吸力面出水边；高水头下，叶道涡起始于叶片吸力面靠上冠处，并紧贴叶片吸力面向出水边延伸。各水头下，叶片吸力面空化程度随活动导叶开度的增大而增加，且高水头条件下，随着开度增大叶片进口下环处出现局部空化区，空化区位置与现场观测结果一致。不同工况下尾水管涡带形态不同，低、中、高 3 种水头下均在小开度时出现螺旋涡带，随着开度增大，水流旋转速度分量减小，涡带逐渐向稳定的涡柱发展。

10.4　大变幅混流式水轮机异常高频振动工况下尾水管空化流动分析

混流式水轮机作为叶片式旋转机械设备，振动是其主要的动力学问题。机组在运行过程中的振动特性与机械、电磁和流体等产生的动态载荷密切相关。从机械方面来讲，包括转轮在生产制造过程中因质量分布不均造成的不平衡力、检修安装过程中轴系未完全对中和运行过程中轴系偏心而引起的动态载荷；从电磁方面来讲，包括制造过程中定子内腔及转子磁极外圆不圆和定子与转子未同心等导致的不平衡磁拉力所引起的动态载荷；从流体方面来讲，包括过流部件内的水压脉动、转轮所受的不平衡径向力及轴向水推力、叶顶间隙激振力和密封流体不平衡力等引起的动态载荷，而流体引起的动态载荷又随着工况的变化而变化。针对本书所研究的由水力因素引起的振动，本章通过对尾水管内部空化流动展开综合分析，寻找异常高频振动激振源。

10.4.1　尾水管空化定常结果分析

由图 10-32 可知，对于本书所提到的 3 种工况，除尾水管进口与转轮出口连接处有少量气相分布外，3 种工况下尾水管中均存在从泄水锥一直延伸到直锥管内部的空化带。直锥管中后部无气相存在，由于水流做功进入尾水管后压力会逐步增加，所以当直锥管后半段不存在空泡时，尾水管弯肘段与扩散段也不会有空泡存在。对比 3 种不同流量的工况后发现，当 A-工况流量增大到 A 工况时，尾水管内空化带面积变化较小，仅转轮出口处的空化带面积有所增大；而当流量增大至 A+工况时，除转轮叶片出水边处空化带面积有所增大外，尾水管涡带位置的空化带面积显著增大。

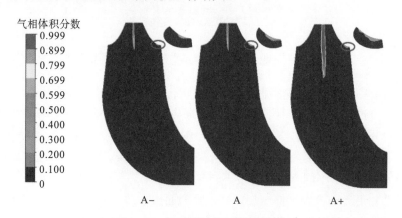

图 10-32　尾水管气相体积分数云图

尾水管内部湍动能分布如图 10-33 所示。从图 10-33 可以看出，3 种工况下的湍动能分布有部分相同的规律。从轴向切面来看，涡带位置的湍动能远大于非涡带位置，且 3 种工况下均在弯肘段出现死水区漩涡；而从直锥段的径向切面来看，涡带处湍动能沿涡心线方向逐渐减小，且从尾水管进口部位的径向切面 Plan A 来看，3 种工况下尾水管进口壁面处都周向均布着 11 个湍动能较大的区域，而这是由转轮叶片出口处叶道涡所引起的。同时，随着开度增大，流量也随之增大，当流量从 A-工况增大到 A 工况时，除出口段湍动能有所变化外，其余各处湍动能的强度和分布情况基本一致；而当流量增大到 A+工况时，可以明显看到涡带初生位置(也就是泄水锥处)的湍动能出现较大增长，且出口处的高湍动能区域也较前两种工况更大。

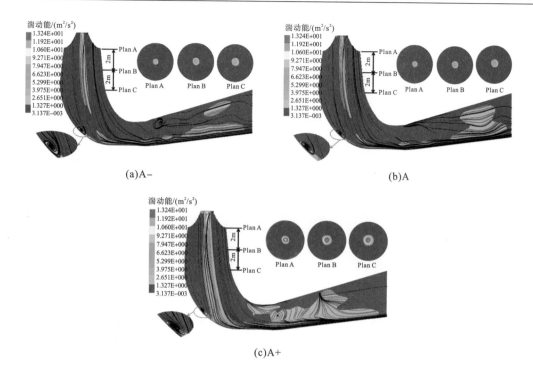

(a)A-　　　　　　　　(b)A

(c)A+

图 10-33　尾水管湍动能流线图

基于涡量输运方程对尾水管涡带进行分析。黏性可压流体的动力学方程(可压缩 N-S 方程)如下：

$$\frac{\mathrm{d}V}{\mathrm{d}t}=f-\frac{1}{\rho}\nabla p+\frac{1}{\rho}\nabla\left(\lambda\Theta\right)+\frac{1}{\rho}\nabla\left(2\mu\boldsymbol{E}\right) \tag{10-3}$$

式中，f 为单位质量彻体力；p 为压强；μ 和 λ 分别为黏性系数和第二黏性系数；Θ 为胀量；$\boldsymbol{E}$ 为应变速率张量。

对于斯托克斯流体有 $\lambda+2/3\mu=0$，假设黏性系数均布，则式(10-3)可简化为

$$\frac{\mathrm{d}V}{\mathrm{d}t}=f-\frac{1}{\rho}\nabla p+\frac{1}{3}\upsilon\nabla\Theta+\frac{1}{\rho}\nabla\cdot\left(2\mu\boldsymbol{E}\right) \tag{10-4}$$

式中，υ 为运动黏性系数。

对 N-S 方程左边进行分解可得

$$\frac{\mathrm{d}V}{\mathrm{d}t}=\frac{\partial V}{\partial t}+\nabla\left(\frac{V^2}{2}\right)-V\times\omega \tag{10-5}$$

式中，ω 为涡量。

对 N-S 方程两边做旋度运算，可得出黏性可压流体的涡量动力学方程，即涡量输运方程：

$$\frac{\mathrm{d}\omega}{\mathrm{d}t}=\left(\omega\cdot\nabla\right)V-\omega\left(\nabla\cdot V\right)+\nabla\times f-\nabla\left(\frac{1}{\rho}\right)\times\nabla p+\upsilon\nabla^2\omega \tag{10-6}$$

式中，$\left(\omega\cdot\nabla\right)V$ 为流体速度梯度引起的涡线伸缩及弯曲，其导致涡量的大小和方向均发生变化；$\omega\left(\nabla\cdot V\right)$ 为流体微团体积变化导致的转动惯量变化，其仅影响涡量大小，不影响涡

量方向；$\nabla \times f$ 为彻体力的贡献；$\nabla(1/\rho) \times \nabla p$ 为热对流引起的涡量变化；$\upsilon \nabla^2 \omega$ 为涡量的黏性扩散效应。

本次数值模拟中介质有两种：黏性不可压缩介质 25℃纯水以及黏性可压缩 25℃气泡，流动满足连续性方程，即 $\nabla \cdot V=0$，且彻体力有势，故 $\nabla \times f=0$。同时，本次模拟无温度变化，则约去等式右侧的第 2~4 项，最终方程简化为

$$\frac{\mathrm{d}\omega}{\mathrm{d}t} = (\omega \cdot \nabla)V + \upsilon \nabla^2 \omega \tag{10-7}$$

由式(10-5)可知，简化后的涡量输运方程依然存在速度梯度影响项。对此，通过后处理得到 A+工况下尾水管水流在 x、y 和 z 三个方向上的速度梯度，结果如图 10-34 所示。

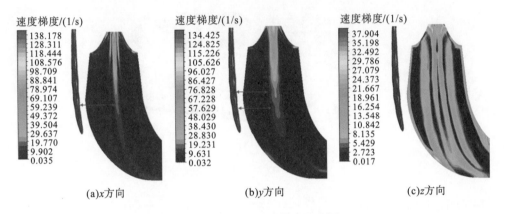

(a)x方向　　　　　　　　(b)y方向　　　　　　　　(c)z方向

图 10-34　尾水管速度梯度分布图

由图 10-34 可以看出，尾水管内部 x、y 和 z 三个方向上的速度梯度呈现出沿涡带漩涡中心线对称分布的特点，弯肘段死水区三个方向上的速度梯度均大于周围流域，其中以 z 方向上的速度梯度表现得最为明显。尾水管涡带旋进过程中涡带处水流的黏滞力在 x 和 y 方向上的分量大于 z 方向上的分量，具体体现在 x 和 y 方向上的速度梯度远大于 z 方向上的速度梯度，且速度梯度在 x 和 y 方向上的分量的等值线可以近似表达涡带的形态，这在图 10-34(a)和图 10-34(b)中均有体现。因此，在进行涡核阈值调节时，可以参照速度梯度分量云图选择合适的阈值，以完整地体现涡带形态。

通过 ANSYS-CFX 后处理软件中的 CEL 编辑功能对简化后的涡量输运方程右侧第一项分量进行表达，并获取 A+工况下该分量在涡带表面的直角坐标系分布情况，第一项分量的具体分析如下。

图 10-35 为涡带表面所受的拉伸弯曲作用及其在 x、y 和 z 三个方向上的分量，x、y 矢量和表示速度梯度引起的涡线弯曲，z 表示速度梯度引起的涡线伸缩。从图 10-35 可以看出，在不考虑作用方向的前提下，整体来看，速度梯度对涡带的影响从涡带产生位置到涡带结束位置逐渐减小。在涡带产生的泄水锥位置，z 方向作用远大于 x 和 y 方向，即涡带所受拉伸作用大于弯曲作用。值得注意的是，从图 10-35 中仅能看出作用大小的空间分布情况，而涡带所受弯曲拉伸作用为矢量，具有方向性，作用方向同样是影响涡带的关键。本书选取处于收缩部位及扩张部位且都垂直于涡心线的两个平面，分别命名为 Plan C 和

Plan D，并测定平面与涡带表面交线上的测点数据。平面位置及测点分布情况如图 10-36
所示。图中箭头表示涡带旋转方向。测点数据见表 10-5。Plan C 和 Plan D 上的弯曲拉伸
作用如图 10-36 所示。

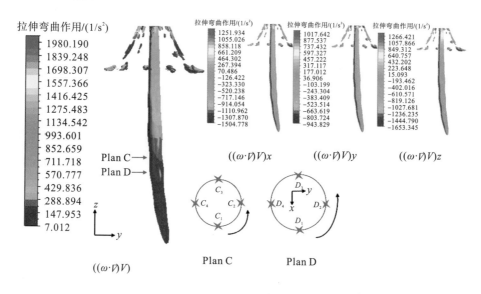

图 10-35　涡带表面 $\omega(\nabla \cdot V)$ 分布云图

表 10-5　涡带表面弯曲拉伸作用测点数据　　　　　　　　　　　　　　　单位：$1/s^2$

测点位置	C_1	C_2	C_3	C_4	D_1	D_2	D_3	D_4
x 方向	−209.66	40.84	229.24	−2.60	−169.19	10.13	184.16	6.34
y 方向	−59.25	−237.43	5.76	214.75	−9.57	−177.56	−8.42	152.21
z 方向	−6.10	−13.26	16.47	13.76	−2.41	−10.59	10.68	12.10

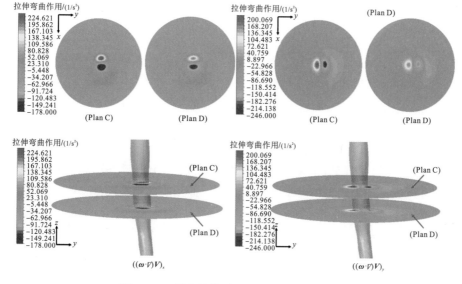

图 10-36　尾水管截面 $\omega(\nabla \cdot V)$ 分量分布云图

由图 10-36 可知，弯曲作用最大的地方为涡带表面位置，涡带左侧受到的弯曲作用的 x 方向分量的作用方向为+X 方向，右侧所受弯曲作用的 x 方向分量为-X 方向，y 方向分量亦是如此。换言之，涡带受到的弯曲作用可以被近似认为是由外部指向涡心处。同时，在 z 方向拉伸作用的共同作用下，涡带呈现出沿轴心线分布的特点。表 10-4 记录了 Plan C 和 Plan D 上弯曲拉伸作用的分量，本书以 C_1 点为例进行分析：以 C_1 点为圆心，C_1 点弯曲拉伸作用的最大分量为 x 方向分量，指向-X 方向，其与 y 和 z 方向分量合并之后最终指向第七卦限，从空间上看属于涡带内部，其余各点结果均是如此。

为分析尾水管中涡量的分布情况，本书选取尾水管直锥段进口、中部和尾部的 3 个平面(Plan A、Plan B 和 Plan C)以及弯肘段死水区附近的 2 个平面(Plan E 和 Plan F)，由于 Plan D 与 Plan C 距离较近，因此不再做分析。由于涡带沿尾水管轴心线分布并旋转，为更好地体现涡带运动过程中的涡量变化情况，选取的 5 个平面应垂直于涡带轴心线，即尾水管轴心线。平面涡量云图如图 10-37 所示。

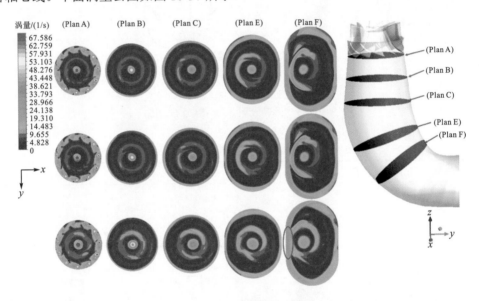

图 10-37   平面涡量云图

从图 10-37 可以明显看出，3 种不同流量工况下的涡量分布的共同之处在于直锥段涡量均呈以轴心为中心的对称分布，死水区前涡量最大的地方均为各平面中心附近，即涡带位置。而在弯肘段处，过流断面形状的改变与面积的增大使得涡量分布的中心对称程度逐渐减小，且对称中心向弯肘段迁移。死水区平面涡量最大的地方在左侧死水区域近壁(图10-37 中红圈所示位置)处，这是由于水流通过尾水管直锥段后与弯肘处管壁直接撞击，减缓了流速并产生能量转换与消耗，同时弯肘段近似弧状的结构赋予了此处水流离心力，在离心力的作用下此处形成了一个较大的漩涡区域，也就是我们常说的死水区。由图 10-37 可知，死水区的速度梯度大于同断面上包括涡带中心位置在内的所有区域。分析可知，死水区流动紊乱程度显然大于弯肘段其他位置，故死水区处的雷诺数比弯肘段其他位置都大。前文曾经提到，不可压缩黏性流体的涡量输运方程有两项，最后一项 $\upsilon \nabla^2 \omega$ 表示涡量的黏性扩散效应，将黏性扩散作用项进行无量纲化后，可写为 $\dfrac{1}{Re}\nabla^2\omega$ 。由于死水区雷诺数大于其他区域，故死水区黏性扩散作用对涡量的贡献小于弯肘段其他区域，而从涡量分布情况来看，死水区处的涡量更大，说明死水区速度梯度在此处占据对涡量贡献的主导地位。

10.4.2　尾水管空化非定常结果分析

水轮机在运行过程中，其流量受开度变化所控制。小开度工况下，尾水管内会出现周期性旋转的螺旋型涡带，而大开度工况下，涡带较为稳定地从泄水锥开始沿着转轮及尾水管轴心线一直延伸到尾水管中后段。通过后处理得到 3 种工况下转轮旋转一周时尾水管涡带形态的变化情况，如图 10-38 所示。

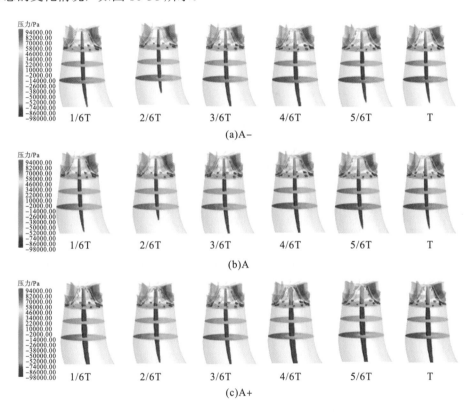

图 10-38　尾水管涡带变化图

由图 10-38 可知，转轮旋转一周的过程中，尾水管压力整体而言从进口到出口逐渐增大，这是过流断面面积逐渐增大所致。弯肘段凹侧产生的涡旋会影响尾水管内部的速度分布，并且水流流经弯肘段时会与凸出侧壁面产生撞击，在两者共同影响下尾水管弯肘段凸侧压力值明显大于凹侧，且这种影响会逐渐向尾水管进口传递。3 种工况的涡带均保持沿尾水管轴心线分布的特点，在转轮周期性旋转过程中，尾水管涡带长度随转轮旋转呈现出长短交替变化的过程。针对涡带形状而言，涡带靠近泄水锥的部分近似于圆锥形，而尾水管内的涡带受转轮赋予的离心力以及尾水管流场速度梯度导致的剪切力影响,表现出旋拧状的外形特点,这种特点在 A+工况下表现得较为突出。

尾水管涡带引起的压力脉动是机组振动的原因之一。根据之前的分析结果,本书选取尾水管内部弯肘段死水区处、尾水管进口近壁处、尾水管直锥段中部近壁处和尾水管直锥段中部轴心处 4 个具有代表性的位置的监测点进行压力脉动分析。监测点位置如图 10-39 所示。

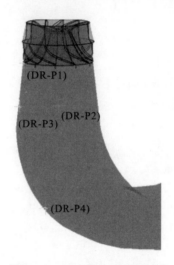

图 10-39　尾水管监测点布置图

为了准确获取监测点静压数据,本书选择计算结果后五圈用于分析。由图 10-40 可知,DR-P1 点由于靠近转轮出口处,受到的转轮旋转影响较大。另外,在 3 种工况下都形成与转轮叶片数对应的脉动峰值,即在转轮旋转一圈的时间内,监测点 DR-P1 出现了 11 个脉动峰值,而监测点 DR-P2、DR-P3 以及 DR-P4 由于处在尾水管内部,受到的转轮影响较小,均未表现出明显规律。A+工况下 DR-P3 监测点压力值为负值,这是由于该工况下监测点 DR-P3 为严重空化位置,而 A-与 A 工况下空化带并未发展至 DR-P3 处,所以其压力值为正值。将各监测点压力值进行快速傅里叶变换,得到 3 种工况下各监测点的频域图,如图 10-41 所示。

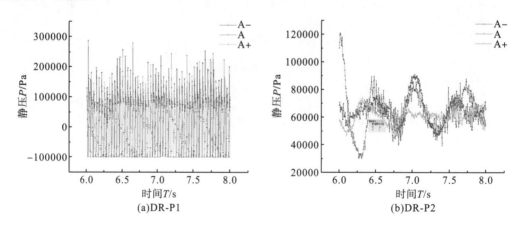

(a)DR-P1　　　　　　　　　　　　(b)DR-P2

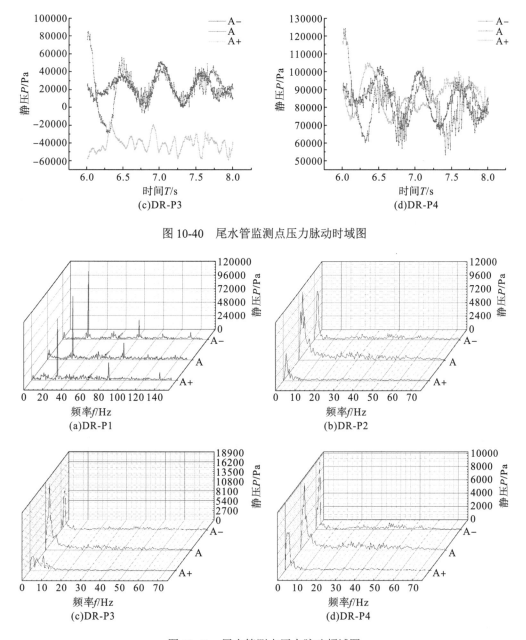

图 10-40　尾水管监测点压力脉动时域图

图 10-41　尾水管测点压力脉动频域图

旋转频率(转频)f_n、叶片通过频率(叶频)f_{BPF} 及导叶通过频率 f_{GPF} 的计算公式分别为

$$f_n = \frac{n}{60} \tag{10-8}$$

$$f_{\mathrm{BPF}} = \frac{Z_{\mathrm{r}} n}{60} \tag{10-9}$$

$$f_{\mathrm{GPF}} = \frac{Z_{\mathrm{s}} n}{60} \tag{10-10}$$

式中，n 为水轮机转速；Z_{r} 为水轮机转轮叶片数；Z_{s} 为活动导叶数。

经计算，本书所研究的大变幅混流式水轮机转轮的转频为 2.5Hz，叶频为 27.5Hz。分析图 10-41 可知，由于选用多圈数据进行快速傅里叶变换，所以得到较为丰富的低频分量。DR-P1 工况点受到的叶片扰动影响较大，具体表现在主频为 $1f_{BPF}$，同时该监测点在叶频的倍频处有高频分量，主要为 $2f_{BPF}$ 和 $3f_{BPF}$。值得注意的是，在众多高频分量中出现了频率约为 $24f_n$(60Hz)的分量，该分量的频率与楼板异常振动频率吻合。受尾水管内流动的影响，DR-P1 监测点在低频段有较丰富的次频出现。分析 DR-P1 监测点在不同流量工况下的压力脉动主频幅值可以发现，随着流量的增大，主频幅值逐渐减小。同时还可以从图10-41 中看出，尾水管内部的压力脉动主要为低频压力脉动，不同监测点在不同工况下的压力脉动主频频率并非完全一致。随着流量增大，DR-P2 监测点的主频分别为 $0.6f_n$、$0.8f_n$ 和 $0.6f_n$，DR-P3 监测点的主频分别为 $0.8f_n$、$0.8f_n$ 和 $0.6f_n$，DR-P4 监测点的主频均为 $0.8f_n$。综合而言，由于监测点 DR-P1 所处的位置靠近转轮出口，所以无法直接判定机组异常振动是否是由尾水管内的流动所致，还需要对转轮内部空化流动情况进行分析。

上面对 3 种工况下的尾水管内部空化流动进行了分析，发现尾水管内部空化带随着流量的增大而增大。通过涡量输运方程分析速度梯度对转轮及尾水管内漩涡的影响，结果表明，尾水管内部速度梯度的 x 及 y 方向分量可以近似表达涡带的形态。受速度梯度的弯曲拉伸作用以及转轮旋转的影响，计算工况下的涡带表现为呈沿尾水管轴线分布的旋拧状涡柱。尾水管内部压力脉动主要为低频压力脉动，流量变化会造成脉动主频轻微偏移，但偏移程度不大。同时，分别代表初始振动及振动最强的 A-及 A 工况的尾水管进口监测点 DR-P1 的压力脉动出现与楼板异常振动频率$(24f_n)$很接近的高频分量。

10.5　高频振动区域工况下的转轮流固耦合分析

10.5.1　流固耦合计算方法

流固耦合同样须遵循最基本的守恒原则，所以在流固耦合交界面须满足如下 4 个方程：

$$\begin{cases} \tau_f n_f = \tau_s n_s \\ d_f = d_s \\ q_f = q_s \\ T_f = T_s \end{cases} \tag{10-11}$$

式中，τ 为流体与固体应力；d 为位移；q 为热流量；T 为温度；下标 f 和 s 分别表示流体和固体。

10.5.2　模态分析基础

无阻尼模态分析是经典的特征值问题，动力学问题的运动方程为

$$[M]\{x''\}+[K]\{x\}=\{0\} \tag{10-12}$$

结构的自由振动为简谐振动，即位移为正弦函数：

$$x = x\sin(\omega t) \tag{10-13}$$

代入式(10-12)得

$$([K]-\omega^2[M])\{x\}=\{0\} \tag{10-14}$$

式(10-14)为经典的特征值问题,此方程的特征值为 ω_i^2,其开方 ω^2 就是自振圆频率,自振频率为 $f=\dfrac{\omega_i}{2\pi}$。

特征值 ω^i 对应的特征向量 $\{x\}_i$ 为自振频率 $f=\dfrac{\omega_i}{2\pi}$ 对应的振型。

10.5.3　预应力下的转子模态设置

在 ANSYS Workbench 软件中首先导入转轮高频振动工况的流体域稳态计算结果,再将数据连接到 Static Structural 模块进行转子静力学分析,最后将数据连接到 Modal 模块进行预应力下的模态分析,并设置计算前的六阶模态,如图 10-42 所示。

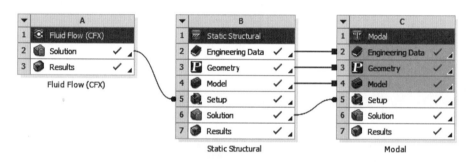

图 10-42　预应力下的模态分析

10.5.4　转轮高频振动工况下的流固耦合计算结果分析

1. 转轮固有频率分析

转轮约束模态下的固有频率见表 10-6。

表 10-6　转轮约束模态下的固有频率

阶数	频率/Hz
1	45.454
2	46.323
3	46.325
4	50.865
5	50.877
6	80.487

由表 10-6 可知,随着模态阶数增大,约束模态下的固有频率逐渐增大,且二阶与三阶和四阶与五阶的固有频率相近,其原因是转轮结构具有对称性,导致某相邻两阶约束模态下的固有频率相近。

2. 转轮结构模态振型分析

高频振动工况各开度下的转轮结构模态如图 10-43～图 10-45 所示。

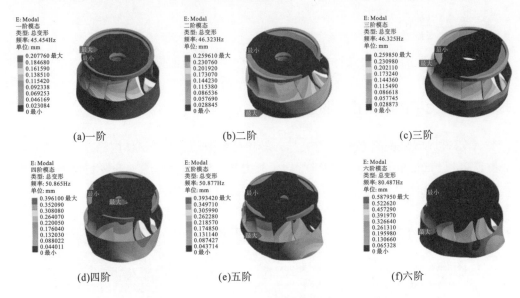

图 10-43　*H*=98m 且 *A*₀=386mm 时转轮结构模态图

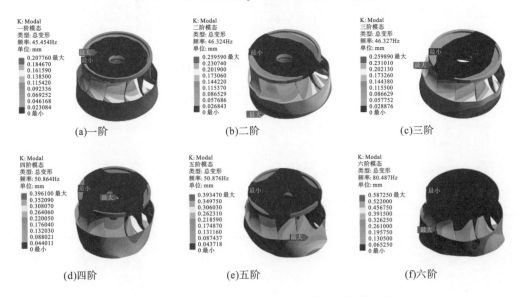

图 10-44　*H*=98m 且 *A*₀=396mm 时转轮结构模态图

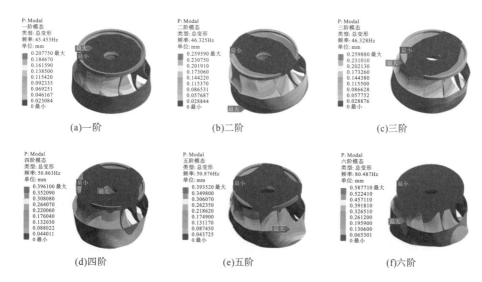

(a)一阶　　　　　　　　　(b)二阶　　　　　　　　　(c)三阶

(d)四阶　　　　　　　　　(e)五阶　　　　　　　　　(f)六阶

图 10-45　H=98m 且 A_0=405mm 时转轮结构模态图

综合分析图 10-43～图 10-45 可知，一阶振型均表现为径向变形，转轮上冠附近变形较小，下环变形最大，变形量绕旋转轴对称分布，说明转轮结构对称性较好；二阶和三阶振型相似，只是振动方向有所不同，主要表现为弯曲变形，最大变形发生在转轮下环处，且对称分布；四阶和五阶振型相似，但振动方向不同，主要表现为弯扭变形，且较大变形发生于下环底部，而最大变形发生于靠近下环的叶片出水边处；六阶振型表现为绕轴旋转，且旋转方向与转轮相同，最大变形发生于叶片出水边中部位置。由图 10-43～图 10-45 中各阶振型变形量可知，变形量随着模态阶数的增加而增加，最大变形量发生于六阶，其原因是六阶模态产生的扭矩对转轮结构破坏最大。由于开度的增加量较小，各阶模态最大变形量随开度的增量基本无变化或变化较小。

3 种开度下转轮总变形情况如图 10-46 所示。由图 10-46 可知，各开度下转轮总变形量呈较为规律的中心对称分布，且从上冠到下环逐渐增大，最大变形量均出现在下环位置。随着开度的增大，总变形量从 1.79390mm 逐渐增大到 1.90130mm。这是由于随着开度增大，转轮所受的载荷也增大，进而造成更大的转轮变形。

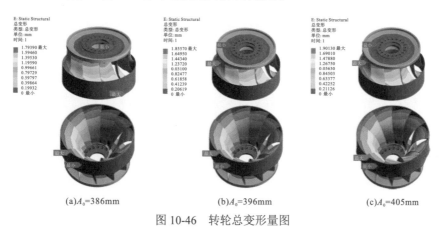

(a)A_0=386mm　　　　　　(b)A_0=396mm　　　　　　(c)A_0=405mm

图 10-46　转轮总变形量图

　　3 种开度下转轮等效应力分布如图 10-47 所示。由图 10-47 可知，各开度下转轮等效应力集中分布在叶片与上冠和下环的连接处，最大等效应力均出现在转轮叶片出口边与上冠的焊接位置，且等效应力的最大值和最小值均随着开度的增大而增大。本次模拟得到的等效应力最大位置与电站检修时发现的转轮破坏位置一致。

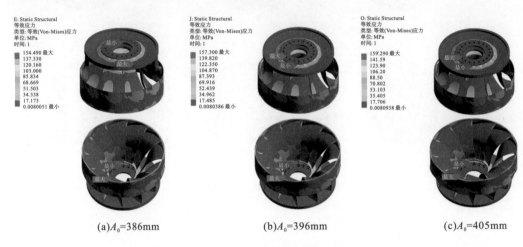

(a)A_0=386mm　　　　　　　　(b)A_0=396mm　　　　　　　(c)A_0=405mm

图 10-47　转轮等效应力分布图

第11章 电调基于水调的紫坪铺水电站水轮机运行关键技术及研究

11.1 电调基于水调及自动发电控制运行下的水库运行模式

水电站 AGC 作为自动发电控制的重要内容,在电力系统调度自动化,特别是在调频辅助服务方面扮演着重要角色。水电站 AGC 的目标是在保证机组安全可靠运行的前提下,综合考虑水情、机组容量、机组不可运行区(气蚀振动区)和运行工况等诸多因素,将全电站总负荷目标值在机组间进行自动分配,达到机组经济运行的目的。当水电站 AGC 承担电调频任务时,其接收的负荷任务是 S 级的,负荷在短时期内呈现出变化幅度小和变化率大等特点。此时,水电站 AGC 除追求运行方式的经济性外,更需要强调安全性和实时性。如果直接沿用传统的水电站经济负荷分配策略,则不仅会造成短时间内机组间的负荷大规模转移问题,还会使水电运行机组频繁穿越气蚀振动区,这些在实际工程中是不允许的。

为了更好地兼顾经济性、安全性和实时性要求,长期以来的做法是将 AGC 负荷分解为基本负荷(规律性,EDC 负荷)和调节负荷(随机性,LFC 负荷)两部分。其中,基本负荷分量按照电站经济运行方式确定各机组运行基点,以保证其经济性。在各机组运行设置点的基础上,调节负荷分量,再按照一定规则实现快速分配。这种针对不同负荷分量进行分层优化的运行模式,既可以保证运行方式的经济性和实时性,又能够使机组出力设置点不在振动区,具有一定的安全性。但在该模式下,仍无法避免水电运行机组频繁穿越振动区的安全性问题。机组频繁穿越振动区会使机组的振动和摆度增大,机械部件磨损增加,导水机构和转动部件寿命缩短,甚至会造成机组机械部分和厂房损坏。实际上,这也是一直以来影响水电站 AGC 安全稳定运行的突出问题之一。

现有的文献在考虑机组最大及最小技术出力、振动区、气蚀区和水头影响出力等的基础上,提出一种考虑一定时段内实时负荷分布特性的机组穿越振动区风险评估方法。在此基础上,针对水电站 AGC 负荷分配问题,并结合水电站 AGC 机组关于跨越振动区的安全性需求,构建了基于穿越振动区风险控制的经济负荷分配模型,并运用优化理论及方法实现了模型求解。但此策略较适用于常规单一且范围固定的振动区工况条件,对于随水头变动的机组振动区而言,其虽可采用近似估算等方式将变动的机组振动区转化为确定的边界条件,但适用性受估算方式误差影响较大。

11.2   多物理场耦合下的高水头大变幅水轮机运行区域优化

随着流固耦合技术的发展，很多学者利用流固耦合方法对水轮机进行强度分析。有文献进行了基于流固耦合的混流式水轮机转轮静应力特性分析，并验证了基于 ANSYS 和 CFX 软件实现单向流固耦合计算的可行性等。但这些研究仅针对单个部件，未考虑整个机组响应情况。另有文献不单纯依靠经验公式，而通过对大型水轮发电机组进行转子动力学特性分析，验证了用 ARMD 程序分析液膜轴承动力特性的可行性等，但分析结果未被反馈到整个机组的强度分析中。为此，有必要针对大型混流式水轮发电机组在地震载荷作用下的结构强度进行更全面、深入和准确的研究，以为机组在地震后的可靠运行提供一定理论支持。有研究采用流固耦合面数据映射传递的单向流固耦合方法，把通过 CFD 分析计算得到的流体域压力场准确地加载到水轮机转动部件上进行分析，并采用等效应力法和响应谱法对部件进行地震载荷下的受力响应分析；同时，采用 ARMD 程序模拟计算刚度阻尼值随运动变化的导轴承动力特性系数。

采用流固耦合方法把转轮流场轴向水推力耦合到结构场，并采用 ARMD 分析导轴承刚度阻尼等动力特殊系数，再基于等效应力法和响应谱法两种抗震分析方法对机组转动部件强度进行更准确和更全面的分析，可建立应力-应变分布直观形象，兼顾流场和结构两个方面，为机组受地震等灾害影响后的安全可靠运行提供一定理论参考。

11.3   高水头大变幅水轮机特定高频振动区域的发现及其减振技术

水轮发电机组在运行中的振动是一种普遍存在且不可能完全避免的现象，这一现象的产生有设计、制造、安装、检修和运行等多方面的原因，但剧烈的振动可能导致水力机组结构破坏，降低运行效率和机组出力。异常振动一旦发生，小则产生噪声，大则危及安全，可能导致转频和厂房产生共振，造成事故，给紫坪铺水电站带来巨大的损失。随着机组尺寸的增大，机组部件的相对刚度减弱，固有频率降低，增加了发生局部共振的可能性。

11.3.1   导致机组振动的因素

(1)水力振动。混流式水力机组的水力振动主要与流量有关，常见的水力振动包括流道中水流大小不均衡引起的振动、卡门涡街造成的转轮叶片振动及尾水管中涡带造成的低频振动等。

(2)机械振动。机械振动多为混流式水力机组内各传动装置难以协调运行所致。若水轮机和发电机的结构搭配不合理，则水轮机组运行后会引起机械振动。

11.3.2   机组减振的方法

(1)消振。在消除振动之前，必须准确查找引起振动的因素。

（2）隔振。对于不可避免的机组振动，原则上是尽可能减轻振动，从而减少其对机组造成的损坏。目前，大型混流式机组已不采用隔振器，这就需要电厂通过抗振措施来减轻振动。

（3）试验。研究分析大型混流式水力机组内部的水力稳定性可以为减振提供指导，而影响水力稳定性的因素较多。

（4）改造。对大型混流式水力机组的改造有两个方面：一是参数，对受控对象的重要参数进行修改，将振动控制在有效范围内；二是结构，对机组内的机械传动结构和电气控制系统结构进行改造，提高设备的生产运行效率。

11.3.3　机组减振结构的优化

（1）轴承。混合式水轮机与冲击式水轮机相比，其性能更加优越，调整水轮机轴承的结构一般要采用高性能的轴承产品。

（2）机墩。目前，机墩有圆筒式、环形梁式和构架式以及矮机墩。机墩在发电机中是很关键的结构，多数机墩是钢筋混凝土结构，起支撑作用。在机墩改造中要全面考虑静荷载造成的应力和动荷载造成的扭矩及振幅，以此来降低机组承载的负荷。

（3）转轮。优化后的转轮应使用流线改型法，在结构改造中要充分强调强度和刚度等问题。

本书建议用补气的方式来减小水轮发电机组的振动。补气的方式主要有自然补气、短管补气和强迫补气等。根据紫坪铺水电站现在的安装情况，建议从测压孔外接补气设备进行补气。同时，应从水头变化时的补气量以及连续补气和分段补气的效果和节能方面考虑，选择适合紫坪铺水电站的补气方案。确定补气方案的流程如图 11-1 所示。

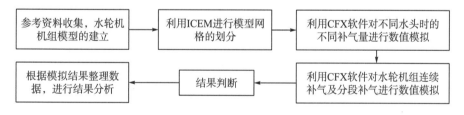

图 11-1　补气方案确定流程

11.4　机组关键连接部位的螺栓在线智能监测技术

应针对水轮发电机顶盖、泄水锥、主轴法兰、进入门和定子拉紧螺杆等关键连接部位的螺栓开发在线智能监测系统，以确保机组的安全可靠运行。

温度是表征设备正常运行的一个重要参数。气候冷热变化以及设备基础变化、加工工艺水平不高、受到环境污染、严重超负荷运行和触点氧化等会造成设备连接部位压接不紧、压力不够，触头接触部分发生变化，最终导致设备损坏或降低设备使用寿命，时时刻刻威胁设备的安全运行。

传统的离线式温度监测方法已经无法满足如今高效生产以及安全、可靠运行的要求，我们迫切地需要寻找在线监测技术手段，对设备运行温度进行在线监测，以及时发现设备运行温度异常状况，避免设备损坏和事故的发生。同时，对设备温度进行在线监测，可进一步完善设备状态在线监测的范围，为设备状态检修提供表征设备运行状况的重要参数，其对于设备甚至整个机组的安全运行具有重大意义。

设备温度在线监测技术一般由先进的传感器技术、通信系统、计算机与信息处理技术、专家分析系统及系统数据信息库组成。随着科学技术的不断发展，设备温度在线监测技术向着自动化、智能化和实用化的方向发展。

11.4.1 点线面结合，温度全面监测

所谓点线面结合，实际上是根据不同设备的特点和重要程度，对其采用不同的温度监测方式，以此来实现最优的解决方案。

(1)点测温。主要针对开关柜内的触头、母线和电缆的连接点等位置，这些地方容易出现温度异常且难以通过外部设备进行温度监测，在这些地方安装温度传感器，可达到温度在线监测的目的。

(2)线测温。主要针对高压电缆类设备的温度在线监测。发电厂和变电站的电缆夹层、电缆沟，以及大型电缆隧道的高压电缆，如果温度过高，则可引起火灾，从而导致电缆烧损，设备被迫停机，短时间内无法恢复生产，造成重大经济损失。目前，针对电缆的温度在线监测主要采用分布式光纤测温技术。光纤具有绝缘、耐腐蚀、耐高温和不受电磁干扰等特点，分布式光纤测温技术可实现对整条高压电缆的温度在线监测，其测量精度和灵敏度高，并能对各个测温点进行定位，一旦温度异常，能够快速找到故障点，避免火灾等事故的发生。

(3)面测温。主要针对发电机组和变压器等重要设备，采用红外热成像技术实现对整个设备的温度监测。红外热成像技术具有直观、全面、高效和防漏的特点，能够监测设备的整体温度分布，快速发现温度异常点，为设备检修提供依据。由于红外热成像技术造价高，通常只对重要的设备进行红外热成像温度在线监测，或采用周期性巡检的方式进行温度监测。

11.4.2 移动应用 App 随时随地监测设备状态

随着移动通信网络带宽的不断提高以及手机和平板电脑等移动终端设备功能的强大化，特别是目前的 5G 时代，智能手机应用全面崛起，它们将我们带入一个崭新的移动信息化社会。移动应用作为移动信息化的一个重要组成部分，其移动性、便捷性、及时性和个性化的特点目前已经被大量应用到各种企业的运营管理中。移动应用给我们带来的益处包括以下几个方面。

(1)打破传统的使用企业内网办公系统的模式，通过设备状态监测移动应用 App 查看设备状态信息不再受时间和空间的限制，随时随地可对设备状态信息进行监视。

(2)针对设备巡检工作，设备状态监测移动应用 App 可以方便地实现记录、拍照和定

位等工作，解决传统的人工巡检存在的效率低、管理成本高和人员无法定位等问题，实现巡检工作移动化、信息化和智能化，提升移动作业管理的效率和质量。

（3）遇到紧急状况时，设备状态监测移动应用 App 可以帮助技术人员快速定位设备故障点，查看最新的故障情况和历史数据，快速解决故障，减少停电时间和停电范围。设备状态监测移动应用 App 的应用，突破了时间与空间的限制，能够提高企业运行管理的效率和质量，提升设备的安全运行水平，有利于企业的健康运营和发展。

11.5　一种混流式水轮机转轮逆向工程建模方法

基于构建近似流线的准则进行转轮逆向工程设计，与严格按照混流式转轮设计理论进行转轮逆向工程设计的方法相比，可以节省工作量，同时也能保证逆向结果的可靠性。

通过三维扫描获得转轮的点云数据，并通过后处理软件 Geomagic 将点云数据处理成片体文件，再通过 UG 软件进行转轮逆向。在轴面投影图上进行近似流线绘制，其中靠近上冠及下环部分的流线分别近似于上冠和下环型线，中间流线则从上冠到下环逐渐过渡进行绘制，通过近似流线构建流面。对扫描结果进行切割，提取切线后转轮叶片型线，并通过型线进行造面，获得逆向后的转轮叶片工作面及背面。

11.6　展　　望

（1）受时间及条件限制，本书仅针对 98m 水头异常振动初始点、最强点以及消失点对应的 3 个工况进行研究，后续会对其余出现异常高频振动的特定工况进行分析。

（2）本书仅通过空化流场分析寻找异常高频振动激振源，后续会进行转轮、顶盖和座环等过流部件的结构动力学计算，以及分析转轮结构各阶模态及所受动态应力的情况，以评估异常高频振动对过流部件结构的危害程度。

（3）本书研究采用的流体域仅涉及蜗壳到尾水管出口位置，并未考虑压力管路系统，后续会在流体计算时加入引水管水体，以得到更为精确的进口条件。

（4）针对异常高频振动，电站已采取对尾水管强制补气的方式进行处理，且效果较为良好。但从经济性和节能的角度考虑，应通过数值模拟确定不同振动工况下最为合适的补气方式。

主要参考文献

蔡标华，2005. 射流泵初生空化及其试验研究[D]. 武汉：武汉大学.

曹晓兴，2012. 逆向工程模型重构关键技术及应用[D]. 郑州：郑州大学.

陈广豪，2016. 附着型非定常空化流体动力特性与机理研究[D]. 北京：北京理工大学.

杜焕章，田力，2008. 三峡水轮机转轮裂纹缺陷处理[J]. 华中电力(5)：68-70.

方戊强，2019. 紫坪铺电厂转轮缺陷分析及处理[J]. 商品与质量(9)：115.

冯顺田，2005. 混流式水轮机振动分析与优化运行[J]. 水电自动化与大坝监测(1)：26-28，36.

何成连，黄桂京，由彩堂，2000. 天湖水电站水轮机现场效测及优化调度[J]. 水利水电工程设计(3)：29-30，34.

洪德超，2017. 锦屏一级水电站定子绕组槽口块与线棒之间的小间隙局部放电问题处理[J]. 机械工程师(8)：121.

虎勇，2007. 浅议紫坪铺水电站的运行管理[J]. 四川水力发电，26(4)：81-83.

黄涛，江红军，2013. 大变幅水头机组在紫坪铺水电站的应用[J]. 科技资讯(11)：134-134.

黄鑫，郭永洪，马志军，等，2018. 浅谈混流式水轮机内流场对机组性能的影响[J]. 四川水力发电(4)：49-50.

黄自和，2011. 岩滩电站机组振动分析及转轮改造[J]. 企业科技与发展(21)：46-49.

赖喜德，徐永，2017. 叶片式流体机械动力学分析与应用[M]. 北京：科学出版社.

雷恒，2006. 水电站水力过渡过程数字仿真及分析[D]. 成都：西华大学.

李洪言，赵朔，刘飞，等，2019. 2040年世界能源供需展望——基于《BP世界能源展望(2019年版)》[J]. 天然气与石油，37(6)：
　　1-8.

李涛，王祥桂，2002. 紫坪铺水电站水轮机目标参数选择及稳定性分析[J]. 水利水电技术(11)：69-71.

李学中，1995. 三峡水轮发电机组高水头区的运行问题[J]. 中国三峡建设(6)：25-26，54.

李颖，雷恒，2009. 四川紫坪铺电站水轮机综合特性三维建模[J]. 黄河水利职业技术学院学报，21(4)：13-15.

李仲德，张立勇，2017. 古尔图七级水电站1号机用顶盖补气解决水轮机振动的分析与处理[J]. 小水电(3)：7，71-73.

刘德民，2008. 基于流固耦合的水轮机振动的数值研究[D]. 成都：西华大学.

刘德民，刘树红，2009. 补气措施研究的现状与展望[J]. 水科学与工程技术(1)：50-54.

刘德民，刘树红，吴玉林，等，2011. 基于修正空化质量传输方程的水轮机空化的数值模拟[J]. 工程热物理学报，32(12)：
　　2048-2051.

刘忠，邹淑云，晋风华，等，2011. 声发射技术在水电机组状态监测与故障诊断中的应用研究综述[J]. 水利水电技术，42(2)：
　　49-51.

刘忠，邹淑云，陈莹，等，2016. 混流式水轮机模型空化状态与声发射信号特征关系试验[J]. 动力工程学报，36(12)：1017-1022.

刘忠，宋嘉城，邹淑云，等，2018a. 基于EMD的水轮机空化声发射信号阈值降噪方法[J]. 动力工程学报，38(6)：501-507.

刘忠，邹淑云，陈莹，等，2018b. 水轮机空化状态声发射信号的小波包能量特征[J]. 水力发电学报，37(1)：87-93.

刘忠，袁翔，邹淑云，等，2019. 基于改进EMD与关联维数的水轮机空化声发射信号特征提取[J]. 动力工程学报，39(5)：
　　366-372.

卢建奎，王亚林，2004. 紫坪铺电站水轮机特性及运行可靠性分析[J]. 四川水力发电(2)：19-21.

卢磊，2015. 叶道涡引起混流式水轮机振动的分析研究[D]. 成都：西华大学.

罗杰斯，2017. 锦屏一级泄洪洞不同掺气坎的水流特性的数值模拟研究[D]. 北京：华北电力大学(北京).

罗利均，李书丽，2013. 水轮机转轮裂纹产生原因分析及处理[J]. 水电站机电技术，36(4)：79-81.

裴向军，何如许，朱利君，等，2019. 锦屏一级水电站左岸边坡蓄水变形响应研究[J]. 中国农村水利水电，444(10)：143-151.

彭玉成，2007. 三峡电站左岸6号机组小开度工况异常振动研究[D]. 武汉：华中科技大学.

邵忠谟，1993. 天湖水电站水能设计[J]. 广西水利水电(S1)：37-39.

苏文涛，郑智颖，李小斌，等，2015. 混流式水轮机偏工况运行的大涡模拟方法验证[J]. 哈尔滨工业大学学报，47(7)：84-91.

苏文涛，2014. 大型混流式水轮机模型内部流动稳定性研究[D]. 哈尔滨：哈尔滨工业大学.

孙龙刚，郭鹏程，罗兴锜，2019. 基于不同涡识别准则的水轮机尾水管涡带形态识别研究[J]. 水动力学研究与进展(A辑)，34(6)：779-787.

孙龙刚，郭鹏程，罗兴锜，2019. 水轮机尾水管涡带压力脉动同步及非同步特性研究[J]. 农业机械学报，50(9)：122-129.

谭磊，曹树良，王玉明，等，2012. 三维ALE15翼型空化流动数值模拟[J]. 农业机械学报，43(9)：48，49-52.

田树棠，1984. 对改善水轮机稳定性的几点意见[J]. 西北水电(4)：37-47.

田文文，刘小兵，卢加兴，等，2019. 高水头水电站混流式水轮机导叶端面空化的数值模拟[J]. 中国农村水利水电(8)：211-216，220.

田子勤，王树清，2009. 三峡电站水轮发电机组性能结构特点及运行稳定性研究[J]. 水力发电学报，28(6)：105-111.

田子勤，刘景旺，胡平，2003. 三峡电站水轮机运行稳定性预测及预防措施[J]. 人民长江(7)：4-5,17.

童秉纲，尹协远，朱克勤，2009. 涡运动理论[M]. 合肥：中国科学技术大学出版社.

涂永激，2003. 浅谈天湖水电站水轮机运行故障及处理措施[J]. 广西水利水电(2)：77-79.

王福军，赵薇，杨敏，等，2012. 大型水轮机不稳定流体与结构耦合特性研究Ⅱ：结构动应力与疲劳可靠性分析[J]. 水利学报，43(1)：15-21.

王海燕，2007. 支持向量机在水利水电工程中的应用[D]. 邯郸：河北工程大学.

王继敏，杨弘，2017. 锦屏一级水电站泄洪消能关键技术研究[J]. 人民长江(13)：85-90.

王珂崙，1986. 水力机组振动[M]. 北京：中国水利电力出版社.

王亚林，卢建奎，2005. 紫坪铺电站水轮机特性及运行问题[J]. 东方电机，33(2)：65-68.

王正伟，2006. 流体机械基础[M]. 北京：清华大学出版社.

王正伟，周凌九，2001. RSI现象的不稳定流动模拟[J]. 清华大学学报(自然科学版)(10)：74-77.

王正伟，周凌九，何成连，2005. 尾水管压力脉动的模拟与现场实测[J]. 清华大学学报(自然科学版)(8)：1138-1141.

韦宁，2017. 塔式支撑架在锦屏一级水电站导流底孔顶板施工中的应用[J]. 四川水利，38(3)：53-56.

魏先导，1979. 水力引起的水轮机振动[J]. 武汉水利电力学院学报(4)：29-49.

肖启露，石培，2017. 锦屏一级水电站水轮机气蚀的产生及防范[J]. 云南水力发电，33(1)：155-157.

熊腾晖，田子勤，1996. 三峡水电站水轮机稳定性分析[J]. 人民长江(9)：1-3，47.

徐永明，2013. 混流式水轮机转轮裂纹原因分析及预防措施[J]. 河南科技(6)：89.

徐宇，吴玉林，刘文俊，等，2002. 用两相流模型模拟混流式水轮机内空化流动[J]. 水利学报(8)：57-62.

薛利军，饶宏玲，唐忠敏，2017. 锦屏一级水电站拱坝整体稳定性分析和抗裂设计[J]. 人民长江，48(2)：14-16,28.

杨宝全，张林，陈媛，等，2017. 锦屏一级高拱坝整体稳定物理与数值模拟综合分析[J]. 水利学报(2)：175-183.

杨建东，赵琨，李玲，等，2011. 浅析俄罗斯萨扬-舒申斯克水电站7号和9号机组事故原因[J]. 水力发电学报，30(4)：226-234.

杨静，2013. 混流式水轮机尾水管空化流场研究[D]. 北京：中国农业大学.

杨新伟，2006. 乌江构皮滩水电站水轮机稳定性问题研究[D]. 西安：西安理工大学.

杨叶平，王德宽，向科，等，2012. 三峡电站模拟操作及运行方式管理系统的研究与实现[J]. 中国水利水电科学研究院学报（1）：69-72.

姚大坤，李至昭，曲大庄，1998. 混流式水轮机自激振动分析[J]. 大电机技术（5）：44-48.

余波，张礼达，姜雪辉，等，2005. 紫坪铺水电站水力过渡过程数字仿真[J]. 水力发电（9）：55-57.

张诚，2012. 三峡电站的运行管理[J]. 中国三峡（科技版）（3）：5-9.

张克危，2000. 流体机械原理（上册）[M]. 北京：机械工业出版社.

张良颖，2010. 三峡电站水轮发电机组运行稳定性策略研究[J]. 华东电力，38(8)：1195-1198.

张锐志，西道弘，罗先武，2020. 尾水管壁面加鳍对混流式水轮机压力脉动的影响[J]. 空气动力学学报，38(4)：788-795.

赵文杰，王中元，2012. 紫坪铺电站 2#机组顶盖止漏环损坏原因分析及处理[J]. 四川水力发电，31(2)：221-224.

周凌九，王正伟，2002. 混流式水轮机转轮 X 型叶片的水力特性[J]. 中国农业大学学报(4)：43-47.

周凌九，王正伟，2008. 基于空化流动计算的混流式水轮机尾水管的压力脉动[J]. 清华大学学报（自然科学版）(6)：972-976.

周旭辉，徐伟，2009. 紫坪铺水电站水轮机运行区域分析及优化[J]. 四川水力发电，28(3)：67-70.

朱宏，聂治学，吴封奎，等，2015. 巨型混流式水轮机导轴承结构特点及运行安全可靠性分析[J]. 水力发电，41(10)：43-46.

中华人民共和国国家质量监督检验检疫总局，中国国家标准化管理委员会，2015.电网运行准则（GB/T 31464—2025）[S].北京：中国标准出版社.

Avellan F，Muller，et al，2016. LDV survey of cavitation and resonance effect on the precessing vortex rope dynamics in the draft tube of Francis turbines[J]. Experiments in Fluids：Experimental Methods and Their Applications to Fluid Flow.

Brennen C E，1995. Cavitation and Bubble Dynamics[M]. Oxford: Oxford University Press.

Brennen C E，2005. Fundamentals of Multiphase Flows[M]. Cambridge: Cambridge University Press.

Chen Y，Heister S D，1994. A numerical treatment for attached cavitation[J]. ASME Journal of Fluids Engineering，116(3)：613-618.

Coutier D O，Fortes P R，Reboud J L，2003. Evaluation of the turbulence model influence on the numerical simulations of unsteady cavitation[J]. ASME Journal of Fluids Engineering，125(1)：38-45.

Delannoy，Yves & Kueny，Jean-Louis，1990. Two phase flow approach in unsteady cavitation modeling[J]. Cavitation and Multiphase Flow Forum ASME-FED，98：153-158.

Delgosha O C，Reboud J L，Delannoy Y，2003. Numerical simulation of the unsteady behaviour of cavitating flows[J]. International Journal for Numerical Methods in Fluids，42：527-548.

Doerfler P K，1984. On the role of phase resonance in vibrations caused by blade passage in radial hydraulic turbomachines[C]// IAHR Section Hydr. Machinery，Equipment and Cavitation，12th Symposium.

Doerfler P K，1993. Observation of pressure pulsations at high partial load on a Francis model turbine with high specific speed[C]// IAHR WG Oscillatory Behavur of Hydraulic Machinery，6th meeting.

Doerfler P K，2009. Evaluating 1D models for vortex-induced pulsation in Francis turbines[C]// IAHR Workgroup on Cavitation and Dynamic Problems，3rd International Meeting.

Doerfler P K ，Sick M，André Coutu，2013. Flow-Induced Pulsation and Vibration in Hydroelecric Machinery Engineer's Guidebook for Planning，Design and Troubleshooting. London: Spriger-Verlag. [M]// Flow-Induced Pulsation and Vibration in Hydroelecric Machinery Engineer's Guidebook for Planning，Design and Troubleshooting.

Drfler P ，Sick M ，Coutu A，2013. Flow-induced Pulsation and Vibration in Hydroelectric Machinery[M]. London：Springer.

Drfler P K，2019. Dissolved-gas influence on the Francis part-load oscillation[J]. IOP Conference Series Earth and Environmental Science，405：012015.

Favrel A ，Joao G P J ，Landry C ，et al, 2017. New insight in Francis turbine cavitation vortex rope: Role of the runner outlet flow swirl number[J]. Journal of Hydraulic Research: 1-13.

Franc J P，Michel J M，2005. Fundamentals of Cavitation[M]. Kluwer Academic Publishers.

Frikha S，Coutier-Delgosha O，Astolfi J A，2008. Influence of the cavitation model on the simulation of cloud cavitation on 2D foil section[J]. International Journal of Rotating Machinery: 1155-1166.

Johansen S T，Wu J，Shyy W，2004. Filter-based unsteady RANS computation［J］. International Journal of Heat and Fluid Flow，25(1)：10-21.

Joseph D D，1995. Cavitation in a flowing liquid[J]. Physical Review E，51(3)：1649-1650.

Kubota A，Kato H，Yamaguchi H，et al，1992. A new modelling of cavitating flows: A numerical study of unsteady cavitation on a hydrofoil section[J]. Journal of Fluid Mechanics，240(3)：59-96.

Kunz R F，Boger D A，Stinebring D R，et al，2000. A preconditioned Navier-Stokes method for two-phase flows with application to cavitation prediction[J]. Computers ＆ Fluids，29(8)：849-875.

Launder B E，Spalding D B，1974. The numerical computation of turbulent flows [J]. Computer Methods in Applied Mechanics and Engineering，3(2)：269-289.

Longgang S，Pengcheng G，Xingqi L，2020. Numerical investigation on inter-blade cavitation vortex in a Franics turbine[J]. Renewable Energy,158(c):64-74.

Senocak I，Shyy W，2004. Interfacial dynamics‐based modelling of turbulent cavitating flows，Part-2：Time-dependent computations[J]. International Journal for Numerical Methods in Fluids，44(9)：997-1016.

Senocak I，Shyy W，2010. Interfacial dynamics-based modelling of turbulent cavitating flows，Part-1：Model development and steady-state computations[J]. International Journal for Numerical Methods in Fluids，44(9)：975-995.

Sergei L,Peshkovsky,Alexey S,et al,2008. Shock-wave model of acoustic cavitation[J]. Ultrasonics Sonochemistry,15(4):618-628.

Singhal A K，Athavale M M，Huiying L，et al，2002. Mathematical basis and validation of the full cavitation model[J]. Journal of Fluids Engineering，124(3)：617-624.

Srinivasan V，Salazar A J，Saito K，2009. Numerical simulation of dynamics using a cavition-indced-momentum-defect（CIMD）correction approach [J]. Applied Mathematical Modelling，3(33)：1529-1559.

Tamura Y,Matsumoto Y,2009. Improvement of bubble model for cavitating flow simulations[J]. Journal of Hydrodynamics,21(1)：41-46.

Versteeg H K，Malalasekera W，1995. An introduction to computational fluid dynamics[M]. British: Longman Group Ltd.

Yakhot V，Orszag S A，Tangham S，et al，1992. Development of turbulent models for shear flows by a double expansion technique [J]. Physics of Fluids，4(7)：1510-1520.

Yamamoto K ，Müller，A，Favrel A ，et al.，2016. Numerical and experimental evidence of the inter-blade cavitation vortex development at deep part load operation of a Francis turbine[J]. Iop Conference，49(8)：082005.

Zhou L，Wang Z，2008. Numerical simulation of cavitation around a hydrofoil and evaluation of a RNG $\kappa\text{-}\varepsilon$ model[J]. Journal of Fluids Engineering，130(1)：1-7.